城市水务基础设施规划理论与实践系列培训教材

系统化全域推进海绵城市建设的思考与实践

主　编　马洪涛　周　丹

副主编　常胜昆　吕　梅　郭迎新　肖朝红

中国建筑工业出版社

图书在版编目（CIP）数据

系统化全域推进海绵城市建设的思考与实践/马洪涛，周丹主编.—北京：中国建筑工业出版社，2022.7
城市水务基础设施规划理论与实践系列培训教材
ISBN 978-7-112-27480-2

Ⅰ.①系… Ⅱ.①马…②周… Ⅲ.①城市建设—技术培训—教材 Ⅳ.①TU984

中国版本图书馆CIP数据核字（2022）第099808号

本书结合相关项目和海绵城市技术服务经历，梳理总结了系统推进海绵城市建设经验，提出现状城市管理体系下系统化全域推进海绵城市的建设要点和主要做法。书中重点分享了6个海绵城市建设试点推进案例，涵盖南北方、大中小城市，突出平原、丘陵、河网、海湾、盆地等城市地形特点，具有较强的典型性和代表性。

责任编辑：葛又畅 李 杰
责任校对：李美娜

城市水务基础设施规划理论与实践系列培训教材
系统化全域推进海绵城市建设的思考与实践
主 编 马洪涛 周 丹
副主编 常胜昆 吕 梅 郭迎新 肖朝红

*

中国建筑工业出版社出版、发行（北京海淀三里河路9号）
各地新华书店、建筑书店经销
北京点击世代文化传媒有限公司制版
天津翔远印刷有限公司印刷

*

开本：889毫米×1194毫米 1/16 印张：16½ 字数：391千字
2022年9月第一版 2022年9月第一次印刷
定价：**69.00**元
ISBN 978-7-112-27480-2
（39649）

本书编委会

主　编：马洪涛　周　丹

副主编：常胜昆　吕　梅　郭迎新　肖朝红

编写组：揭小锋　聂　超　孟恬园　刘正权　王　翔

　　　　赵晨辰　赵梦圆　杨　硕　邹　敏　朱洪宇

　　　　张元超　徐海东　张其慧　张海行　崔婷钰

　　　　黄　冲　杜　兰　罗乙兹　魏建华

前　言

海绵城市理念是习近平总书记2013年在中央城镇化工作会议上提出的，经过多年的探索和实践，如今已经成为我国落实生态文明建设、推进可持续发展的重要支撑。

到2019年，两批国家试点城市全面验收，探索总结了一批海绵城市建设经验。到2020年，国务院办公厅《关于推进海绵城市建设的指导意见》（国办发〔2015〕75号）中明确的"到2020年建成区20%以上面积达到海绵城市建设要求"目标已基本完成。"十四五"开局之年正式开启系统推进海绵城市建设步伐，已成功遴选出一批国家海绵城市示范城市，发挥示范城市的引领作用，为全域推进海绵城市建设带头示范。

本书从建设生态文明理念大背景出发，系统梳理国家层面对于海绵城市建设的具体要求、路径、手段和目标，在总结财政部、住房和城乡建设部、水利部2015年和2016年先后启动的两批30个海绵城市建设试点工作推进实践情况的基础之上，梳理国家对系统化推进海绵城市建设的政策思路，理顺海绵城市推进过程、建设成果、政策导向等之间的关系，为系统化全域推进海绵城市建设奠定基础。

本书编写组主要成员均在海绵城市建设和技术服务领域深耕多年，服务过9个国家级海绵城市试点，通过多年的探索，总结思考海绵城市建设的推进过程，发现在顶层设计体系、管理保障机制、技术标准体系、监管控制平台等方面形成一套完善的体制机制，是有效推进海绵城市建设的重要保障。本书结合相关项目和海绵城市技术服务经历，梳理总结了系统推进海绵城市建设经验，提出现状城市管理体系下系统化全域推进海绵城市的建设要点和主要做法；重点分享了6个海绵城市建设试点推进案例，案例涵盖南北方、大中小城市，突出平原、丘陵、河网、海湾、盆地等城市地形特点，具有较强的典型性和代表性。在海绵城市建设由试点走向全域系统化推进的关键时刻，编写组总结经验教训，提出系统化全域推进海绵城市建设的方法及建议，可为地方政府建立健全实施推进机制提供参考。

本书在编撰过程中得到萍乡市住房和城乡建设局、青岛市住房和城乡建设局、宁波市住房和城乡建设局、福州市城乡建设局、厦门市建设局、珠海市住房和城乡建设局、厦门市海沧区建设与交通局、宁波市江北区住房和城乡建设局、青岛市李沧区城市管理局、珠海市斗门区住房和城乡建设局、珠海市斗门区城市建设更新管理办公室、萍乡市规划勘察设计院、青岛市市政工程设计研究院有限责任公司、宁波市规划设计研究院有限公司、宁波市城建设计研究院有限公司、宁波市水利水电规划设计研究院有限公司、厦门市城市规划设计研究院有限公司、厦门海沧城建集团有限公司、福州市规划院设计研究院集团有限公司、珠海市规划设计研究院、北京清环智慧水务科技有限公司、中国城市建设研究院有限公司、华高数字科技有限公司、北京清控人居环境研究院有限公司等有关单位的大力支持，特此致谢。

建设海绵城市，我们在探索中不断前行，也在实践中不断总结，由于水平有限，在编撰过程中难免有误，还望读者不吝赐教。

目 录/Contents

第1章 系统化全域推进海绵城市建设的背景

《关于推进海绵城市建设的指导意见》（国办发〔2015〕75号），对全域推进海绵城市建设提出了明确的时间点和工作任务，要求各设市城市"通过海绵城市建设，综合采取'渗、滞、蓄、净、用、排'等措施，最大限度地减少城市开发建设对生态环境的影响，将70%的降雨就地消纳和利用。到2020年，城市建成区20%以上的面积达到目标要求；到2030年，城市建成区80%以上的面积达到目标要求"。2014年12月，财政部、住房和城乡建设部、水利部联合发文组织开展中央财政支持海绵城市建设试点工作，探索符合我国国情的海绵城市建设模式。2015年、2016年先后分两批在30个城市开展了国家级海绵城市试点建设工作，涵盖南北方、东中西、大中小城市，具有较强的典型性和代表性。海绵城市建设从试点建设转向全面建设是试点建设期后以及"十四五"期间的重要任务。

目前，正值海绵城市建设由试点建设走向全域系统化推进的关键时刻。及时总结试点城市的经验和教训，提出探索系统化全域推进海绵城市建设的实施路径，指导地方政府建立健全实施推进机制，提升老百姓的幸福感和获得感，是确保"十四五"期间和2030年末按期完成海绵城市建设目标的重要保障。

1.1 海绵城市建设政策背景

1.1.1 建设背景

改革开放以来，我国经历了高速城镇化发展过程，城市人口大量增加，城市建设用地不断扩张，城市建设取得了显著成就。根据国家统计局数据，2019年全国城镇人口84843万人，占全国总人口的60.6%，比1978年的城镇人口比例增长了42.68%（图1-1）。2019年城区面积20.05万 km^2，占国土面积的2.06%，其中建成区面积由1981年的0.74万 km^2 增加到2019年的6.03万 km^2。

然而，我国在快速城镇化的同时，城市发展也面临巨大的环境与资源压力，外延增长式的城市发展模式已难以为继，传统的建设模式破坏了自然生态本底与水文循环，渗透性较好的土

图1-1 1978~
2019年中国
人口城镇化比
例变化曲线图
资料来源：国
家统计局网站

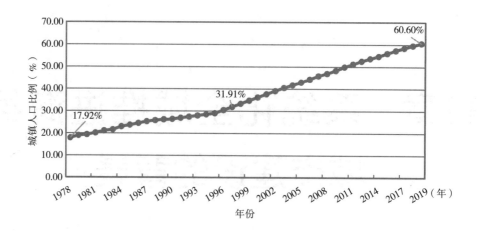

壤逐渐被硬化地面所取代，大大小小的湖泊、沼泽被填平，使得具有不可压缩性的"水"在城市中的"藏身之处"剧减。许多城市产生了所谓的"城市病"，出现了内涝频发、水体黑臭、水生态破坏、水资源短缺等一系列涉水问题，严重影响了人民的生产、生活和城市的有序运行。频次高发的涉水问题同城市人口增长、资源短缺、经济发展快速和资源环境约束等各个矛盾交织叠加，为我们带来前所未有的挑战。因此，需要转变城市的发展理念，摒弃传统高度硬化的建设模式，逐步恢复自然本底及水文循环，探寻一条可持续发展与绿色发展的新道路。

2013年12月，习近平总书记在中央城镇化工作会议上发表讲话强调："在提升城市排水系统时要优先考虑把有限的雨水留下来，优先考虑更多利用自然力量排水，建设自然积存、自然渗透、自然净化的海绵城市"，为我国海绵城市建设定下了总基调。

为贯彻落实习近平总书记有关海绵城市建设的要求，财政部、住房和城乡建设部、水利部三部委联合印发《关于开展中央财政支持海绵城市建设试点工作的通知》（财建〔2014〕838号），明确中央财政对海绵城市建设试点给予专项资金补助及相关考核要求，并于2015年和2016年相继确定了30个城市开展海绵城市试点建设，涵盖了东中西部地区、大中小城市、南北方区域，为推动我国海绵城市建设模式提供了有益的探索和经验。

海绵城市建设是适应新时代城市转型发展的新理念和新方式，是落实生态文明建设的重要举措，是落实城镇化绿色发展的重要方式，能有效缓解人民日益增长的美好生活需要和不平衡不充分的发展之间的矛盾，转变城市发展方式，助力经济结构转型升级，扩大优质生态产品的供给，开拓绿色经济发展模式，解决我国城市生态环境特别是涉水相关问题。

由于城市建设与发展已经不是单纯的水安全、水资源、水环境、水生态问题，而是相互影响、相互制约的系统问题。因此，通过海绵城市建设，加强城市规划建设管理，充分发挥建筑小区、道路广场、公园绿地、水系等生态系统对雨水的吸纳、蓄渗和缓释作用，有效控制城市雨水径流，最大限度地减少城市开发建设对原有自然水文特征和水生态环境造成的破坏，使城市能更好地适应环境变化和应对自然灾害。同时，要进一步加强海绵城市建设的系统思维，按照"源头减排、过程控制、系统治理"的思路，将绿色与灰色结合、人工和自然结合、生态措施和工程措施结合、地上和地下结合，解决城市内涝、水体黑臭等问题，实现"修复城市水生态、涵养城市水资源、改善城市水环境、提高城市水安全、复兴城市水文化"等多重目标。

1.1.2　政策基础

党的十八大以来，党中央将生态文明建设纳入中国特色社会主义事业"五位一体"的总体布局，将绿色发展理念融入城市建设发展，构建山水林田湖的"命运共同体"。2013年12月，习近平总书记在中央城镇化工作会议上发表讲话强调："在提升城市排水系统时要优先考虑把有限的雨水留下来，优先考虑更多利用自然力量排水，建设自然积存、自然渗透、自然净化的海绵城市。"习近平总书记的讲话第一次提出了建设海绵城市的要求，为全国解决城市水问题指明了方向。2014年3月14日，习近平总书记又在中央财经领导小组第五次会议上要求"建设海绵城市、海绵家园"。

为了加快推进海绵城市建设，从2014年至今，国家部委相继出台海绵城市建设技术指南、海绵城市建设评价标准、指导意见以及全域推进海绵城市建设等一系列政策要求（表1-1），并于2015年和2016年连续两年确定了30个国家级海绵城市试点开展海绵城市建设。

我国海绵城市建设相关政策一览表　　　　　　表1-1

序号	发布时间	文件名称	主要内容
1	2014年10月	住房和城乡建设部《关于印发〈海绵城市建设技术指南——低影响开发雨水系统构建（试行）〉的通知》（建城函〔2014〕275号）	从规划、设计、建设、施工及运行维护等方面明确了海绵城市建设的要求，指导各地开展海绵城市建设工作
2	2015年1月	财政部、住房和城乡建设部、水利部联合印发《关于开展中央财政支持海绵城市建设试点工作的通知》（财建〔2014〕838号）	根据习近平总书记关于"加强海绵城市建设"的讲话精神和近期中央经济工作会要求，财政部、住房和城乡建设部、水利部决定开展中央财政支持海绵城市建设试点工作
3	2015年4月	财政部、住房和城乡建设部、水利部三部委《关于组织申报2015年海绵城市建设试点城市的通知》（财办建〔2015〕4号）	第一批确定济南、武汉、厦门、鹤壁等16个城市开展海绵城市试点建设
4	2015年7月	住房和城乡建设部印发《海绵城市建设绩效评价与考核办法》（建办城函〔2015〕635号）	提出了海绵城市建设绩效评价与考核的具体指标，住房和城乡建设部负责指导和监督各地海绵城市建设工作，并对海绵城市建设绩效评价与考核情况进行抽查；省级住房和城乡建设主管部门负责具体实施地区海绵城市建设绩效评价与考核
5	2015年10月	国务院办公厅印发《关于推进海绵城市建设的指导意见》（国办发〔2015〕75号）	提出了明确的海绵城市建设目标和指标，通过海绵城市建设，城市能深入强化自然山水格局保护，统筹绿色与灰色基础设施建设，最大限度地减少城市开发建设行为对原有生态环境造成的破坏，提高水源涵养能力，缓解雨洪内涝压力，促进水资源循环利用，逐步修复已被破坏的城市生态系统

序号	发布时间	文件名称	主要内容
6	2016年3月	住房和城乡建设部印发《海绵城市专项规划编制暂行规定》（建规〔2016〕50号）	要求设市城市均要编制海绵城市专项规划，与城市道路、排水防涝、绿地、水系统等相关规划做好衔接，并将批准后的海绵城市专项规划内容，在城市总体规划、控制性详细规划中予以落实
7	2016年4月	财政部、住房和城乡建设部、水利部三部委《关于开展2016年中央财政支持海绵城市建设试点工作的通知》（财办〔2016〕25号）	第二批确定北京、上海、天津、福州等14个城市开展海绵城市试点建设
8	2017年3月	李克强总理代表国务院在十二届全国人大五次会议上作《政府工作报告》，报告中首次将海绵城市建设纳入2017年的重点工作任务	提出统筹城市地上地下建设，加强城市地质调查，再开工建设城市地下综合管廊2000km以上，启动消除城区重点易涝区段三年行动，推进海绵城市建设，有效治理交通拥堵等"城市病"，使城市既有"面子"、更有"里子"
9	2018年12月	住房和城乡建设部发布国家标准《海绵城市建设评价标准》GB/T 51345—2018	规范海绵城市建设效果评价，提升海绵城市建设的系统性
10	2019年12月	王蒙徽部长在全国住房和城乡建设工作会议上的讲话	在第四部分重点任务——着力提升城市品质和人居环境质量，建设"美丽城市"中提出，系统化全域推进海绵城市建设，推进基础设施补短板和更新改造专项行动。这标志着海绵城市由试点向全域推进转变
11	2020年10月	《中共中央关于制定国民经济和社会发展第十四个五年规划和二〇三五年远景目标的建议》	提出统筹城市规划、建设、管理，加强城镇老旧小区改造和社区建设，增加城市防洪排涝能力，建设海绵城市、韧性城市。全域系统化推进海绵城市建设，是"十四五"期间的重点任务之一
12	2021年4月	财政部、住房和城乡建设部、水利部发布《关于开展系统化全域推进海绵城市建设示范工作的通知》（财办建〔2021〕35号）	"十四五"期间，三部委将确定部分城市开展典型示范，系统化全域推进海绵城市建设，第一批确定20个示范城市

2015年10月，国务院办公厅发布《关于推进海绵城市建设的指导意见》（国办发〔2015〕75号），对海绵城市建设提出了明确的建设目标和指标。通过海绵城市建设，城市能深入强化自然山水格局保护，统筹绿色与灰色基础设施建设，最大限度地减少城市开发建设行为对原有生态环境造成的破坏，提高水源涵养能力，缓解雨洪内涝压力，促进水资源循环利用，逐步修复已被破坏的城市生态系统。

2019年12月，在全国住房和城乡建设工作会议上，王蒙徽部长在第四部分重点任务——着力提升城市品质和人居环境质量，建设"美丽城市"中提出，系统化全域推进海绵城市建设，推进基础设施补短板和更新改造专项行动。这标志着海绵城市由试点向全域推进转变。

2020年10月，《中共中央关于制定国民经济和社会发展第十四个五年规划和二〇三五年远景目标的建议》提出，统筹城市规划、建设、管理，加强城镇老旧小区改造和社区建设，增加城市防洪排涝能力，建设海绵城市、韧性城市。全域系统化推进海绵城市建设，是"十四五"期间的重点任务之一。

2021年4月，财政部、住房和城乡建设部、水利部发布了《关于开展系统化全域推进海绵城市建设示范工作的通知》（财办建〔2021〕35号）。"十四五"期间，三部委确定部分城市开展典型示范，系统化全域推进海绵城市建设，第一批确定20个示范城市。

1.2　海绵城市建设推进实践

自2015年我国海绵城市试点建设工作开展以来，在国务院办公厅《关于推进海绵城市建设的指导意见》（国办发〔2015〕75号）和三部委相关文件指导下，各试点城市将海绵城市建设作为城市规划建设管理的重大变革和推动城市发展转型升级的重要抓手，坚持问题导向和目标导向相结合，在顶层设计、体制机制、技术标准以及建设成效等方面开展了大量工作，积极探索创新，不断总结完善，形成一套系统化的海绵城市建设思路与模式。

1.2.1　规划设计引领

海绵城市规划设计体系由海绵城市总体规划（海绵城市专项规划）、海绵城市详细规划、海绵城市系统化实施方案（海绵城市近期实施规划）等内容组成。以萍乡、青岛、福州等国家级海绵城市建设试点为代表的多个城市，均形成了以"总体规划—详细规划—系统化方案"的多级海绵城市顶层设计体系（图1-2），在规划层面实现海绵城市建设理念及建设目标全覆盖，通过法定规划保障项目落地，为顺利推进海绵城市建设提供科学有效的技术支撑，科学指导各层级工作推进。

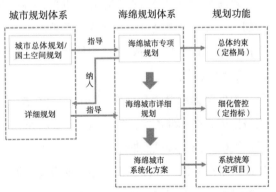

图1-2　海绵城市规划体系图

1. 海绵城市总体规划（专项规划）

编好海绵城市总体规划、做好顶层设计是科学有序推进海绵城市建设的基础。2016年3月11日，住房和城乡建设部印发了《海绵城市专项规划编制暂行规定》（建规〔2016〕50号），确定了海绵城市专项规划是建设海绵城市的重要依据，是城乡规划（城市总体规划）的重要组成部分，要求设市城市均要编制海绵城市专项规划，与城市道路、排水防涝、绿地、水系统等相关规划做好衔接，并将批准后的海绵城市专项规划内容，在城市总体规划、控制性详细规划中予以落实。根据通知要求，各城市均编制了海绵城市专项规划，其定位是"定格局"，从宏观上总体约束海绵城市的建设目标，同时统领海绵城市详细规划、海绵城市系统化方案和项目设计方案。后三种分别从中观、微观、细节上进行把控。结合城市生态本底和现状问题调查、海绵城市。后三种建设目标指标确定、海绵城市建设具体实施方案制定等工作，编制海绵城市专项规划，并将专项规划成果纳入城市规划编制与管控体系中，提高规划的科学性、合理性和可落地性。

2.海绵城市详细规划

海绵城市详细规划对接详细规划这一法定规划，是保证从总体建设目标到控制指标逐级分解落实的核心环节，其定位是"定指标"。考虑到海绵城市的相关指标以详细规划确定的地块空间形态、绿地率等为依据，海绵城市详细规划应在国土空间详细规划之后编制，或与国土空间详细规划同步编制。

3.海绵城市系统化方案

海绵城市系统化方案是在海绵城市总体规划或详细规划中确定的一个或多个汇水或排水分区范围内，在有限的时间内，系统解决目前存在的涉水问题，并提出对应的工程建设项目库和非工程措施的方案。海绵城市系统化方案的定位是"定项目"，最大的功能是承上启下，将海绵城市详细规划的原则要求和具体项目的实施相结合，一方面将详细规划的指标与近期建设的可实施性相结合，既保证目标近期可实现，又为未来达到规划指标预留条件；另一方面又对一些规划未涉及的项目提出具体管控要求，确保具体项目为整体目标服务，由"碎片"变成"拼图"。因此，系统化方案是搭接规划和设计的桥梁，是现行规划设计体系重要的补充。

1.2.2　体制机制创新

自海绵城市建设试点工作开展以来，各试点城市积极探索与创新，将海绵城市理念贯穿规划、建设、管理全过程，建立了长效海绵城市建设推进机制，总结形成了以组织领导、协调机制、规划管控、绩效考核为核心的体制机制试点经验。

1.组织领导

为保障海绵城市建设顺利实施，严格按照中央和省的部署要求，坚持高站位策划、高规格推进、高标准落实，各地基本建立了从市级到区县级上下联动的组织架构体系和制度体系。为确保国家级试点期结束后，海绵城市建设管理工作能够得到长期有效推进，部分城市还成立了海绵处，如萍乡市编办批准设立了海绵设施管理处，作为萍乡市海绵城市建设管理的常设机构，并制定了详细的工作机制。海绵设施管理处承接海绵办的各项职能，负责萍乡市海绵城市建设工作长期持续推进。

2.协调机制

海绵城市建设涉及多部门和多专业，为了保障海绵城市建设工作的顺利推进，要科学谋划，统筹安排，明确责任，加强协调，形成高效的协调机制。以青岛市为例，青岛市建立了"纵横协调、多维联动"的工作机制。从横向上讲，青岛市人民政府办公厅印发了《关于加快推进海绵城市建设的实施意见》等文件，明确提出城乡建设、发展改革、财政、规划、水利、城市管理、国土资源和房屋管理等部门加强分工协作，落实海绵城市建设目标、指标和技术要求，实现了跨部门协调的工作机制；从纵向上讲，青岛市建立了"市、区、街道、社区"四级组织联动网络，市级强化监督指导、区级加强协调管理、街道加强上下衔接、社区加强与群众沟通，共同形成工作合力，解决试点建设过程中的难点、堵点、痛点。

3.规划管控

为了更好地推进海绵城市建设，各试点城市陆续出台了规划建设管控、方案及施工图审查、竣工验收、运营维护等一系列相关配套政策，将海绵城市建设要求作为城市规划许可和项目建设的前置条件，纳入"两证一书"、施工图审查、竣工验收等各个环节，明确规划和设计、建设和质量、运营和维护、评价和激励等全过程，新建、改建、扩建等全类型，建筑小区、道路广场、河道水系、公园绿地等全行业海绵城市建设的综合性管控，并制定了相应的实施细则。

4.绩效考核

为了更好地保障海绵城市建设效果，将海绵城市建设的内容要求作为对各级政府、各有关部门的考核要求，切实落实到全市域范围海绵城市建设当中，财政、水务、发展改革、自然资源等部门各司其职，各县（区）人民政府统筹本区域内海绵城市建设管理工作，通过设立奖、惩制度，调动各部门、单位海绵城市建设积极性，形成有力的建设通道。

1.2.3 技术标准完善

随着海绵城市建设的逐步推进，国家部委以及各省市纷纷制定了有关海绵城市建设规划、设计、管理、建设、施工、竣工验收、运行维护及效果评估等一系列技术标准，囊括了规划设计阶段、施工阶段、验收阶段和运营维护阶段，对我国海绵城市建设的规范化和科学化提供了技术支撑，实现全流程、全方位的海绵城市建设技术标准。

国家层面，2014年10月，住房和城乡建设部印发《海绵城市建设技术指南——低影响开发雨水系统构建（试行）》，从规划、设计、建设、施工及运行维护等方面明确了海绵城市建设的要求，指导各地开展海绵城市建设工作。2018年12月26日，住房和城乡建设部组织制订了国家标准《海绵城市建设评价标准》GB/T 51345—2018，规范海绵城市建设效果评价，提升海绵城市建设的系统性。此外，2017~2018年间，住房和城乡建设部结合海绵城市建设要求，分专业制、修订《城镇内涝防治技术规范》GB 51222—2017、《城镇雨水调蓄工程技术规范》GB 51174—2017、《透水沥青路面技术规程》CJJ/T 190—2012、《透水水泥混凝土路面技术规程》CJJ/T 135—2009、《城市水系规划规范》GB 50513—2009、《建筑与小区雨水控制及利用工程技术规范》GB 50040—2016、《海绵城市建设工程投资估算指标》ZYA1—02（01）—2018等文件，从各方面、各层次系统地指导海绵城市建设、运行维护和管理。

地方层面，通过海绵城市试点建设，结合监测数据，建立了适宜本地区的海绵城市建设的标准、规范、标准图、导则，逐渐形成涵盖规划设计、施工、验收、运营维护等全生命周期的海绵城市地方技术标准体系，做到标准化、细致化、本地化、科学化，保障海绵城市建设项目的每一个步骤都有据可依、有章可循。以萍乡为例，为落实海绵城市建设要求，提升萍乡市施工建设水平，相继出台了《萍乡市海绵城市规划设计导则》《萍乡市海绵城市建设标准图集》《萍乡市海绵城市建设植物选型技术导则》《萍乡市海绵城市设计文件编制内容与审查要点》《萍乡市海绵城市建设施工、验收及维护导则》等多部标准、导则，在海绵城市规划、设计、施工、验收等各个环节开展全方位建设引导。

1.2.4 建设成效显著

自海绵城市建设工作开展以来，在群众关切的缓解城市内涝、治理黑臭水体、提升生态环境以及增强老百姓获得感等方面取得了明显成效，具体体现在以下四个方面。

一是城市内涝基本消除。如萍乡万龙湾地势低洼，是主城区最严重的内涝点之一，每逢雨季都能"城市看海"，导致每年几百家商铺被水淹，汽车被水泡，市民怨声载道，通过海绵城市试点建设，构建了"上截–中蓄–下排"的总体治理思路，彻底解决了困扰萍乡多年的城市内涝问题，并恢复了水生态，明显提升了水环境质量；西咸新区在试点区域实施海绵城市建设，缓解内涝压力，在同样降雨条件下，非试点区域出现较大面积内涝，形成鲜明对比。

二是水环境质量明显改善。如南宁那考河、常德穿紫河等群众长期诟病的黑臭水体得到系统整治，变成令人向往的滨水公园。以穿紫河为例，采用德国汉诺威水协治污理念，巧妙利用封闭式调蓄池，最大限度地把雨水、污水分开，通过截流封堵沿岸原118个排水口、改造沿岸8个雨水泵站、建设河道生态岸线及河道清淤等一系列工程措施，最终消除了黑臭水体，还原穿紫河清流本色，回归城区内河生态环境。

三是生态品质显著提升。如萍乡市在海绵城市试点建设过程中，打造了萍水湖湿地公园、玉湖公园、聚龙公园、萍实公园等一批高品质城市公园，并对老城区鹅湖公园、金螺峰公园进行了全面整治。试点区新增水面85hm²，水面率由4%提高到6.6%；新增城市绿地72hm²，绿地率由35%提高到37%，形成了蓝绿交织的雨洪蓄滞体系。

四是老百姓获得感增强。海绵城市建设过程中，以萍乡为例，对36个老旧小区进行了全面改造，小区环境有了翻天覆地的变化，3万余居民直接受益。同时彻底解决了老城区内涝积水问题，五丰河沿岸43个小区、1.2万户、超过4万名居民免受内涝之苦。新增及改造广场8个，面积超过24万m²，城市居民休闲游憩空间大幅增加，城市变得更加宜居。

1.3 系统化全域推进海绵城市建设的思路

2021年3月，《中华人民共和国国民经济和社会发展第十四个五年规划和2035年远景目标纲要》指出：全面提升城市品质，加快转变城市发展方式，统筹城市规划建设管理，实施城市更新行动，推动城市空间结构优化和品质提升。推进新型城市建设，建设宜居、创新、智慧、绿色、人文、韧性城市。建设源头减排、蓄排结合、排涝除险、超标应急的城市防洪排涝体系，推动城市内涝治理取得明显成效。随后在2021年4月，国务院办公厅印发《关于加强城市内涝治理的实施意见》（国办发〔2021〕11号），要求将城市作为有机生命体，根据建设海绵城市、韧性城市的要求，因地制宜、因城施策，提升城市防洪排涝能力，维护人民群众生命财产安全。可见，韧性城市和海绵城市建设是国家在"十四五"期间推进全面提升城市品质的重要城市发展思路和方式。

2021年4月，为贯彻习近平总书记关于海绵城市建设的重要指示批示精神，落实《中华人民共和国国民经济和社会发展第十四个五年规划和2035年远景目标纲要》关于建设海绵城市的要求，财政部、住房和城乡建设部、水利部三部委联合印发《关于开展系统化全域推进海绵城市建设示范工作的通知》（财办建〔2021〕35号）。三部委决定"十四五"期间开展系统化全域推进海绵城市建设示范工作，通过竞争性选拔，确定部分基础条件好、积极性高、特色突出的城市开展典型示范，系统化全域推进海绵城市建设，中央财政对示范城市给予定额补助。这是继2015～2016年两批国家级海绵城市建设试点后再一次大规模的中央财政资金支持海绵城市建设。

从2015年《关于推进海绵城市建设的指导意见》（国办发〔2015〕75号）发布，经历两批国家级海绵城市建设试点探索，之后实现2020年底20%建成区达到海绵城市建设要求。海绵城市建设已贯穿整个"十三五"建设进程，而"十四五"规划紧密承接"十三五"建设指导思想，海绵城市建设目标贯穿"十四五"规划的整个实施期间，并作为"绿色中国"的重要载体，因此全域推进海绵城市建设将是"十四五"期间国家重点工作之一，同时中央财政资金支持系统化全域推进海绵城市建设，可见"十四五"期间系统化全域推进海绵城市建设是未来五年推进新型城镇化和实现2030年远期工作目标的基础和关键。

因此，总结"十三五"期间的海绵城市全域推进建设经验和教训，梳理出系统化、常态化、持续性推进海绵城市全面建设的建设思路，是实现"十四五"规划目标和2030年建设目标要求的重要技术支撑。为此编写组深入、全面地整理和调研了一大批海绵城市建设试点的成功经验和教训，深入海绵城市建设工作一线，了解多个城市在海绵城市全域推进中的痛点和症结，并结合各城市多年探索经验和尝试，最终梳理出系统化全域推进海绵城市建设的思路和实施路径，以期为"十四五"期间城市在系统化全域海绵城市建设方面提供一些技术参考。

1.3.1　阻力和难题

为进一步贯彻落实《关于推进海绵城市建设的指导意见》（国办发〔2015〕75号）要求，确保到2020年城市建成区20%以上面积达到海绵城市建设目标，住房和城乡建设部要求各城市分别于2019年和2020年开展了海绵城市建设试评估和评估工作。评估要求全国所有设市城市，以排水分区为单元，按照《海绵城市建设评价标准》GB/T 51345—2018，对海绵城市建设专项规划编制及实施情况、新区建设和旧城区改造中落实海绵城市建设要求的制度建设和落实情况等方面进行自评；对照《海绵城市建设评价标准》GB/T 51345—2018确定的指标，从治理城市内涝和黑臭水体的效果、项目实施有效性等方面对海绵城市建设成效开展自评。

2019年，住房和城乡建设部在各城市提交的试评估工作基础上，委托中国城镇供水排水协会等单位组织了全国海绵城市全域推进前期评估。此次评估以第一批和第二批国家级海绵城市建设试点为主，兼顾了部分其他城市。通过试点城市绩效评价和评估工作发现，30个国家级海绵城市试点取得了突出的成绩，总结了一系列可复制、可推广的经验，但是其他非试点城市在全域推进工作中存在较大问题，主要体现在缺乏系统思维、协调推进管控机制不完善、建设和运维管理水平低、智慧化管控水平不足等方面（图1-3）。

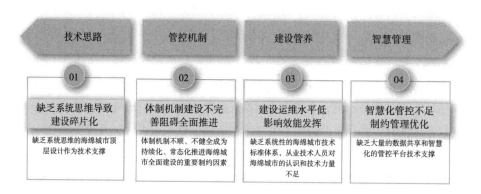

图1-3 系统化全域推进海绵城市建设的阻力和难题

1.3.1.1 缺乏系统思维导致建设碎片化

自2015年起，我国开始海绵城市试点建设探索，至今已有6年多时间，先后探索了两批30个国家级试点、90个省级试点城市的经验。这些城市已走过最初对于海绵城市建设的迷茫期，对于海绵城市建设的理解，从最初片面的海绵城市"工程"逐渐转变为海绵城市建设理念，从实施早期碎片化的单体建设项目逐渐形成连片的系统建设项目体系建设思路。但其他城市受制于经验不足和资金等，全域推进海绵城市建设进度较为缓慢，而且对海绵城市建设推进仍存在很多误区，突出表现为流域和排水分区达标系统性建设思维不足。

根据2020年各城市开展的海绵城市建设评估情况，为了海绵而海绵的情况在很多城市中还是比较突出的。很多城市在海绵城市全域推进过程中，只见"工程"不见整体，简单地把透水铺装、下凹式绿地等LID设施和排水管渠等工程等同于海绵城市建设，对于海绵城市建设的认识更多将其等同为"海绵工程"。虽然各年度城建计划都梳理出一大批海绵城市建设工程，但很少从流域或排水分区出发系统研究区域的涉水问题成因，研究提出海绵城市系统性建设思路和内容。不考虑涉水问题所在流域或排水分区情况，不与城市的水问题相结合，不考虑源头、过程、系统之间的相互关系，建设项目之间各自为政，这就导致缺乏系统思维，就水论水，项目单体之间缺乏系统统筹，建设碎片化严重。工程之间衔接不足导致工程重复或浪费，甚至出现工程真空区域的情况。因此在多个城市提供的自评估报告中对建设成效的评估更多是对建设项目的评估，对于排水片区达标评估很少或泛泛而谈，而且用已有建设项目硬性拼凑达标排水片区的情况屡见不鲜。从工程导向思维出发、为了"海绵"而"海绵"的做法，与海绵城市建设的初衷是相互背离的。

"全域推进"海绵城市建设是区别试点推进而言，不是"全部推进"所有区域、全部揭开重新建设，更不是大拆大建。海绵城市建设是结合城市开发建设中已出现和可能会出现的涉水问题，从流域或排水分区出发对水安全、水环境、水资源、水生态等涉水设施问题进行系统分析，系统分析问题源头、过程和末端的原因，整体谋划和布局工程建设内容和规模。对已建区域重点以问题为导向提出系统性的整治方案，对未建和在建区域通过规划管控，按照海绵城市建设理念避免新的涉水问题出现。因此海绵城市建设应按照流域和排水分区达标的系统性思维，系统统筹源头减排、过程传输、系统治理等建设工程体系。

海绵城市建设缺乏系统性思维，导致连片建设效应不显著，究其原因主要是缺乏系统思维的海绵城市顶层设计作为技术支撑。

根据《住房和城乡建设部关于印发海绵城市专项规划编制暂行规定的通知》（建规〔2016〕50号），虽然各设（市）城市基本完成了专项规划的编制，但由于海绵城市专项规划编制水平不足和缺乏系统性思维，以及海绵城市相关顶层规划体系不完善等，全市海绵城市建设推进缺乏顶层设计指导。

（1）海绵城市总体规划（专项规划）编制深度和水准不足以支撑全市海绵城市建设实施。虽然各设（市）城市都编制了海绵城市总体规划（专项规划），但不少地方存在对海绵城市建设不重视不认可，编制过程存在交差心理，对海绵城市的建设需求、目标和任务分析不清楚，用地方年度建设计划攒规划内容和建设任务的情况。规划编制存在底数不清、目标不合理、任务不清晰等情况，未与城市总体规划、详细规划等规划进行衔接，导致专项规划形同虚设，并未对全市海绵城市建设推进起到顶层设计的指引作用。

（2）海绵城市规划缺乏系统思维，对城市涉水问题解决缺乏指引。海绵城市相关规划编制过程中，缺乏系统性思维，对于水环境、水安全、水资源、水生态等涉水问题，没有从排水分区出发系统性分析，更多侧重于对年径流总量控制率和径流污染控制率等指标的分解；缺乏对大排水系统的系统性治理思路，就水论水，对于结合海绵城市建设系统性解决城市涉水问题缺乏指引。

（3）海绵城市规划设计体系不完善也是制约海绵城市系统化全域推进的重要因素。受海绵城市总体规划（专项规划）自身内容和深度要求，仅依靠专项规划很难做到系统性指导近期海绵城市建设实施。应结合实际需求，尤其是对于大城市而言，专项规划的指导性更多是对各区详细规划的指引，需要各区或者片区结合实际情况，进一步深化规划编制工作，落实上一级规划的要求，才可指导全市海绵城市建设全域推进顺利开展。

1.3.1.2　体制机制建设不完善阻碍全面推进

各地在海绵城市全面推进过程中普遍存在机制建设不完善问题，在组织体系、建设管控机制、考核评估机制、激励机制等方面存在诸多不足之处，体制机制不顺、不健全成为制约持续化、常态化推进海绵城市全面建设的重要因素。

（1）部分城市海绵城市建设组织体系比较薄弱。目前我国大部分城市成立了海绵城市建设领导小组，但除试点城市外，领导小组多为挂名临时机构，城市主要领导不重视，往往无实质参与；主要职能也多由住房和城乡建设部门临时承担，部分主管者对海绵城市理解不够深入，其他部门更是对海绵城市参与度低、理解度差，导致专业上存在分割、工作推进上难以统筹，表现为海绵城市建设主管机构管控度差、执行力差，海绵城市建设、宣传等工作滞后。

（2）海绵城市规划建设管控机制需要优化。目前关于海绵城市规划设计的正式指导文件仅有《住房和城乡建设部关于印发海绵城市专项规划编制暂行规定的通知》（建规〔2016〕50号）一部，但对如何与国土空间规划体系相协调，如何给定和落实海绵城市建设管控要求，尚无明确的指导支撑。很多城市存在不设海绵城市规划管控指标或设了但形同虚设的情况，在立项、用地审批等环节，在选址意见书、用地规划许可等文件中对海绵城市相关建设指标和要求不明确，如不给定相应的具体指标，或泛泛地提到满足海绵城市建设相关要求但并没有明确技术文件支撑，导致建设要求无法做到管控落实。也有在建设中由于建设单位对海绵城市建设理解有偏差，没有经过科学评估即提出项目无必要做或者无条件实施，最终出现擅自降低指标或不按照指标要求实施的情况。因此在规划管控落实环节，探索简政放权、"放管服"改革背景下的项目管控实施路径，在不增加审批流程的前提下，保证海绵城市建设项目管控落实是各个城市需要破解的难题。

（3）海绵城市考核评估机制需要进一步完善。以评促建是吸引各级政府、各部门重视并调动建设、设计、施工单位积极性的重要手段。2019年，住房和城乡建设部发布了《海绵城市建设评价标准》GB/T 51345—2018，给海绵城市考核评估提供了技术性指导，但尚缺少国家对各城市、城市对各级各部门，以及城市对建设和运行主体的行政考核等方面的指导文件。虽然试点城市多已将海绵城市建设纳入行政和绩效考核，但多数城市并未将其纳入行政考核内容，导致主管部门建设积极性和重视度不足。

（4）海绵城市的激励机制缺少研究。目前海绵城市建设中的部分阻力来源于现有的机制损害了海绵城市推进者的利益。如海绵城市多专业的融合增加了设计人员的工作难度，提升了项目实施效果，但降低了项目的投资，造成设计人员收入的下降；建设项目海绵设施的投入降低了对市政排水设施的压力，但增加了后期运行的费用。类似的情况都是影响海绵城市全面推进的重要因素，目前缺少对此类问题的研究和相关激励机制的设计。

1.3.1.3 建设运维水平低影响效能发挥

海绵城市建设虽已实施一段时间，但很多非试点的中小城市对海绵城市的认识尚不到位，表现在两方面：一是管理者层面，认为海绵城市建设就是新增工程建设内容，是新增建设工程投资，是"找麻烦"，因此对于海绵城市建设推进存在抵触心理，积极性不高；二是建设者层面，一般小城市会更倾向于选择本地的技术从业人员开展规划、设计、建设、运维、管理等相关工作，但本地从事管理、设计、施工、维护的技术人员由于对海绵城市建设理念接触少，并且缺少可遵循的相关技术标准和规范，对海绵城市的理解和技术实力不足，从而影响设计、建设和运维管理水平。

由于缺乏系统性的海绵城市技术标准体系，中小城市很多管理和从业人员对海绵城市的认识和理解不足，这也成为全域推进海绵城市建设推进缓慢、建设成效不良的主要原因。对于海绵城市建设理解的片面性和偏差阻碍了从业人员的积极性，也限制了设计、建设和管理水平。对于海绵城市建设的认识不足也限制了当地从业人员的水平增长，从而影响了当地海绵城市系统化全域推进的工作进展和成效。因此，尽快总结出海绵城市建设技术标准体系是全面提高管理水平和从业技术人员水平的必要举措。

2016～2017年财政部、住房和城乡建设部、水利部三部委组织了全国第一批16个和第二批14个国家级试点城市的申报工作，基本涵盖了南北方各种类型的城市。通过试点先行、经验探索的思路，探索出一批多种气候类型、多种下垫面特征的建设经验，包括规划设计体系、管控保障机制、技术经验总结以及智慧管控平台建立等，供全国各地在海绵城市全域推进中参考借鉴。试点城市的建设探索中，有些城市也走了不少弯路，在实践中遇到了不少实际问题，但是有些城市没有及时总结建设经验，或总结中避重就轻，对于未解决的问题和难度、走过的弯路避而不谈，也影响了各地经验借鉴。此外，试点城市虽经过若干年探索已形成一系列技术规范和标准，但尚未进行系统的归纳总结，更多停留在地方标准层面，且针对海绵城市的强条强标尚未明确，这都对将海绵城市纳入统一施工图审查形成了极大的阻力。缺乏覆盖海绵城市规划设计、施工管理、竣工验收、运行维护及付费、预算定额等各个工程建设决策和管理环节的技术规划和标准指导文件，正成为制约系统化全域推进海绵城市建设的重要因素。

1.3.1.4 智慧化管控不足制约管理优化

海绵城市建设和运维管理极为复杂，为确保海绵城市系统化全域推进有成效，需要大量的数据共享和智慧化的管控平台作为快速响应的技术支撑。首先，清晰、准确、翔实的数据资料是支撑问题和成因分析的基础；其次，运营过程中及时准确反馈实际情况，实现信息资源的整合、挖潜、分析和研判是提高运行管理效率的重要措施；最后，对于海绵城市建设效果和运行效果需要有准确的数据支撑，从而准确评估设施效能和作用，同时也有利于及时发现问题做出响应。

基础数据是保证准确分析问题和评估问题及成效的关键依据，受制于定量监测和相关监测未开展等因素影响，实现精准治理城市涉水问题仍有较大难度，因此，加强数据监测和获取，实现数据共享，推动信息化和智慧化管理是解决问题的有力举措。

1.3.2 解决思路和实施路径

根据2019年住房和城乡建设部开展的海绵城市建设前期评估显示，国家级和省级试点城市通过多年摸索探索出一系列适宜本地区的建设经验，实际建设成效也得到了群众的广泛认可。而在个别城市对海绵城市建设接触相对较晚较少，对海绵城市建设理念认识存在误区，导致在全域推进过程中出现系统性不足、机制不顺、技术水平差、智慧化管理缺乏等一系列问题。

个别城市在海绵城市全域推进过程中出现建设推进慢、推进难、推进成效不良的主要原因体现在两方面：一是对海绵城市的认识不足影响其推进积极性和推进效果；二是未充分借鉴海绵城市建设技术的成功经验，只学到表面未学到精髓。因此为系统化、常态化、规范化、持续化推动海绵城市全域建设，应树立坚定的生态文明思想，正确认识海绵城市建设理念和内涵，同时充分学习和借鉴成功城市的经验，突出系统治理思维，强化成效机制体系，提升技术质量水平，完善信息智慧化管控，才能确保"十四五"期末和2030年达到海绵城市建设目标和要求。

1.3.2.1　解决思路

（1）正确认识海绵城市建设内涵及其重要意义

对于海绵城市建设的理解不到位是阻碍海绵城市全域推进的重要因素，为提升各城市、各行业主管部门和人员对海绵城市系统化全域推进的积极性，相关人员应加强学习，科学认识海绵城市建设理念与建设意义，转变原有的认知误区，从根本上变成生态文明思想的拥护者和践行者。

正如《关于推进海绵城市建设的指导意见》（国办发〔2015〕75号）中提出的，海绵城市是指通过加强城市规划建设管理，充分发挥建筑、道路和绿地、水系等生态系统对雨水的吸纳、蓄渗和缓释作用，有效控制雨水径流，实现自然积存、自然渗透、自然净化的城市发展方式。可见，海绵城市是适应新时代城市转型发展的新理念和新方式，海绵城市建设是提高城市涉水基础设施系统性的重要抓手。

首先，海绵城市建设是"理念"不是"工程"。海绵城市建设不是指具体的工程，不可把海绵城市等同于海绵工程将其工程化，更不可等同于透水、调蓄池等将其产品化，也不能狭隘地认为是下凹式绿地、大水面等设施。海绵城市建设是推进生态文明建设和绿色发展，促进城市发展转型、供给侧结构性改革、提升城市基础建设的系统性建设理念。第一，落实海绵城市理念可提升城市水环境质量，提高城市的保障能力，海绵城市有利于推进生态文明建设和绿色发展；第二，城市发展转型需要综合系统统筹，寻求城市经济发展和环境生态保护的平衡点，保障城市可持续发展，而海绵城市建设理念即为一种城市发展转型的新途径、新方法，其对未来城市开发建设提出了可持续的建设思路；第三，通过海绵城市建设，扩大优质生态产品的供给，建设优质的城市蓝绿空间，恢复城市的水环境和水生态系统，为老百姓提供优质的生活环境，提升公共基础设施的水平和有效性，有利于推进供给侧的结构性改革。

其次，海绵城市建设并不一定会增加工程投资。海绵城市建设本身就是以问题和目标为导向的，实施中不考虑实际需求、简单粗暴地将新铺好石材和新栽种的植物移除是不可取的。对于改、扩建项目，主要以解决涉水问题为导向，结合实际建设条件，能改尽改；对于新实施的项目，尽量少动或者不动；对于新建项目，为有效避免出现问题，以目标为导向制定合理的标准和要求，然后通过规划和建设管控落实相关要求。结合试点城市的建设经验，老旧小区实施海绵城市改造时，应综合考虑小区雨污分流改造、破损铺装改造、绿化品质提升等内容，不仅可整体提升小区居民的生活环境，还可有效减少工程投资。石材铺装一般远高于透水砖铺装，对于石材等铺装的喜好更多是出于视觉效果，现在市场上透水铺装已很成熟，其外观和品质都有很大的提升，完全可以满足建设要求。因此海绵城市建设并不是增加投资，更不是工程浪费。

最后，海绵城市建设理念适用于各种类型城市建设。海绵城市建设适用于各种气候特征、下垫面特征的城市，理念通用只是方式有别。在全域推进海绵城市建设过程中切忌搞"一刀切"，应注重结合实际，因地制宜：第一，在制定顶层设计时，城市规模对于规划设计体系和深度要求不同，在大型、特大型、超大型城市编制顶层设计时，为提高规划的实施性应建立多级规划体系，明确各级编制重点和深度，确保规划有效落实。在分析城市涉水问题并制定解决方案时，应结合城市实际情况和需求，尤其是老城区海绵城市改造过程中，应以问题为导向，对水安全、水环境、水资源、水生态等问题的分析应突出重点，不能盲目追求面面俱到、一应俱全；第二，在体制机制建设上，城市组织体系和城市规模有别，小城市实施全市统筹管理推进力度大，有利于规范化管理，但大城市实施全市统筹管理是不现实的，应加强市区两级管理，明确市区两级责任主体和分工；第三，在技术标准制定上，南北有异，东西有差，海绵城市各种措施的选择、做法、参数选择等不尽相同，因此海绵城市建设技术标准体系不是一套标准，而是一系列标准；第四，在智慧管控平台构建上，各城市信息化、智慧化平台建设基础情况不同，如广州、深圳等南方经济发达城市已搭建城市信息模型（CIM）平台、智慧水务平台，这类城市应整合已有监测点位，适当增加对源头和排水分区出口的监测等，充分利用和优化已有监测设施。起步较晚城市应结合城市信息模型（CIM）平台和智慧水务平台建设，统筹考虑海绵城市智慧监测平台建设工作。

（2）充分借鉴和学习成功城市的经验和教训

在海绵城市建设由试点探索走向系统化全域推进的关键时刻，及时总结试点城市的经验教训，为加快海绵城市全域推进提供努力方向和样板，也对如期完成建设目标至关重要。30个国家级试点城市以及一些推进成效显著城市经过了多年探索，已形成一套较为完整的经验，这些对于遇到类似问题的城市都是不可多得的经验分享。编写团队曾先后服务两批多个国家级试点城市，具有全过程技术服务经验，本书充分发挥团队优势，结合城市经验，系统总结系统化全域推进海绵城市建设中的经验，从而为"十四五"期间和2020～2030年系统化全域推进海绵城市建设提供解决思路和实施途径。

总结发现，一般推进快、成效显著的城市，其显著优势主要是有一套系统化全域推进的实施途径，主要体现在顶层设计、机制保障、技术支撑、智慧管控等四方面：

1）编制了系统思维的顶层设计做指引

在试点城市和一些推进成效显著的城市，如萍乡、宁波、上海、广州等，普遍建立了宏观、中观、微观三级海绵城市规划体系。在宏观尺度编制全市海绵城市总体规划（专项规划），确定生态保护、生态修复、低影响开发海绵城市整体格局。在中观尺度编制分区或管控分区海绵城市详细规划或建设规划，将全市海绵城市规划指标落实到各区或各片区。在微观尺度围绕片区核心水问题，以治理水环境和水安全为重点，编制排水分区海绵城市系统方案或实施方案，实现全市三级海绵城市规划全覆盖。在新区以目标为导向，统筹规划、强化管理，通过规划建设管控制度建设，将海绵城市理念落实到城市规划建设管理全过程；在老区以问题为导向，统筹推进排水防涝设施建设、城市水环境改善、城市生态修复功能完善、城市绿地建设、城镇老旧小区改造、完整居住社区建设、地下管网（管廊）建设等工作，采用"渗、滞、蓄、净、用、排"等措施，补齐设施短板，"干一片、成一片"。依靠多级规划的层层传导和落实，全市海绵城市建设思路更清晰，落地性和可实施性更强，而且突破了单纯依靠专项规划指导海绵城市建设实施的局限性，增加了海绵城市详细规划和系统方案的编制，更注重流域治理，突出问题导向治理，因此系统性更强，对于改变碎片化建设、打造连片建设区更具指导意义。

2）构建了较为完善的机制体制做保障

为实现常态化、持续化推进海绵城市建设，需要一套完善的机制体制作为保障，这也是实现系统化全域推进海绵城市的重要基础。试点城市因面临试点期间建设推进实施和绩效考核压力，均成立了海绵办负责试点期间的组织管理工作。在试点结束后考虑持续全域推进工作需要，基本上又都成立了海绵城市建设管理领导小组的常设机构，并列入了三定方案。但在一些城市，海绵办只是一个临时部门，没有专职管理人员，或直接将其职能划给住建部门，但对于绩效考核、机制保障并没有落实，并且对规划建设管控的落实机制和立法保障没有建立，导致海绵城市建设无据可依，落实推进难，阻力大。因此在海绵城市建设由试点探索走向全域系统化推进的关键时刻，及时总结试点城市的经验教训，从实施机制的有效性、社会发动的广泛性、技术实施的系统性、费用效益的最优化、人才的支撑度等方面提出与系统化全域推进相适应的机制构建方法与政策建议，是实施全域推进海绵城市建设的重要基础。

3）总结了规范的技术经验做支撑

海绵城市试点建设之初，依靠强大的财政支持作为杠杆，吸引了大量国内知名的投资、设计、咨询、建设、运维企业投身到海绵城市建设中，试点城市聚集了海绵城市建设的优秀人才、先进技术和大量资金，这既提高了当地海绵城市的建设水平，也提升了本地从业人员的技术水平。如萍乡市作为第一批国家级试点城市取得优异成绩的同时，本地企业和从业人员技术水平也得到显著提升，不仅总结形成了一套海绵城市规划、设计、施工、运维、植物选型、模型参数率定等技术标准和图集，在试点结束后通过整合本地资源成立了江西智慧海绵城市建设发展投资集团有限公司。而反观其他小城市，受制于海绵城市建设推进力度和资金限制，较难吸引知名企业进入，加之本地从业人员技术水平和对海绵城市的认知不足，导致海绵城市设计、施工、运维管理水平低，成为制约城市海绵城市全域推进建设的重要阻力。

4）打造了智慧化管控平台做运维

海绵城市建设、运维、管理涉及城市的多行业、多部门、多专业，依靠人力去管很难实现，推进信息化、智慧化管理才可打破信息壁垒。为获取准确的本底情况和问题成因资料、动态监测各设施的运行维护状况、实现海绵城市建设成效的科学评估，试点城市多针对海绵城市建设了智慧化管控平台，或将对海绵城市等相关涉水设施监测管理纳入了城市信息管理CIM平台或城市水务平台管理，从而提高了数据获取的及时性、准确性，提升了设施管理效率。

1.3.2.2　实施路径

结合各城市全域推进海绵城市的建设经验发现，系统性全域推进海绵城市建设的最大难点是实现"系统性推进"和"全域推进"。而实现"系统性推进"需要行业主管部门具有系统性思维，需要制定系统化的海绵城市顶层设计作为技术支撑。而实现"全域推进"就是要实现规划全覆盖，同时建立一套常态化、规范化、法治化的长效机制作为保障。当然

通过建立完善的海绵城市技术标准
体系使海绵城市建管规范化，整体
提升从业人员技术水平，构建智慧
化的管控平台，实现数据共享和智
慧管控，也是确保稳步推进海绵城
市建设、保证建设成效的重要保
障。因此，系统化全域推进海绵城
市的实施路径主要依赖四个"一"

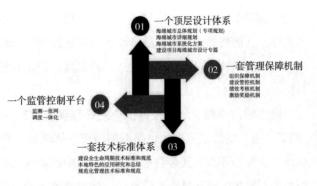

图1-4 系统
化全域推进海
绵城市建设的
实施路径

来实现：一个顶层设计体系、一套管理保障机制、一套技术标准体系、一个监管控制平台
（图1-4）。

（1）一个顶层设计体系

海绵城市建设是城市转型发展的新理念，海绵城市规划是国土空间规划管理体系中的重
要组成部分，是从加强雨水径流管控的角度提出城市层面落实生态文明建设、推进绿色发展
的顶层设计，是落实城市水生态修复、城市水环境改善、城市水安全保障、城市水资源利用
的规划指引。制定系统化的海绵城市规划设计体系是实现系统化全域推进海绵城市的顶层设
计指引和技术支撑，而实现规划全覆盖是确保全域推进的重要举措。但受制于海绵城市总体
规划（专项规划）的规划重点和深度限制，单纯依靠海绵城市总体规划（专项规划）指导全
市海绵城市建设实施是不现实的，尤其是对于特大型、超大型城市，远不能满足指导海绵城
市建设实施要求，因此，构建完善的海绵城市顶层设计体系，是海绵城市系统化全域推进的
重要技术保障。

2020年11月，住房和城乡建设部发布国家标准《海绵城市建设专项规划与设计标准（征
求意见稿）》，要求城市化地区应编制海绵城市建设专项规划，海绵城市建设专项规划应作
为城乡建设规划体系的组成部分，并应统筹城市涉水相关专项规划，协调衔接用地竖向、绿
地系统、道路交通、城市街区等各类专项规划。该标准对于海绵城市建设专项规划的定义不
同于前文说的"狭义的"海绵城市总体规划（专项规划）（总规深度），而是"广义的"海绵
城市规划设计体系（不同层级、不同深度）。标准中说明：海绵城市建设专项规划应在生态
文明建设指导下，科学评估提出海绵城市建设的近远期目标和指标，从区域流域、城市、片
区三个尺度，提出涉水设施空间布局，纳入国土空间规划，并与相关专项规划衔接。此标准
中的海绵城市建设专项规划即为本书中提出的"一个顶层设计体系"。

"一个顶层设计体系"包含海绵城市总体规划（专项规划）、海绵城市详细规划、海绵城
市系统化方案、建设项目海绵城市设计专篇（含项目建议书、可行性研究、方案设计、施工
图设计等不同阶段）四个环节。在顶层设计层面，为提高规划的有效性，应完善海绵城市规
划设计体系，构建海绵城市总体规划（专项规划）"定格局"、详细规划"定指标"、系统化
方案"定项目"、设计专篇"定布局"的顶层规划设计体系，以有效指导海绵城市规划落地，
提高规划的指导性。

海绵城市总体规划（专项规划）属于城乡（国土空间）规划管理体系或总体规划管理

深度，编制范围多为城市市域或城市中心城区层级。主要编制内容包含统筹城市山水林田湖草治理，开展自然流域中水的产汇流和敏感性空间分析，识别区域流域中山体涵养空间、雨洪调蓄空间，统筹城市建设开发边界与选址，划定管控分区，并制定管控分区海绵城市建设目标。

海绵城市详细规划对接国土空间详细规划对各类建设用地提出管控实施要求，是核发"两证一书"的法定依据，也是海绵城市总体规划（专项规划）总体建设目标到地块控制指标落实的核心环节。其编制范围多为城市中心城区或城市片区层级。海绵城市详细规划应分析水生态敏感区域和自然汇流路径，确定城市建设开发区域内重要的自然海绵空间，划定城市的蓝绿空间和竖向控制，构建城市涉水基础设施系统；明确各类建设用地的海绵城市建设管控指标。

海绵城市系统化实施方案是指导实施层面的海绵城市建设方案，其编制范围多为城市片区。其规划重点是衔接上层次要求确定明确片区各地块海绵城市建设管控指标，制定片区海绵设施布局方案，确定地块指标、重大基础设施规模和涉水空间布局；制定分区建设方案，包括近期项目实施方案与实施计划。2021年财政部、住房和城乡建设部、水利部联合印发的《关于开展系统化全域推进海绵城市建设示范工作的通知》（财办建〔2021〕35号）提出，海绵城市示范城市申报文件应统筹谋划系统化实施方案。从区域流域、城市、设施、社区等不同层级进行系统研究，统筹区域流域生态环境治理和城市建设，统筹城市水资源利用和防灾减灾，统筹城市防洪和排涝工作，遵循区域生态基础设施连续性、完整性，结合开展城市防洪排涝设施建设、地下空间建设、老旧小区改造等，构建健康循环的城市水系，在所有新建、改建、扩建项目中落实海绵城市建设要求。区域流域、城市、设施、社区等不同层面的建设内容，实施方案应遵循简约适用、因地制宜的原则，坚决避免"大引大排""大拆大建"等铺张浪费情况。

海绵城市设计专篇是具体项目落实海绵城市建设要求的设计依据，其编制范围多为具体建设项目或项目包。其设计内容包含明确项目建设指标、合理设计组织排水路径、优化竖向设计、合理布局各类海绵城市设施、核算目标可达性等内容。根据项目建设的不同阶段，海绵城市设计专篇分为项目建议书、可行性研究报告、方案设计、初步设计和施工图设计等环节。

（2）一套管理保障机制

为确保海绵城市建设持续化、常态化推进，保证海绵城市建设"不是一阵风"，需构建一套切实可行、有效、完善的管理保障机制。"一套管理保障机制"是城市常态化推进海绵城市的长效机制保障，也是海绵城市建设主管部门落实建设任务的重要抓手，尤其是现行"放管服"简政放权背景下，在不增加审批流程的前提下，建立海绵城市建设项目管控落实机制，是各个城市需要破解的难题。

"一套管理保障机制"应包含组织保障机制、建设管控机制、绩效考核机制、奖励激励机制等方面。组织机制是基础，建设管控是手段，绩效考核是抓手，奖励激励是动力，多方合力才能确保海绵城市系统化全域推进。

强化组织保障：各城市应根据城市实际情况，选择市级直管、市区两级管理两种建设管理机制。对于中、小城市，为了加强组织保障力度，高位统筹可选择市级直管，市海绵办作为常设机构统筹全市海绵城市建设工作。对于大型、特大型、超大型城市，应完善市、区（管委会）两级海绵城市建设管理体制。在市级层面，市海绵办或建设主管部门牵头推进全市海绵城市建设工作，负责统筹协调、监督考核、宣传培训等，其他市直部门按照责任分工负责本市海绵城市建设相关工作。在区级层面，各区政府是辖区海绵城市建设的责任主体，应明确海绵城市建设主管部门，明确责任分工，完善管理体制机制，统筹推进辖区的海绵城市规划建设管理工作。

加强建设管控：应在城市建设管理中充分体现海绵城市建设理念，包括对既有项目实施改造和新建项目管控两方面。海绵城市建设是一项复杂的系统工程，为保障已有的规划能落地，要在规划、立项、土地出让、选址（规划条件）、设计招标、方案设计及审查、建设工程规划许可、施工图审查、竣工验收备案等环节加强管控，合力推进才能确保规划有效，因此，建设有力、有效的建设管控机制是保障持续推进海绵城市建设的主要手段。建设管控应实行全类型、全流程管控，覆盖所有新建、改扩建项目，并严格落实到立项、用地审批、规划设计、施工验收、运营维护等全流程全生命周期。此外，应加快推进海绵建设立法工作，把行之有效的海绵城市建设管理体系、工作机制，通过法律形式固化下来。规范海绵城市建设管理体制机制及项目立项、规划、建设、运营等各环节管控，规范建设行为，保障建设质量，促进海绵城市建设长效运行。

落实绩效考核：以奖促建是加快推进海绵城市建设的有力抓手。海绵绩效考核评价应明确考评对象、考评内容及方法、考评程序，确保绩效考核流程清晰、责任明确，才能有序、系统、持续地推进海绵城市建设。绩效考核机制应按照年度落实，纳入市委、市政府对相关部门和各级政府的考核内容，才能提高各级政府和相关部门的积极性。

注重奖励激励：建立海绵城市项目财政补贴或奖励政策。建立资金奖励、补贴等经济激励制度，有利于调动海绵城市建设利益相关方的积极性。建立海绵城市项目补贴资金管理，提高补贴资金使用效益，有助于发挥市级财政资金对海绵城市建设的引导和激励作用。海绵城市建设奖励机制应统筹考虑奖励对象及范围设定，奖励条件、额度制定及资金来源，海绵城市建设投资认定或绩效评估方法，相关建设管理机构及部门的主要职责，奖励资金的申请及拨付方式，奖励资金的管理和监督等内容。奖励机制还应考虑建设区域的实际需求，制定多层次、差别化的奖励措施，从而促使激励效果最大化。创新海绵城市建设投融资渠道，营造良好社会环境，吸引社会资本参与海绵城市设施投资、建设和运营。

（3）一套技术标准体系

海绵城市建设技术措施受下垫面条件、气候气象条件、城市建设情况等因素影响大，探索一套因地制宜的技术标准体系是加快推进海绵城市建设的技术基础。"一套技术标准体系"包含涉及海绵城市建设全生命周期的技术标准和规范，本地特色的应用研究和总结、规范化管理等技术标准和规范等内容。

建设全周期技术标准和规范：根据城市特点，参考同类城市总结本地工程实际经验，制定一套建设全流程、全生命周期的技术标准和规范。技术标准和规范应涵盖规划、设计、施工、验收、运维等海绵城市建设不同阶段全生命周期，包含海绵城市建设技术标准（导则）、海绵城市建设技术标准图集、海绵城市施工与验收导则、海绵城市设施运行维护导则等。

本地特点的应用研究和总结：探索因地制宜的本地技术标准和经验，为全域推进奠定技术基础。结合相关实验和工程实践，开展对海绵城市植物选型、低影响开发适用技术及效果、水文模型参数的选取和率定、低影响开发设施介质选择和配比、透水铺装防滑面层施工要求、BIM技术在海绵城市中的应用等专题研究，探索本地海绵城市建设的新方法、新技术、新工艺，为本地海绵城市建设提供技术支撑。

规范化管理标准和规范：规范化管理标准和规范主要指在技术审查、工程造价审核、资金使用与管理等方面制定本地的技术标准或文件。如针对部分海绵城市建设材料缺乏费用定额的问题，应制定海绵城市建设工程投资估算指标为建设工程投资估算和造价审核提供依据。再如制定海绵城市方案审查和施工图审查技术要点，可进一步规范和提高本市海绵城市建设设计文件质量。

（4）一个监管控制平台

推动海绵城市建设智慧化管控，搭建海绵城市建设信息管理平台，实现全市海绵城市建设"监测一张网、调度一体化"，助力城市海绵城市管控智慧化。

"一个监管控制平台"包含监测一张网和调度一体化两方面。

监测一张网：综合利用在线监测，对重点区域、排水片区、典型地块项目和设施开展在线监测，对径流总量控制率、径流污染控制率、内涝积水、河道水质和水位等关键指标及时获取，及时对海绵城市建设技术措施和设施运行效果进行评估。在线数据监测有利于及时获取设施运行情况，快速发现问题，采取有力措施，同时监测数据也是建设效果准确评估的重要依据。

调度一体化：依托信息系统建设本市海绵城市建设信息管理平台，开展海绵城市项目入库管理，涵盖公园绿地、道路广场、建筑小区、水务等，建立本市海绵城市建设项目库，加强第三方监管。综合利用在线监测、地理信息系统、数学模型等技术，纳入城市水务调度智慧平台与城市水务实行"一网通管"，建立气象、水务、交通、建设、城管、公安等多部门联动机制，整合行业基础数据，实现内涝治理、黑臭水体整治、海绵城市建设等各项治理措施的预判，实现智慧调度与预警管理，优化海绵城市建设等工作流程，提升智慧化管理水平，提高水务工作运行管理效率。

第2章 构建系统化全域推进的顶层设计体系

海绵城市建设是涉及多学科、融合多目标、统筹多措施的复杂系统工程，在系统化全域推进海绵城市建设的过程中，通过加强城市规划建设管理，将海绵理念融入工程建设过程中，确保海绵城市建设的全面推进。

做好顶层设计是科学有序推进海绵城市建设的基础。构建完善的规划设计体系，为科学合理制定目标、推进海绵城市建设提供技术支撑。全面科学的海绵城市顶层设计技术体系，应统筹好专项规划、详细规划、系统化方案之间的关系，形成一套从全域城区-控规片区-流域分区的系统性、科学性的顶层设计。海绵城市总体规划（专项规划）作为指导规划范围内海绵城市规划建设的纲领性文件，从宏观层面上起到总体约束的作用，目的是定格局、定目标。海绵城市详细规划从中观层面上起到细化管控的作用，目的是将管控指标逐级分解到地块、道路等控规单元中。系统化实施方案从微观层面上衔接规划和设计，目的是定项目，提出近期实施工程项目库，确定实施方式和保障措施。

顶层设计在城市贯彻新发展理念、树立绿色发展观中起到引领和统筹的作用，有利于构建"源头减排-过程控制-系统治理"的系统建设观。坚持系统化顶层设计，加强多目标建设下的融合统筹，发挥建设效果的综合效益，能够在全域推进海绵城市建设中保障科学性、合理性和可落地性，从而实现水生态修复、水环境改善、水安全保障、水资源利用的目的。

构建完善的顶层设计体系也是做好系统化全域推进海绵城市的基础和必要条件，顶层设计系统谋划在"流域-城市-区域"不同层面不同尺度的建设策略和建设重点，以及规划设计体系之间的有效传导，保障了"流域-城市-区域"不同层面的衔接。

2.1 统筹谋划系统化全域推进海绵城市建设

2015～2019年先后有两批海绵城市试点城市建设及验收，海绵城市试点建设过程中更多关注的是试点片区内的建设效果，建设重点聚焦于试点片区内。随着海绵城市建设从试点建设走向全域推进，需统筹更多更广的影响因素，需根据流域、城市、设施、社区等不同空间尺度或影响范围，建立系统思维解决问题，做好不同尺度之间的统筹与衔接。

2.1.1 推进思路

根据2021年国家级海绵城市示范城市申报要求，在系统化全域推进海绵城市建设过程中，应充分研究区域流域、城市、设施、社区等不同层级存在的问题，统筹区域流域生态环境治理和城市建设，统筹城市水资源利用和防灾减灾，统筹城市防洪和排涝工作，在不同层级进行系统研究，抓住不同层级的主要矛盾，遵循区域生态基础设施连续性完整性，结合开展城市防洪排涝设施建设、地下空间建设、老旧小区改造等，构建健康循环的城市水系统，在所有新建、改建、扩建项目中落实海绵城市建设要求。区域流域、城市、设施、社区等不同层面的建设内容，应遵循简约适用、因地制宜的原则，坚决避免"大引大排""大拆大建"等铺张浪费情况。

1. 社区

在老旧小区改造中，充分运用"渗、滞、蓄、净、用、排"等措施，优先解决污水管网不完善、雨污水管网混错接等问题。在解决居住社区设施不完善、公共空间不足等问题时，融入海绵城市理念，充分利用居住社区内的空地、荒地和拆违空地，增加公共绿地、袖珍公园等公共活动空间，实现景观休闲、防灾减灾等综合功能。

2. 设施

在各类建设项目中落实海绵城市建设要求，统筹规划建设和改造完善城市河道、水库、泵站等防涝设施，改造和建设地下管网（管廊、管沟）、城市雨洪行泄通道、城市排涝沟渠等，提升城市应对洪涝灾害的能力。新建城区应提出规划建设管控方案，统筹城市水环境治理、污水提质增效等工作要求，高标准规划、高标准建设基础设施，先地下后地上，高起点规划、高标准建设城市排水设施，并与自然生态系统有效衔接，与地下空间开发利用等协同推进。老城区结合城市更新，针对积水内涝、面源污染、水环境质量差、公共空间品质不高等问题，有针对性地加强排水管网、雨水泵站、调蓄设施等排水防涝设施的改造建设，有效缓解城市内涝问题。建设基于城市信息模型（CIM）基础平台的城市综合管理信息平台，对城市降雨、防洪、排涝、蓄水、用水等信息进行综合采集、实时监测和系统分析等。

3. 城市

建设生态、安全、可持续的城市水循环系统，整体提升水资源保障水平和防灾减灾能力。结合城市内涝治理、城市水环境改善、城市生态修复功能完善、生态基础设施建设，建立"源头减排、排水管渠、排涝除险"的排水防涝工程体系，逐步构建健康循环的水系统。结合城市更新"增绿留白"，在城市绿地、建筑、道路、广场等新建、改建项目中，因地制宜地建设屋顶绿化、植草沟、干湿塘、旱溪、下沉式绿地、地下调蓄池等设施，推广城市透水铺装，建设雨水下渗设施，不断扩大城市透水面积，整体提升城市对雨水的蓄滞、净化能力。恢复城市内外河湖水系的自然连通，增强水的畅通度和流动性，因地制宜地恢复因历史原因封盖、填埋的天然排水沟、河道等。

4. 流域区域

修复自然生态系统，建设连续完整的城市生态基础设施体系，构建理想的山水城空间格局，加强城市开发建设选址与防洪排涝的统筹，提升自然蓄水排水能力。识别山、水、林、田、湖、草等生命共同体的空间分布，保护山体自然风貌，恢复山体原有植被。修复河湖水系和湿地等水体，恢复自然岸线、滩涂和滨水植被群落，提高水资源涵养、蓄积、净化能力。保护流域区域现有雨洪调蓄空间，扩展城市建成区外的自然调蓄空间。针对沿河、沿海及有山洪入城风险城市，提出防洪（潮）工程等方案。

2.1.2　全域推进海绵城市建设思路在示范城市中的实践

在2021年国家级海绵城市示范城市申报过程中，涌现了一批在海绵城市建设中积累大量经验的城市，它们大多能够结合城市自身特点和本底条件，探索一套适宜地方自然、社会、经济条件的建设思路，本节主要以广州市为例，介绍其在全域推进海绵城市建设中的思路。

2.1.2.1　总体思路和技术路线

通过近年来的研究和实践，广州市以"核算水账"为基础，理清"上中下协调、大中小结合、灰绿蓝交融"三个尺度，以"污涝同治"为主要手段，运用"+海绵"理念，对新建、改建、扩建项目，"应做尽做、能做尽做"，落实海绵城市建设要求，系统化全域推进海绵城市建设（图2-1）。在源头，利用绿色海绵设施实现雨水的减量、减速和减污；在过程，通过管网厂站改造和建设实现污水的精准收集处理和雨水的可靠排放；在末端，依托蓝色海绵空间对超标雨水进行蓄排，结合设施调度实现低水快排、高水缓排的错峰模式，系统解决洪涝问题，使城市水体旱季呈现"鱼翔浅底、水清岸绿"状态，雨季合理蓄排，确保城市安全。

在系统化全域推进海绵城市建设中，广州市坚持保护优先、蓄排平衡、泄蓄兼施的原则，完善防洪（潮）体系；通过划定生态保护红线、划定绿线、农田保护、水系保护、湿地

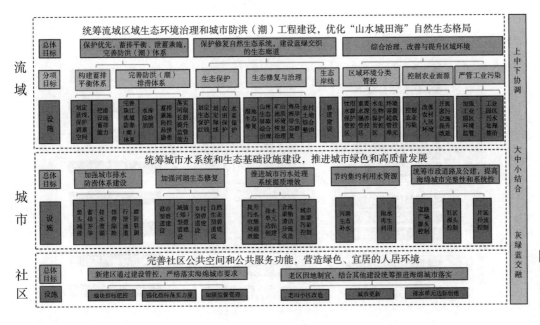

图2-1 广州市系统化全域推进海绵城市建设技术路线

生态修复，加强生态建设保护，修复自然生态系统，建设蓝绿交织的生态廊道；通过加强水环境分类管控力度，提升水环境容量，同时通过农业、工业污染排放控制和达标排放，全面改善与提升区域环境；在建设推进中结合各类城市建设活动，贯彻海绵城市建设理念，以"+海绵"形式，将海绵城市建设理念融入城市黑臭水体治理、防洪排涝设施建设、地下空间建设、城市更新、老旧小区改造等城市各方面建设中，新区以目标为导向，老区以问题为导向，全面落实海绵城市建设要求。

2.1.2.2 统筹协调流域区域-城市-社区与设施的层次关系

广州市在系统化全域推进海绵城市建设中，从流域-城市-社区不同尺度出发，理清城市上游（北部山区）-中游（中部都会区）-下游（南部河网区）的关系，从最大化发挥各类设施能力的角度统筹自然生态要素与灰色基础设施，构建"灰绿蓝"交融的设施体系（图2-2）。

依托绿色基础设施保护与修复，注重河湖大海绵、管网中海绵、源头小海绵的系统建设和有效衔接，形成海绵城市基础设施网络体系，构建自然环境、社会文化、经济可持续发展的生态循环系统，促使生态要素和设施发挥协同效应，在生态系统中最大化地发挥自身价值。

坚持节约优先、保护优先、自然恢复为主，守住自然生态安全边界，在建设推进中结合各类城市建设活动，贯彻海绵城市建设理念，以"+海绵"形式，将海绵城市建设理念融入城市黑臭水体治理、防洪排涝设施建设、地下空间建设、城市更新、老旧小区改造、城市生态修复功能完善、完整居住社区建设、道路工程建设、公园绿地工程建设等城市各方面建设中。

广州市一直坚持山水林田湖草是一个生命共同体的系统思维，遵循水循环规律和生态系统的整体性，依托"山、水、林、田、湖、海"自然资源，秉承传统山水城市格局，合理控制国土开发强度，统筹安排城市生态、农业、城镇空间，构建独特的山水城田海生态格局。

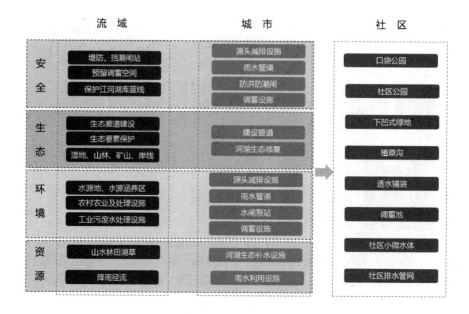

图2-2 流域-城市-社区

（1）流域尺度：坚持生态优先，利用自然力量解决问题。

（2）城市尺度：恢复自然，利用自然，灰绿结合，协同作用。

（3）社区尺度：源头把控，新区老区因地制宜。

2.1.2.3　流域层面

在流域层面，广州市统筹流域区域生态环境治理和城市防洪（潮）工程建设，优化"山水城田海"自然生态格局，系统提升水安全、水生态、水环境容量，为海绵城市建设奠定了良好的基础。

流域区域防洪（潮）排涝总体策略是保护优先、挖潜效能、完善提升，即首先划定水系蓝线，保护流域区域现有雨洪调蓄空间，扩展城市建成区外的自然调蓄空间；其次算清流域"水账"，挖潜现有设施蓄排能力；最后在此基础上，针对防洪排涝设施短板，完善流域防洪（潮）体系，打造水安全韧性城市。

以修复保护为手段，构建山水林田湖草生态体系；以生态优先为根本，划定城市绿线空间；以生态廊道为引领，打造蓝绿交织的生态空间，不断加强城市绿色基础设施建设。依托广州自然资源本底，严格划定生态保护红线和永久基本农田，保护建设以重要自然资源分布区域为主体、水系碧道与生态廊道为纽带、重点生态公园为节点的生态空间网络。从环境空间管控、农业面源污染防治、工业污染防治等方面改善与提升区域的环境。

2.1.2.4　城市层面

在城市层面，广州市统筹城市水系统和生态基础设施建设，推进城市绿色和高质量发展。

1. 水安全：排水防涝体系构建

广州市深入贯彻海绵城市建设理念，将源头"绿色"设施、中间"灰色"设施、末端"蓝色"设施，作为一个排水有机整体，通过模型耦合起来，在统一的降雨标准下实现水面线衔接和水量的衔接。同时通过完善雨水系统的清疏、修复、运维、智慧水务、全民参与等非工程措施和轻工程措施，全面提升雨水系统运行管理效率。

2. 水生态：碧道建设

北部山区以流溪河、增江、白坭河为骨架，发挥北部片区自然生态基底优势，展现广州自然山水风光。重点保护北部水源地水质，打造自然生态岸线，发掘自然本底特色和历史文化，突出生态保护功能，提升水源涵养能力、水土保持能力，综合治理重要生态敏感区，恢复水岸动植物自然生境。

中部都会区重点解决完善黑臭水体治理、水域空间侵占，分类保护珠江江心岛、开展污涝同治，助力"珠江黄金水岸"建设，挖掘、串联、整合中心城区水系沿岸文化、景观、产业、游憩资源，推进治水、治城、治产相结合。

南部河网区依托番禺、南沙等河网水系，彰显广州农家田园水乡和滨海特色，展现新区魅力。

3. 水环境：污水处理和水环境提升

坚持"源头治理、系统治理、综合治理"的治本之道，深入践行"建厂子、埋管子、进院子"的治水理念，遵循"雨污分流，源头治理；集散结合、适度分散；合理布局，突出重点；建管并举，持续改进"的治理策略。

4. 水资源：节约用水及非常规水资源利用

将非常规水资源纳入广州市相关规划中进行统一配置，水资源论证和新增取水充分考虑非常规水源利用；推动再生水利用设施与管网建设，优先满足景观生态补水、市政用水，鼓励企业接入集中再生水系统。

5. "+海绵"理念统筹城市基础设施建设

广州市以"污涝同治"为主要手段，运用"+海绵"理念，对新建、改建、扩建项目，"应做尽做、能做尽做"，落实海绵城市建设要求。

2.1.2.5 社区层面

在社区层面，广州市推进海绵城市建设实行"两手抓"，即一手抓新建项目，一手抓改建项目，新建项目海绵城市建设指标主要通过控制性详细规划和相关制度文件 [《广州市建设项目雨水径流控制办法》《广州市海绵城市建设管控指标分类指引（试行）》] 进行管控，规定建筑与小区、公园与绿地、道路与广场、水务工程及其他市政工程等工程项目均需纳入海绵城市建设分类管控清单，全域落实海绵城市建设要求，实现"应做尽做、能做尽做"。

改造类项目以问题为导向，通过"项目+海绵"，建设过程中充分运用"渗、滞、蓄、净、用、排"等海绵城市建设理念，例如排水单元达标创建、老旧小区微改造、城市更新、完整居住社区建设等工程。以排水单元达标创建为抓手全域推进已建区海绵城市建设，结合老旧小区改造、城市更新等工程，解决污水管网不完善、雨污水管网混错接、居住社区设施不完善、公共空间不足等问题，融入海绵城市建设理念，优先从源头实现雨污分流，且充分利用居住社区内的空地、荒地和拆违空地，增加公共绿地、口袋公园（袖珍公园）等公共活动空间，通过系统化统筹同步实现景观休闲、防灾减灾等综合功能，提升城市人居环境，提高人民群众的获得感、幸福感。

2.2 海绵城市规划体系

2.2.1 海绵城市规划体系主要问题

经调研全国多数海绵城市规划设计体系，编写团队系统梳理了现行海绵城市规划设计体系存在的问题，主要包括以下四方面。

（1）海绵城市总体规划（专项规划）成果内容空泛，实用性较差。据统计，全国已有200多个城市编制了海绵城市总体规划（专项规划），但由于编制单位水平不一，对海绵城市理解不到位，缺乏对现状情况的深入调研等，部分海绵城市总体规划（专项规划）编制成果没有实质性内容，无法切实指导海绵城市建设。

（2）海绵城市详细规划缺位，指标控制不到位。海绵城市建设要求应作为城市规划许可和项目建设的前置条件，而海绵城市总体规划（专项规划）提出的建设目标和指标只落实到片区，无法对规划许可和具体项目建设起到直接指导和实操层面的作用。

（3）规划体系和工程管理体系不能较好衔接。具体表现为以下三点：一是海绵城市总体规划（专项规划）的指导性强、可落地性差，无法确保具体一个项目的落地。二是规划的年限往往较长，而海绵城市达标需要分步完成，在不同时期提出具体的阶段性目标。三是存在大量项目如小区改造、道路大中修等未纳入规划实施管理体系，此类建设项目缺少管控指导。

（4）工程建设项目管理环节存在海绵城市管控缺项问题。一方面，除了施工图审查和竣工验收环节，国家未对工程建设项目管理其他环节提出具体要求，导致很多未纳入工程管理体系的项目缺少管控要求和依据。另一方面，项目建议书及可行性研究、初步设计等重要的关键环节缺少海绵城市管控措施。

2.2.2 优化海绵城市顶层设计体系

在分析海绵城市规划体系现阶段存在问题的基础上，编写团队尝试提出一个新的海绵城市规划设计体系的思路。参照现行规划设计体系，本体系分为国土空间规划和工程建设项目管理两部分（图2-3）。其中，海绵城市总体规划对应国土空间规划体系的各级总体规划，海绵城市详细规划对应国土空间规划体系的详细规划。考虑到部分项目无需编制初步设计文件，本体系将建筑工程设计方案纳入工程建设管理体系中。另外，通过编制海绵城市系统化方案，将详细规划和工程建设管理体系相结合，以解决规划和实施不相契合的问题。

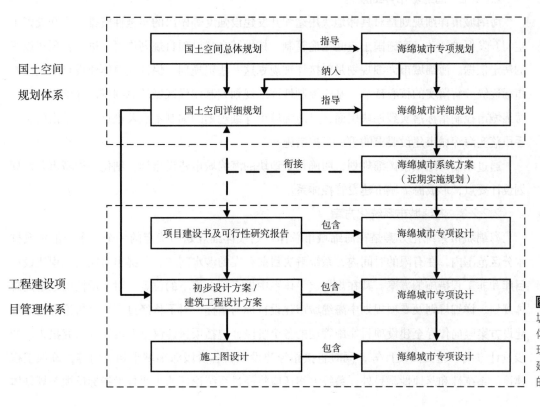

图2-3 海绵城市规划设计体系与规划管理体系和工程建设管理体系的关系图

本规划体系中，海绵城市建设理念贯穿于国土空间规划、工程建设项目管理的全过程中，海绵城市的建设离不开海绵城市专项规划的约束，更离不开系统化方案的指导，同时也需要在工程建设项目管理体系中加强落实管理。

海绵城市总体规划和海绵城市详细规划是国土空间规划体系中专项层面的规划，其中海绵城市总体规划是总体层面的，主要用于"定格局"；海绵城市详细规划是详细规划层面的，主要用于"定指标"；系统化方案是实施方案层面的，主要用于"定项目"。工程建设项目管理体系中的海绵城市专篇主要把控具体项目，落实上层规划对具体项目的海绵城市建设要求。

2.2.2.1 海绵城市总体规划

构建海绵城市规划体系，首先要编制海绵城市总体规划（即海绵城市专项规划）。根据《海绵城市专项规划编制暂行规定》相关要求，海绵城市总体规划（包括海绵城市分区总体规划）在深度上属于城乡（国土空间）总体规划层级，是规划管理体系中专项规划部分，是科学有序推进海绵城市建设、实现修复城市水生态、改善城市水环境、保障城市水安全、提升城市水资源承载能力、复兴城市水文化等多重目的的基础。

受海绵城市总体规划编制要求和深度的限制，不可能在总体规划里把所有问题都落实到很细，比如挡土墙的高度、具体每个地块的指标等细节问题，特别是对于大城市，在海绵城市总体规划这个尺度上无法落实。因此，应该明确海绵城市总体规划的定位及作用，理清海绵城市总体规划与国土空间总体规划、详细规划甚至分区规划之间的关系，合理确定总体规划的编制要点，把握编制深度，避免成果"四不像"。

2.2.2.2 海绵城市详细规划

海绵城市详细规划是对具体地块用途和开发建设强度等做出的实施性安排，是开展国土空间开发保护活动、实施国土空间用途管制、核发城乡建设项目规划许可、进行各项建设等的法定依据。海绵城市详细规划是对接详细规划这一法定规划、保证从总体建设目标到控制指标逐级分解落实的核心环节，基于控制性详细规划编制建设区域的海绵城市详细规划，将海绵城市控制指标落实到地块层面，是海绵城市详细规划的编制重点及难点，也是借助法定手段落实海绵城市建设要求的重要管控措施。

通过编制海绵城市详细规划，明确每个地块的海绵城市建设指标，细化海绵城市开发规划设计要点，形成海绵城市建设管控体系。

2.2.2.3 海绵城市系统化方案

海绵城市系统化方案是在海绵城市总体规划或详细规划中确定的一个或多个汇水或排水分区范围内，在有限的时间内，系统解决目前存在的涉水问题，并提出对应的工程建设项目库和非工程措施的方案。其在规划建设体系中处于承上启下的位置，对上承接国土空间总体规划、详细规划及专项规划中海绵城市建设目标与指标，对下将经过系统分析论证的工程建设方案竖向传导至建设项目实施管理的各个阶段，包括项目建议书及可行性研究报告、初步设计方案、施工图设计等，同时直接指导建设项目各阶段海绵城市相关内容，确保工程建设的系统性和落地性。另外，系统方案还应将经过系统论证的主要技术指标反馈至规划体系中。

2.2.2.4　项目建议书、可行性研究报告海绵城市建设专篇

项目建议书、可行性研究报告中的海绵城市建设专篇是项目实施阶段落实海绵城市建设目标、发展布局、主要工程项目等的关键环节和重要依据。

项目建议书、可行性研究报告海绵城市建设专篇应包括项目基本概况、与上位规划的衔接、海绵城市建设条件分析、海绵城市方案、投资估算以及必要的附图附表等内容。其中海绵城市方案中应包含上位规划对本项目的定位及指标要求、项目汇水分区划分、排水系统建设、海绵设施布局等，有监测要求时应说明监测内容和监测站点平面位置。

2.2.2.5　建筑工程项目设计方案海绵城市建设专篇

本书将申请办理建设工程规划许可证阶段需要提供的建设工程设计方案和需发展改革部门批复的初步设计方案统称为建筑工程项目设计方案。建筑工程项目设计方案的海绵城市建设专篇是落实海绵城市建设要求、指导项目实施的重要环节。

建筑工程项目设计方案海绵城市建设专篇应明确项目基本情况、海绵城市建设条件、衔接与落实上位规划相关要求、设计指标，相关图纸中应明确排水分区划分、海绵设施布局、竖向控制等。

2.2.2.6　施工图设计海绵城市建设专篇

工程项目施工图设计海绵城市建设专篇是建设项目施工图设计中必要的组成部分，是能够直接指导施工作业的技术文件，也是设计和施工工作的桥梁。

工程项目施工图设计海绵城市建设专篇除了包含项目概况、设计依据、海绵设施设计说明、与相关规划衔接等内容外，重点应在施工图纸中明确项目场地竖向高程、地块汇水分区划分情况、地表径流组织、海绵设施规模和设计参数、重要节点的说明及大样、植物选型与种植要求、相关附图附表、计算书、施工注意事项等内容，确保图纸能够切实指导工程施工，保障海绵城市理念及相关工程高质量落地。

2.3　海绵城市总体规划

2.3.1　海绵城市总体规划的定位及作用

海绵城市总体规划（包括海绵城市分区总体规划）属于国土空间规划管理体系中的专项规划层级。根据《中共中央 国务院关于建立国土空间规划体系并监督实施的若干意见》（中发〔2019〕18号）（以下简称《意见》），"国土空间总体规划是详细规划的依据、相关专项规划的基础；相关专项规划要相互协同，并与详细规划做好衔接"，"相关专项规划要遵循国土空间总体规划，不得违背总体规划强制性内容，其主要内容要纳入详细规划"，海绵城市总体规划应科学有序推进海绵城市建设，它是指导规划范围内海绵城市规划建设的纲领性文件。

海绵城市总体规划对应国土空间规划的各级总体规划，其内容要遵循国土空间总体规划，不得违背总体规划强制性内容，主要内容要纳入详细规划，且与生态安全格局相关的海

绵城市内容需纳入总体规划中，所以其应在国土空间总体规划编制后、详细规划编制前进行编制，并在总体规划编制前期和国土空间规划"双评价"时同步开展海绵城市总体规划专题研究工作。

海绵城市总体规划主要作用体现在确定核心目标和指标、划定海绵空间管控格局、划定海绵城市管控分区、制定绿灰结合的系统方案、衔接相关规划和确定海绵建设重点区域六个方面。

（1）确定核心目标和指标。海绵城市总体规划的目标是具有导向性的，是各地编制各级规划和系统化方案的基准，华而不实的目标没有意义且可能造成不必要的浪费，因此制定目标时应切合实际，因地制宜地确定海绵城市近中远期建设目标，科学合理地构建水生态、水安全、水环境、水资源、水文化、制度建设等方面的海绵城市规划指标体系，提出径流总量控制、径流峰值控制、径流污染控制、雨水资源化利用等方面的指标要求。

（2）划定海绵空间管控格局。识别需要管控的生态空间，构建海绵城市的自然生态空间格局，提出保护与修复要求；评估海绵城市建设技术的用地适宜性；划定海绵城市管控分区，提出对城市竖向的管控要求，分解相关海绵指标，明确建设策略和指引。

（3）划定海绵城市管控分区。根据城市地形地貌和河流水系，以分水线为界限，结合城市管控要求划定海绵城市管控分区。根据分区水安全、水资源、水环境和水生态的状况和实际需求，重点依据降雨、土壤、地形等客观条件，结合用地布局和海绵城市建设可实施性，因地制宜地提出相应的规划策略、目标、措施等。

（4）制定绿灰结合的规划方案。着眼于城市水循环，统筹考虑问题的解决。既坚持目标导向，确保城市雨水径流能够就地得到有效控制，实现自然积存、自然渗透、自然净化，同时又突出问题导向，系统识别城市内涝积水、水体黑臭、河湖湿地生态功能受损等问题，并提出相关的解决方案。

（5）衔接相关规划。通过海绵城市总体规划的编制，将雨水年径流总量控制率、径流污染控制率、排水防涝标准等有关控制指标和重要内容纳入上位规划，将海绵城市总体规划中明确的自然生态空间格局作为城市总体规划空间开发管制的要素之一。

（6）确定海绵建设重点区域。结合各城市近期建设规划和现状存在问题，在排水分区完整的基础上，明确海绵城市近期重点建设片区。

2.3.2 海绵城市总体规划的编制要点

海绵城市总体规划编制需要系统分析城市水问题，在明确问题的前提下，制定系统规划方案。对老城区以问题为导向，提炼整理为工程系统和地块指标体系；对新城区以目标为导向，以保护好城市自然生态本底为基础，明确规划建设管控的目标及指标体系，统筹发挥绿色基础设施和灰色基础设施的协同作用。海绵城市规划必须因地制宜，统筹协调，优化汇总指标体系，系统梳理建设项目，保障项目实施后能够达到多方面要求，确保实施效果综合效益最大化，避免项目间的矛盾冲突。结合在海绵城市领域的探索和经验，编写团队总结了海绵城市总体规划编制要点（图2-4），供参考。

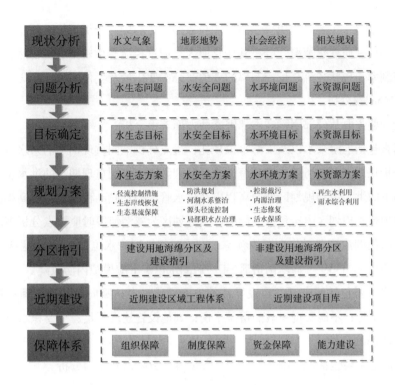

图2-4 海绵城市总体规划技术路线图

2.3.2.1　现状分析

通过对规划区现状进行调研，收集和整理相关水文气象、地形地势、社会经济、上位规划和其他相关规划内容。在现状调研和资料梳理整合的基础上，摸清现状城市建设情况，对城市下垫面及下垫面演变情况进行分析，通过模型辅助分析等方法，对规划区现状要素进行评估。分析过程应突出重点，例如建成区存在的突出的内涝积水和水体黑臭情况，以及现状建设条件和自然本底对海绵城市建设的挑战和难点，如湿陷性黄土对LID设施建设、旧城改造更新难度大等。

最后梳理建设需求，包括（1）与城市生态文明建设的关系，重点分析海绵城市建设在保护河湖水系、保护山水林田湖草、恢复自然水文循环等方面起到的作用；（2）与城市问题解决的关系，重点分析海绵城市建设在积水治理与水环境治理等方面起到的作用；（3）与城市人居改善的关系，重点分析源头地块改造的"1+N"模式，对基础设施品质和居住环境有效提升等方面的影响。

2.3.2.2　问题识别及原因分析

坚持定性分析与定量分析相结合的原则，以定量分析为主。分析主要从以下几个方面进行：

1. 水生态问题分析

水生态问题主要从河道挤占、河道渠化、下垫面硬质化等方面分析。

河道挤占：主要根据现状调研和详细的地勘资料，分析是否有挤占河道情况及其原因。

河道渠化：主要分析现状生态岸线分布和比例、未建设为生态岸线的岸线未实施原因及可行性分析，并绘制主要河道断面图。

下垫面硬质化：主要对比历史遥感影像长系列变化趋势，分析下垫面硬质变化情况，对比现状的下垫面硬质变化情况，分析其变化原因。通过径流模型模拟分析自然本底条件下的径流总量控制率与现状径流总量控制率的差值，分析变化量及变化原因。

2. 水安全问题分析

水安全问题主要从外部因素和内部因素两方面着手分析。

外部因素包括上游来水以及下游水位顶托，重点分析不同重现期下的来水量、水位和洪峰流量，分析规划区下游河道或湖、海（包括感潮河流）不同重现期下的洪水位，通过对比不同重现期下的洪水位和规划区地面高程以及排水管道的管底高程、排水口高程的关系，分析下游水位顶托对规划区内涝积水的影响。当规划区为感潮河段时应重点分析下游河道或汇入的湖泊、海的潮汐情况（包含潮汐频率、潮汐时间、潮汐水位），还要考虑极端情况，风暴潮碰头的情景（如30年一遇暴雨遭遇5年一遇潮水位）下应模拟内涝风险。

内部因素主要包括城市开发建设导致的地面硬化过多，竖向设计不合理；管网（含泵站）排水能力不足；不能实现有效的蓄排平衡；其他设施建设不足；主要积水点分析等。

3. 水环境问题分析

水环境问题主要包括污染物排放分析、环境容量分析以及原因分析。

（1）污染物排放分析

基于主要河道统一分析污染物排放情况，估算污染物排放量，包括点源污染、城市面源污染、农村面源污染、内源污染等。

1）点源污染

第一步，进行点源污染排放的整体估计。主要利用污水处理厂处理量（含分散污水处理设施处理量）和污水产生量之间的关系。

首先，按照区域的人口、建筑面积及用水水平，按年和月或日估算污染物产生量及分布（须注明相关数据来源及依据）。其次，计算污水处理厂实际来水情况，包括两种情景：第一种直接统计污水处理厂来水；第二种根据入厂浓度对来水量进行核定。最后，对比水量，对污水没有得到有效收集处理的总量进行估算。此部分最好对不同污水处理厂流域分别进行计算。同时，污水处理厂出水也是重要点源，也要计算在内。

第二步，分析污水排放的原因。

首先，直接排放的区域根据污水产生量核定入河污水量。其次，混接区域根据混接情况和排口监测情况进行估计。最后，合流制区域如果没有截流设施则与直排一样；如果有截流设施则计算溢流排放量。

2）城市面源污染

城市面源污染主要是由降雨径流的淋浴和冲刷作用产生的，城市降雨径流通过排水管网排放，径流污染初期此类作用十分明显。据观测，在暴雨初期（降雨前20min）污染物浓度一般都超过平时污水浓度，城市面源是引起水体污染的主要污染源，具有突发性、高流量和重污染等特点。

3）农村面源污染

主要分析规模化养殖场、非规模化养殖场、水产养殖、农田径流污染等。根据城市降雨、养殖量、农药化肥使用量统计以及入河系数等计算农村面源污染入河量，并按年和月或日进行统计（须逐个论证相关数据来源及依据）。

水产养殖面源污染，主要通过养殖鱼塘将氮、磷、渔药以及其他污染物携带进入附近水体，导致水质恶化。水产养殖面源污染物产生量根据《水产养殖业污染源产排污系数手册》核算。

4）内源污染

通过分析总结得出内源污染的主要污染物来源、污染物类型（COD、TN、TP、NH_3-N）。

河道底泥：根据河道底泥和底泥污染物释放情况，通过不同污染物释放速率折算内源污染物（底泥）排放量（须逐个论证相关数据来源及依据）。

河道垃圾：根据河道内垃圾堆放情况，通过不同污染物释放速率折算内源污染物（垃圾）排放量（须有对应照片）（须逐个论证相关数据来源及依据）。

（2）环境容量分析

通过河道水质模型计算分析河湖的水环境容量，以年和月或日为单元进行统计。

将水环境容量与外源、内源和其他外部原因造成的污染物排放量进行对比，分析水环境容量与污染物总排放量的关系，通过分析对比总结得出主要污染物来源和污染物类型（COD、TN、TP、NH_3-N），进一步判断水环境容量是否满足要求。

（3）原因分析

水环境方面的问题主要包括入河污染物超过环境容量、自净能力差，原因有流动性差、河湖生态净化系统不足等多方面。

4. 水资源问题分析

（1）重视度不足，水资源综合利用设施建设不足

结合水资源综合利用设施建设情况，分析地区对雨水资源、再生水资源利用的重视情况。

（2）管理不足，缺乏水资源利用设施的有效运行维护管理

结合现状照片，分析现状水资源利用设施的运行、维护和管理相关情况，判断是否存在设施老旧、垃圾堆放、缺乏专业人员管理等情况。

2.3.2.3　目标确定和分解

在现状情况调研和分析的基础上，提出规划总体目标和指标体系。一般情况下，目标分解应从目标和问题出发，结合本底建设条件以及工程经济性、可行性，建立水安全、水环境、水资源、水生态以及其他管控等方面的指标体系。关于年径流总量控制率、年径流污染控制率、内涝防治标准、管网建设标准等指标，建议建立数学模型辅助分析，确保目标的合理性。

2.3.2.4　生态安全格局划定

参考国土空间规划资源环境承载力评价和国土空间适宜性评价（简称"双评价"），研究核心生态资源的生态价值、空间分布和保护需求。从城市自身及周边的生态环境本底特征

出发，在确保生态系统结构与功能完整性的同时，尽力保留城市内部与周边自然相融相间的格局，通过优化规划区生态格局保障城市生态安全，构建规划区海绵城市空间格局。对规划区的海绵城市建设用地适宜性进行分析，划分重要的生态廊道和生态节点，对现有山塘湖体进行保护，预留重点生态空间，构建生态安全格局。从具体操作层面来说，主要包括海绵生态敏感性分析、海绵空间格局构建及海绵城市建设用地适宜性评价几方面。

海绵生态敏感性是区域生态中与水紧密相关的生态要素综合作用下的结果，涉及河流湖泊、森林绿地等现有资源的保护、潜在径流路径和蓄水地区管控、洪涝和地质灾害等风险预防、生物栖息及环境服务等功能的修复等。具体的因子可包括：河流、湿地、水源地、易涝区、径流路径、排水分区、高程、坡度和各类地质灾害分布、植被分布、土地利用类型、生物栖息地分布及迁徙廊道等。

海绵空间格局构建运用景观生态学的"基质-斑块-廊道"的景观结构分析法，结合城市海绵生态安全格局、水系格局和绿地格局，构建"海绵基质-海绵斑块-海绵廊道"的空间结构。海绵基质是以区域大面积自然生态空间为核心的山水基质，在城市生态系统中承担着重要的生态涵养功能，是整个城市和区域的海绵主体和城市的生态底线。海绵斑块由城市绿地和湿地组成，是城市内部雨洪滞蓄和生物栖息的主要载体，对城市微气候和水环境改善有一定作用。海绵廊道包括水系廊道和绿色生态廊道，是主要的雨水行泄通道，起到控制水土流失、保障水质、消除噪声、净化空气等环境服务作用，同时提供游憩休闲场所。

海绵城市建设用地适宜性评价综合考虑地下水位、土壤渗透性、地质风险等因素，基于经济可行、技术合理的原则，评价适用于城市的海绵技术库。可将规划区分为海绵城市建设技术普适区、海绵城市建设技术有条件适用区、海绵城市建设技术限定条件使用区等，其中，海绵城市建设技术普适区可以采用所有海绵城市建设技术，海绵城市建设技术有条件适用区有部分技术不适用，海绵城市建设技术限定条件使用区仅考虑特定的一种技术或不适宜采取任何一种技术。

2.3.2.5 规划方案

根据规划区不同用地条件、环境现状及用地需求分析，划分规划管控分区，确定不同功能区海绵城市建设重点。针对不同分区，分析其空间条件和规划用地布局，从划定管控分区、水生态修复、水安全保障、水环境提升、水资源利用五个方面构建规划区的海绵系统。

1. 划定管控分区

（1）划分原则

①海绵城市建设管控分区以自然地形为基础，参考雨水管网规划资料、河流水系规划资料，并结合海绵城市要求，进行调整与细化；②海绵城市建设管控分区以路网划分，结合土地利用规划，根据区内地形高低、汇水面积大小、雨水管网规划等因素具体细分各分区。

（2）划分方法

体现因地制宜的原则，对于新区（规划建设区）和老区（建成区）采用不同的划分方法。①建成区：以雨水管网系统和地形坡度为基础，依据各个地块内部市政排水管网优化分水界线；②新建区：以城市竖向高程为基础，参考市政排水管网划分。

2. 水生态修复方案

应结合城市产汇流特征和水系现状，围绕城市水生态目标，明确达标路径，制定年径流总量控制率的管控分解方案、生态岸线恢复和保护的布局方案，并兼顾水文化的需求。主要包括：

（1）径流控制规划

1）可实施条件分析

首先，结合现状探勘情况和现状房屋建设情况，确定建筑和小区、道路、公园和广场、绿地等的可实施条件（容积率、绿地率、铺装情况、水面面积和水质情况、排水体制等），按照建筑和小区、道路、公园和广场、绿地等类别确定可改造区域范围。

其次，选择典型项目，对其改造后能达到的指标情况和改造要求等进行分析。

2）指标分解

通过径流控制模型将城市年径流总量控制率指标分解到各管控分区。

首先，与现状条件下的年径流总量控制率差值为理想建设指标分解结果，结合可实施条件分析，对理想建设指标分解结果进行适当修正，根据可实施条件分析，确定各分区年径流总量控制指标。

其次，利用径流控制分解结果校核城市年径流总量控制率目标，最终确定径流控制分解结果。

3）设施适宜性分析

选取适宜性分析评价因子，分别用各因子进行建设适宜性评价，形成措施选取评价表，确定适宜建设、有条件建设和限制建设区域，并结合低影响开发建设各种措施评价其适宜性。

（2）河湖生态修复

对现状生态岸线进行生态化改造，对规划岸线采用生态岸线建设，复核生态岸线比例是否达到海绵城市水生态建设目标要求。

3. 水安全保障方案

应在评估城市现状排水能力和内涝风险的基础上，结合城市易涝区治理、排水防涝工程现状及规划，围绕城市水安全目标，制定综合考虑渗、滞、蓄、净、用、排等多种措施组合的城市排水防涝系统技术方案，明确源头径流控制系统、管渠系统、内涝防治系统各自承担的径流控制目标、实施路径、标准、建设要求。主要包括：

（1）大体系构建

分析蓄排平衡关系。根据上游来水情况、下游顶托情况、本地产生的内涝水情况分析蓄排平衡关系。

（2）内河系统建设

确定需要整治的内河及标准，明确需要拓宽的河道规划断面情况和整治方案。

（3）源头径流控制规划

根据内涝积水情况，分析源头减排径流控制改造项目需求，结合可实施条件分析确定源头减排项目分布、调蓄容积和主要工程量。

（4）管网建设规划

对于新区（规划建设区），按照规划的排水管网设计标准进行建设。对于老区（已建区），修复和改造排水干线、支线，建设排涝泵站、调蓄设施等。

（5）局部积水点方案

在大体系构建、内河系统建设、源头径流控制规划、管网建设规划实施后，用模型校核是否仍有积水点，如果有，需要针对每个点按照一点一策的方法制定解决方案。对积水点须明确积水量，提出消纳方式（如公园广场）以及行泄通道。

（6）积水风险复核

用模型评估以上所有方案实施后的内涝风险，复核水安全保障是否达标。

4. 水环境提升方案

应首先对城市水环境现状进行综合分析评估，结合城市水环境现状、容量与功能分区，围绕城市水环境总量控制目标，明确达标路径，制定包括点源监管与控制、面源污染控制（源头、过程、末端）、水体自净能力提升的水环境治理系统技术方案，并明确各类技术设施实施路径。确认属于黑臭水体的，要根据国务院《水污染防治行动计划》中的要求，结合住房和城乡建设部颁发的《黑臭水体整治工作指南》，明确治理的时序。黑臭水体治理以控源截污为本，统筹考虑近期与远期、治标与治本、生态与安全、景观与功能等多重关系，因地制宜地提出黑臭水体的治理措施。具体来说，主要包括以下内容：

（1）排水体制确定

分析排水体制存在的问题，考虑可改造性、污染程度以及未来城市发展等建设条件，明确不同区域排水体制，这个排水体制是规划期末要达到的，而不是远景未来要达到的。不可简单合改分，要结合规划的排水体制，统筹近远期建设目标和建设条件确定。

对于现状合流制区域，根据城市改造计划和城市更新等相关材料，确定哪些区域在规划期内有改造完成的可能性。对于没有大规模城市开发建设的区域，建议按照合流制进行保留。

（2）河道环境容量及污染物削减量分析

首先，分区域计算规划水环境容量，方法与现状水环境容量计算方法相同。其次，计算污染物排放量的情况，计算方法与现状类似，但其考虑规划情景。最后，合理确定减排量。

（3）控源截污方案

1）污水处理系统规划

合理划定污水分区，并确定污水处理厂布局、规模、污水处理工艺及出水标准（特别是针对合流制污水处理和初期雨水处理的），在规模计算时要充分两点：一是区域内合流制截流后增加的污水量对污水处理厂的影响；二是管道条件导致浓度变低的影响。

2）面源污染控制

将城市面源污染径流污染控制率指标通过径流污染控制模型分解到各管控分区。与现状条件下的径流污染控制率差值为理想建设指标分解结果，结合可实施条件分析对理想建设指标分解结果进行适当修正，确定各分区年径流总量控制指标。

针对源头不能解决的问题、需要在末端统筹解决的问题，要提出具体工程方案，如采用湿地、灰色处理设施或河道护坡进行生态处理。

要落实各类措施，核查用地是否满足要求，核查高程是否衔接、水是否能真正进入设施。

（4）内源治理

明确清淤方案和垃圾清理方案，明确需要清淤的河道并初步核定清淤量，对于淤泥应结合城市相关规划确定处理处置设施和方式。

村庄垃圾处置方案中明确需要完善垃圾系统的区域（主要是城中村），并结合城市规划，初步确定农村垃圾收集点、转运站的方案。

（5）生态修复

明确需要进行生态修复的河湖分布、面积和长度，确定生态修复内容（生态岸线修复、水生生态系统构建、生态湿地建设、河道景观构建等）。

对于水动力不足区域应增加动力设施，例如推流设施等。

（6）活水保质

结合现状生态基流情况，明确补给方案，包括补给水源（上游水库、雨水、再生水等）、补给水量（按年和月分别统计）。

5. 水资源利用方案

应结合城市水资源分布、供水工程，围绕城市水资源目标，严格水源保护，制定再生水、雨水资源综合利用的技术方案和实施路径，提高本地水资源开发利用水平，增强供水安全保障度。明确水源保护区、再生水厂、小水库山塘雨水综合利用设施等可能独立占地的市政重大设施布局、用地、功能、规模。复核水资源利用目标的可行性。具体包括：

（1）明确用水对象和用水潜力

确定雨水、再生水回用对象和用水需求（工业、河湖生态、市政、绿化等）。

（2）制定雨水和再生水回用设施方案

确定与需求或目标匹配的雨水和再生水利用设施，包括管线、泵站、调蓄设施、再生水厂等。雨水资源计算要充分考虑降雨和用水在时间、空间的不匹配，合理确定调蓄设施规模，保证雨水最大限度利用；要统筹好雨水资源和再生水资源利用，特别是在调蓄设施方面可综合利用，减少时间、空间的不匹配。

（3）制定源头回用方案

分解城市雨水回用率指标到各管控分区，结合可实施条件分析，确定各分区雨水回用率控制指标。

（4）复核水资源综合利用目标

计算雨水和再生水利用率，校核水资源综合利用目标达标情况。

2.3.2.6 海绵建设分区与指引

根据城市总体规划对建设用地、非建设用地的划分，将海绵建设分区分为非建设用地海绵分区和建设用地海绵分区两大类。

对于非建设用地海绵分区，综合考虑城市海绵生态敏感性和空间格局，采用预先占有土地的方法将其在空间上进行叠加，根据海绵生态敏感性的高低、基质–斑块–廊道的重要性逐步叠入非建设用地，直至综合显示所有非建设用地海绵生态的价值。

对于建设用地海绵分区，综合考虑城市海绵生态敏感性、目标导向因素（新建/更新地区、重点地区等）、问题导向因素（黑臭水体涉及流域、内涝风险区、地下水漏斗区等）和海绵技术适宜性，采用预先占有土地的方法将其在空间上进行逐步叠加，直至形成综合显示所有海绵建设的可行性、紧迫性等建设价值的分区。

根据非建设用地海绵分区、建设用地海绵分区的特点及相关规划、相关空间管制的要求等，制定各海绵分区的管控指引。

2.3.2.7 近期建设规划

按照管控分区制定不同的海绵管控指标和控制策略。同时，从海绵型建筑与小区、海绵型道路与广场、海绵型公园与绿地、河湖水系生态修复以及相关基础设施方面确定规划区近期海绵城市建设方案，为近期海绵城市建设与实施提供指导。

2.3.2.8 保障体系

提出指标落地和项目实施完成后的保障措施，包括组织保障、制度保障、资金保障及能力建设等部分。

2.3.3 海绵城市总体规划的成果应用

2.3.3.1 成果产出

海绵城市总体规划的成果产出一般包括规划说明书（以下简称说明书）、图集以及主要附件。其中主要附件包括相关专题研究报告及其他材料。若说明书中方案内容较为复杂或政府部门确有需求，可根据说明书内容编制简本。

1. 说明书

说明书应包括问题分析、目标指标体系构建、模型分析和重大问题论证过程等主要内容，具体为：

（1）总论应包括编制背景、原则、范围、期限、相关规划等；

（2）基础分析应包括编制范围的本底条件分析、现状问题评估等；

（3）目标和指标体系应包括水生态、水安全、水环境、水资源等目标和指标；

（4）工程方案应包括水生态保护与修复、水环境整治、水安全保障、水资源利用等多目标统筹的系统性工程体系；

（5）实施保障应从组织、建设运营模式、制度、资金、监测等方面提出技术、政策的对策与建议。

2. 图集

海绵城市总体规划图集主要有基础分析图和规划方案成果图，包括但不限于：

（1）区位关系图；

（2）本规划在专项规划中管控分区分布图；

（3）土地利用现状图；

（4）土地利用规划图；

（5）高程、坡向、坡度分析图；

（6）自然径流路径与流域分析图；

（7）现状径流系数分布图；

（8）土壤渗透性分布图；

（9）地下水埋深分布图；

（10）现状水系分布图；

（11）现状黑臭水体分布图；

（12）现状内涝点分布图；

（13）现状雨水系统图；

（14）现状污水系统图；

（15）现状再生水系统图；

（16）现状雨水利用设施分布图；

（17）现状生态岸线分布图；

（18）现状河道排口分布图；

（19）生态敏感性分析图；

（20）规划河道岸线分布图；

（21）规划雨水系统图；

（22）规划污水系统图；

（23）规划水安全系统建设图（包括大体系构建、管道系统建设）；

（24）规划局部积水点整治分布图（重点突出积水点整治）；

（25）规划生态补水图；

（26）近期海绵城市建设重点范围图。

3. 主要附件

主要附件包括专题研究报告、会议纪要、部门意见或建议、专家论证意见等。

2.3.3.2　成果应用

编制海绵城市总体规划，一方面可以完善海绵城市规划设计体系，有利于统筹推进海绵城市建设，另一方面也能为相关单位提供指导作用。

1. 完善规划设计体系

海绵城市专项规划是建设海绵城市的重要依据，是城乡规划（城市总体规划）的重要组成部分。海绵城市总体规划确定的年径流总量控制率、自然生态安全格局等内容应纳入总体规划，其向上承接法定规划对海绵城市的建设目标、建设要求和建设理念，向下将具体分区指标、建设指引等传递至海绵城市详细规划、海绵城市系统化实施方案等下位规划及方案。海绵城市总体规划对完善海绵城市体系十分重要，保证了系统的完整性和可传导性。

2. 对相关单位的指导作用

海绵城市总体规划成果能够为海绵城市建设相关单位提供支撑和指导作用，具体体现在：

（1）为海绵城市考核单位提供支撑

《关于推进海绵城市建设的指导意见》（国办发〔2015〕75号），要求到2020年，城市建成区20%以上的面积达到海绵城市目标要求；到2030年，城市建成区80%以上的面积达到海绵城市目标要求。因此，在全域推进海绵城市过程中，相关部门会定期开展海绵城市建设效果评估工作，海绵城市总体规划是最重要的考核依据之一，也是考核单位最有力的佐证材料之一。

（2）为海绵城市相关推进单位提供依据

海绵城市总体规划中相关指标、建设指引等能够为建设项目规划设计条件中海绵城市相关指标的确定提供依据，确保海绵城市建设规划条件在土地出让和"一书两证"的审查审批过程中有据可依。

2.4 海绵城市详细规划

2.4.1 海绵城市详细规划的定位及作用

《中共中央 国务院关于建立国土空间规划体系并监督实施的若干意见》（中发〔2019〕18号）（以下简称《意见》）中明确"国土空间详细规划是对具体地块用途和开发建设强度等作出的实施性安排，是开展国土空间开发保护活动、实施国土空间用途管制、核发城乡建设项目规划许可、进行各项建设等的法定依据"，强调了国土空间详细规划的法定地位及作用。由于年径流总量控制率、年径流污染控制率等相关指标的确定要以国土空间详细规划确定的地块空间形态、绿地率等指标为依据，因此，海绵城市详细规划应在国土空间详细规划之后或与国土空间详细规划同步编制。

海绵城市详细规划对接国土空间总体规划、国土空间详细规划以及海绵城市总体规划，承接上位规划中确定的海绵城市建设目标，并在海绵城市总体规划确定的分区建设指标约束下，将具体目标分解落实到地块上，形成地块海绵城市建设指标图则，是保证海绵城市建设从总体目标到控制指标逐级分解落实到地块的核心环节。

海绵城市详细规划的主要作用体现在承接与落实上位规划目标指标、分解落实管控单元内的地块指标、为解决问题和达成目标提供规划方案、编制技术指引和图则、为海绵城市推进提供保障五个方面。

（1）承接与落实上位规划目标指标。海绵城市详细规划通过解析国家及省、市海绵城市建设的政策和规范要求，承接了国土空间总体规划、详细规划以及海绵城市总体规划的建设目标和指标。

（2）分解落实管控单元内的地块指标。海绵城市详细规划通过分析管控单元内各类地块的用地性质、具体规划指标，最终将管控单元的建设目标分解落实到管控单元的地块中，为地块规划设计条件下发提供有力支撑。

（3）为解决问题和达成目标提供规划方案。针对规划区水生态、水环境、水安全、水资源等方面存在的问题及规划建设目标，提出解决问题和达成目标的规划方案，为规划实施提供方向性指导。

（4）编制技术指引和图则。结合海绵城市详细规划，制定符合规划区特点的海绵城市建设规划设计指引，编制具体地块的规划图则，为后续的规划设计人员和管理者提供技术参照和管控要点。

（5）为海绵城市推进提供保障。结合当地的建设项目管控流程，构建全流程的海绵城市项目规划建设管控体制，保障海绵城市的顺利实施。

2.4.2　海绵城市详细规划的编制要点

海绵城市详细规划是在海绵城市总体规划基础上，综合考虑水文、地形、地貌、土壤等影响因素，以市域范围的海绵城市规划指标和相关内容为依据指导，对海绵城市规划方案进行细化和深化，重点分析现状存在问题和地块建设指标，在管控分区目标既定的条件下，将目标分解落实到管控分区内的各个地块，确定地块的海绵城市建设指标。各个地块的海绵城市建设指标是落实海绵城市建设管控的最直接依据，可为规划设计条件下发提供依据，并为工程方案中落实海绵城市建设专篇相关要求等提供技术支撑。

海绵城市详细规划编制要点主要包括以下七大部分。

1. 海绵城市建设条件

重点分析规划区土壤、地下水、下垫面、排水系统、历史内涝点、水环境质量等本底条件，识别水资源、水环境、水生态、水安全等方面存在的问题和建设需求。

2. 海绵城市建设目标和具体指标

根据国土空间总体规划、详细规划以及海绵城市总体规划等上位规划，结合规划区本底条件，合理确定规划区的海绵城市建设目标和具体指标。

3. 海绵城市建设总体思路

（1）问题导向。针对城市内涝、黑臭水体、水资源短缺等实际问题，提出相应的解决方案。

（2）目标导向。规划先行，通过海绵城市建设实现城市建设与生态保护和谐共存，构建"山水林田湖草"一体的生态安全格局，在不同城市发展尺度上，构建大、中、小三级海绵城市体系。

4. 管控分区目标约束下的指标分解

海绵城市总体规划中已经提出各管控分区建设目标，详细规划阶段需对管控分区目标进一步细化，将海绵城市建设目标分解到地块层面。

源头海绵城市建设管控指标主要包括强制性指标如年径流总量控制率、污染物削减率，以及指引性指标如透水铺装率、生物滞留设施率、其他调蓄容积等。一般规划区内各类建筑、道路等硬质下垫面容易产生较大径流量，因此重点对规划区内占比较大的建筑与小区、公园与绿地、道路与广场等地块进行指标管控，以期达到源头减排的目的。指标分解后建议建立规划区或者管控分区的水文水力模型，对指标分解的合理性和目标可达性进行模拟分析，确保目标可达。

（1）建筑与小区径流控制指标确定

在建筑与小区的指标管控中，越来越多地采用低影响开发理念，强调在源头控制雨水径流，削减建筑与小区外排雨水峰值流量和径流总量，从而减轻市政雨水管网的排水压力，达到控制区域内涝的目标。在建筑与小区建设中，经常采取设置下凹式绿地、透水铺装、雨水调蓄设施等来实现对雨水外排量的控制。结合具体编制经验，一般建筑与小区径流指标管控思路如下：①根据控制性详细规划得到地块用地性质及下垫面组成，其中控规未批复片区中缺少下垫面数据的部分地块可参考其他同类型用地；②根据地块基础条件确定各用地类型地块低影响开发设施比例；③根据雨水利用需求计算各用地类型典型地块其他调蓄设施的规模；④利用容积法分别计算有、无其他调蓄设施的年径流总量控制率；⑤根据地块规划动态、坡度、地下水、岩石层埋深对控制率进行调整；⑥最后确定地块指标。

（2）公园与绿地径流控制指标确定

规划区内绿地主要分为公园绿地、街头绿地及防护绿地，其中公园绿地作为绿地的主要类型，面积较大，植被覆盖率高，有天然水系，在雨水径流管控中具有独特的生态优势。街头绿地及防护绿地面积较小，形状狭长，雨水收纳量较小。作为景观生态格局中的主要斑块，绿地收纳的不仅是自身面积汇集的雨水，大多数还消纳周边地块的部分雨水，年径流总量控制率易达到较高的目标。一般公园与绿地径流指标管控可利用容积法来进行径流指标的确定。

（3）道路与广场径流控制指标确定

在城市发展过程中，原有土路逐步被硬化面所取代，导致道路综合径流系数增大，雨水汇流迅速，同时道路排水系统还常常担负着周边地块的排水任务，雨水径流量增加；路面径流污染是城市地表径流污染的主要来源。在道路的海绵改造中，需综合考虑地面径流清洁度、路面荷载需求等，因地制宜，选择适合当地的改造途径。结合具体编制经验，一般道路与广场径流指标管控思路如下：①根据道路规划确定规划区内道路断面类型；②根据断面类型及可实施条件确定低影响开发设施规模；③利用容积法计算不同断面类型道路的年径流总量控制率；④利用模型对不同断面类型道路年径流总量控制率进行模拟验证；⑤通过校核后确定最终道路指标。

（4）建立水文水力模型验证指标分解合理性

管控指标分解后还需构建规划区水文模型，反复分解试算区域低影响开发控制目标，评估及验证控制目标的可行性。

5. 海绵城市工程规划

结合规划区的特点，从自然海绵体布局和保护规划、排水防涝规划、河道综合整治规划、供水安全保障规划、污水系统规划、雨水资源化利用规划、再生水利用规划、内涝点整治规划、黑臭水体治理措施等方面制定海绵城市工程规划方案。按建设用地类型分别给出海绵城市规划设计详细指引，指导各类项目的具体设计和建设。确定规划区内重要海绵设施的布局、规模和建设要点，如调蓄池、透水铺装、生物滞留设施、水系生态岸线等。

6.近期重点建设区域

根据地表竖向、管网、用地性质、开发强度等因素综合划定海绵建设重点区，明确各分区的低影响开发原则、目标和策略；明确海绵城市规划的重点，识别低影响开发可解决（或无法解决）的问题。统筹各个分区的海绵城市建设，有侧重地对各分区提出不同的低影响开发目标要求。

7.保障措施和实施建议

提出规划方案与城市道路、排水防涝、绿地、水系统等相关规划的衔接建议；提出海绵城市建设相关体制机制建立的建议，确保将规划理念、要求和措施全面落实到建设、运行、管理各环节。

2.4.3 海绵城市详细规划的成果应用

2.4.3.1 成果产出

海绵城市详细规划的成果一般包括规划说明书（以下简称说明书）、图集、图则。若说明书中方案内容较为复杂或政府部门确有需求，可根据说明书内容编制简本。以下从说明书、图集、图则三个方面进行成果产出的总结。

1.说明书

说明书内容主要包括研究区域现状分析、目标和技术路线、水生态格局分析、规划方案、规划保障及近期建设规划等。其具体总结情况如下：

（1）研究区域现状分析

对研究区域开展自然本底调查、存在问题分析和源头可改造性分析，确定方案编制区域的基本情况、海绵城市建设需求和海绵城市建设的可能性。

（2）目标和技术路线

基于研究区域存在的问题，因地制宜地制定目标和技术路线。

（3）水生态格局分析

开展生态敏感性分析，对海绵要素进行识别，明确河湖格局、湿地格局、山塘水库格局等。通过模型分析确定低洼地格局以及径流路径格局，落实河道蓝绿线。

（4）规划方案

针对现状存在的水环境、水安全、水生态、水资源问题，提出相应的方案措施。如针对水环境问题，开展"控源截污、内源治理、活水补给、生态修复、长制久清"等工程和非工程措施；针对水安全问题，开展水安全体系构建、内河系统建设、管网系统建设、局部积水点整治方案及积水风险评估等措施。

（5）规划保障

为保障方案后期的实施，需制定组织保障、制度保障、技术保障、资金及人才保障等规划保障措施。

（6）近期建设规划

梳理问题和需求，系统性整理规划方案中的工程建设项目并与本地相关实施计划对应，有针对性地形成项目表，保证规划的系统性。

2. 图集

海绵城市详细规划图集主要有基础分析图和规划方案成果图，包括但不限于：

（1）区位关系图；

（2）本规划在专项规划中管控分区分布图；

（3）土地利用现状图；

（4）土地利用规划图；

（5）高程、坡向、坡度分析图；

（6）自然径流路径与流域分析图；

（7）现状径流系数分布图；

（8）土壤渗透性分布图；

（9）地下水埋深分布图；

（10）现状水系分布图；

（11）现状生态岸线分布图；

（12）现状黑臭水体分布图；

（13）现状内涝点分布图；

（14）现状雨水系统图；

（15）现状污水系统图；

（16）现状再生水系统图；

（17）现状雨水利用设施分布图；

（18）现状河道排口分布图；

（19）生态敏感性分析图；

（20）规划河道岸线分布图；

（21）规划雨水系统图；

（22）规划污水系统图；

（23）规划再生水系统图；

（24）规划雨水利用设施分布图；

（25）规划生态安全格局图；

（26）近期海绵城市建设重点范围图；

（27）近期海绵城市建设项目分布图；

（28）海绵城市指标图则。

3. 图则

为便于管控，需对研究区域进行细化，将研究区域分成若干管控分区，按照管控分区将各地块海绵城市相关控制目标、指标等控制性要素纳入图则中，编制成图则与对应附表。

2.4.3.2 成果应用

海绵城市详细规划的成果主要应用在以下两个方面：

（1）分解建设目标

海绵城市详细规划将管控单元的建设目标逐步分解，将"大目标"分解成若干"小目标"，最终形成落实到地块上的具体指标，构建一套目标体系，为海绵城市建设目标落实提供可操作的、实施层面的技术指导。

（2）确定指导地块海绵城市建设指标

海绵城市详细规划着重落实总体规划及相关专项规划确定的海绵城市建设控制目标与指标，结合地块建筑密度、绿地率等开发强度指标，提出地块年径流总量控制率、年径流污染削减率、下沉式绿地率、透水铺装率、绿色屋顶率等，为规划部门办理"两证一书"等手续时提供直接依据，改变地块海绵城市建设指标不明确、地块内海绵城市项目建设情况不受约束的状况。

2.5 海绵城市系统化方案

2.5.1 海绵城市系统化方案的定位及作用

海绵城市系统化方案是衔接规划和设计的重要环节，其最主要的功能是承上启下，指导近期海绵城市建设。国土空间规划对国土空间开发与保护目标、指标、工程项目等作出的安排是整体性和长期性的，尤其是国土空间详细规划中给定的地块用途和开发建设强度指标都是中远期的，但地块开发、旧城改造、城市更新等要经历一个实施过程，系统化方案在规划实施过程中发挥指导近期建设的作用。

海绵城市系统化方案应对工程方案实施效果进行明确分析，保证海绵城市建设的效果。通过综合统筹排水片区内源头、过程、系统的各个环节，统筹优化各项目的边界和作用，协调绿色和灰色各种工程措施，系统统筹保护水生态、改善水环境、保障水安全、涵养水资源等多目标任务。

系统化方案编制区域既可以是建成区，也可以是新建区，编制过程中应体现分类指导、科学决策的原则，坚持问题导向和目标导向相结合，建成区以问题导向为主，新建区以目标导向为主。

海绵城市系统化方案包括：

（1）完成近期目标分解：系统化方案应统筹兼顾海绵城市建设长期目标，将长期目标在近期实施中进行分步分解。

（2）落实项目建设指标：系统化方案应将规划中的建设指标，根据实际建设条件、建设需求等落实到近期建设的具体工程项目上。

（3）指导工程落地：系统化方案中确定的工程位置、建设规模、服务范围等主要技术指标应达到能够指导工程设计的深度。

（4）评估目标可达性：具体工程建设项目一般只关注自身效果是否达到，不关注其在系统中发挥的作用，较为碎片化。系统化方案应统筹评估各类工程项目实施后海绵城市相关指标的可达性，对于不能达标的应及时对工程体系进行优化调整。

2.5.2 海绵城市系统化方案的编制要点

海绵城市系统化方案通过综合统筹，构建明确的工程体系，对海绵城市相关规划的指标进行细化落实，较海绵城市相关规划更注重建设和落地实施指导。

系统化方案编制要点主要包括：

1. 划定编制范围

海绵城市系统化方案编制范围一般是海绵城市总体规划或详细规划中确定的一个或多个汇水或排水分区，编制期限一般应与城市以及所在区域国土空间规划近期建设规划或国民经济和社会发展规划期限对应。

系统化方案编制范围划定时应立足流域或排水分区，综合考虑区域本底条件、基础设施、开发建设时序等因素，同时结合政府对城市规划的要求以及近期重点建设区域，按照"试点先行、示范引领、全面落实"的原则划定系统化方案编制范围。

2. 确定近期建设目标

与海绵城市总体规划和详细规划目标指标相比，海绵城市系统化方案有明显的特点，主要体现在两方面：一是系统方案的区域相对较小，规划中确定的部分指标对于系统方案可能不适用，需要调整，比如地表水功能区达标率在规划中是适用的，但在系统方案中由于河道数量少，就需要明确各条河道的达标情况，而不是笼统地给出达标率；二是系统化方案给定的实施期限往往比规划期要近，因此部分指标可能是低于规划给定的要求的，一定要避免一蹴而就地确定目标导致系统化方案无法落地的情况。

系统化方案中确定近期建设目标时，坚持目标导向和问题导向相结合，针对研究区域现状主要涉水问题，结合城市规划和近期建设重点，科学合理确定建设目标。

3. 构建系统的工程体系，确定具体工程项目

（1）构建系统的工程体系

系统化方案工程体系包含水生态保护与修复工程、水环境整治工程、水安全保障工程、非常规水资源利用工程等几个方面。

水生态保护与修复工程重点落实上位规划对天然河湖水系的保护和要求，对径流路径和通道、调蓄水体和低洼地提出保护和修复措施，并对建设地块提出径流控制要求。

水环境整治工程包括控源截污、内源治理、生态修复、活水保质等内容。在现状分析的基础之上，量化分析水环境污染的核心问题，按标本兼治、系统施策的原则制定水环境整治技术路线。

水安全保障工程包括源头减排、排水管渠、排涝除险、应急管理等内容，并与城市防洪、防潮系统相衔接，构建大排水系统和小排水系统发挥协同作用的工程体系。

非常规水资源利用工程应结合当地用水需求，在区域供水规模、雨水资源、再生水资源等情况分析基础上，统筹配置雨水资源、再生水资源，保障区域水资源供需平衡。

（2）确定具体工程项目

在管控分区或排水分区目标确定的情况下，系统梳理近期建设项目，使得片区近期建设能够达到建设目标要求。

1）新建区域——目标约束下的项目确定

新建区应以目标为导向，根据上位规划中提出的目标管控要求，明确在区域开发建设中需要保护的自然本底和需要控制的竖向、地块指标，综合确定近期建设项目。对建设项目进行长期系统性安排，梳理清楚项目之间的关系，合理安排建设项目时序。并核算编制期内目标，通过对工程实施后的效果评估，进行可达性分析，对建设效果负责。

2）已建区域——现状问题约束下的项目确定

已建区应从编制区实际问题出发，以问题为导向，通过现场踏勘、走访座谈、监测评估、模型分析等方式，针对区域内内涝积水、水环境恶化、水资源不足等现状问题进行详细科学的分析，并对其造成的原因进行深入分析。针对问题提出具体解决问题的方案，并将方案分解落实为具体的工程项目。从源头减排、过程控制、系统治理三个方面对各种建设项目进行综合统筹，生成具体的建设要求并明确其建设要求。重点确定解决涉水问题的工程和非工程体系，在上位规划的指导下结合区域特点、可实施性及城市更新改造等，提出解决问题的具体工程措施。强调项目实施的可操作性，避免大范围拆建，建设项目以点带面达到连片效应建设的要求。明确工程项目清单，确定每个项目所承担的责任、具体要求和相关标准，将这些要求和标准反馈到设计之中，指导设计，避免项目之间的碎片化，有效解决区域现状涉水问题。

4. 模型辅助分析和决策

海绵城市系统化方案涉及水文、水生态、给水排水、环境工程、水资源管理等多学科专业，且对工程方案定量化要求较高，建议在系统化方案编制中使用模型作为工具，通过反复计算和模拟验证，辅助现状问题成因分析和方案优化比选，提高方案的科学性和合理性。

（1）现状问题评估。借助空间分析技术，分析研究区域下垫面特征，获取用地分类与土壤等数据，辅助划定排水分区，识别低洼地段。耦合降雨、河道、管网、现状基础设施等资料，评估现状径流特征，评估现状问题与风险。

（2）辅助方案比选和优化。在水环境整治和水安全保障方案中，因地制宜地选择使用产汇流模型、城市排水管网和河道模型、面源污染模型、水环境模型等一种或多种模型，开展设施种类选择、设施参数确定、设施布局等不同情景模拟及方案比选，开展不同整治方案对城市内涝防治、河湖水体水环境改善效果的模拟和比选。

（3）建设效果评估。因地制宜选择模型类型，定量评估系统化方案实施效果，包括城市内涝防治、河湖水环境质量、合流制溢流频次、年径流总量控制率等重要指标的目标可达性，提高系统化方案的指导性。

2.5.3 海绵城市系统化方案的成果应用

2.5.3.1 成果产出

海绵城市系统化方案的成果主要包括说明书和图集。若说明书中方案内容较为复杂或政府部门确有需求，可根据说明书内容编制简本。以下从说明书和图集两方面进行成果产出的总结。

1. 说明书

说明书主要包括方案编制总论、现状及问题分析、目标和技术路线、总体方案、综合统筹方案、近期建设项目工程量和投资估算、预期效果评估及实施保障等内容。具体如下：

（1）方案编制总论包括编制背景、原则、研究范围、期限、上位规划及相关规划等。

（2）现状及问题分析包括研究区域基本情况、现状问题、成因分析等内容。

（3）目标和技术路线一般包括总体目标、分项指标和技术路线等，用以指引系统化方案核心内容的编制。

（4）总体方案即按照源头削减、过程控制、系统治理相结合的理念，制定海绵城市系统化方案，包括源头径流控制建设方案、水环境治理方案、水安全保障方案和水资源综合利用方案等。

（5）综合统筹方案即对水安全、水环境、水资源、水生态等方案中的所有项目进行总结提炼，避免项目的重复建设，对同一项目实现多个目标的工程进行合并。

（6）近期建设项目工程量和投资估算需根据系统化方案梳理工程建设的项目清单、建设时序和投资需求。

（7）预期效果评估即通过模型计算等手段，开展目标可达性分析。根据编制经验，其一般包含内涝积水点整治情况评估分析、年径流总量控制率达标分析及面源污染控制率达标分析。

（8）实施保障包括组织、制度、管理、资金、能力建设等方面的保障措施。

2. 图集

海绵城市系统化方案图集主要包括以下内容：

（1）区位关系图、重点建设区在上位规划中的区位示意图；

（2）项目区影像图；

（3）现状用地图；

（4）现状下垫面解析图；

（5）土地利用规划图；

（6）道路规划图；

（7）高程、坡向、坡度分析图；

（8）现状水系分布图；

（9）现状生态岸线分布图；

（10）现状河道底泥淤积情况分布图；

（11）现状防洪情况分布图；

（12）现状水系调度闸泵规模及分布图；

（13）现状排水体制示意图；

（14）现状雨水系统图；

（15）现状污水系统图；

（16）新建海绵地块分布图；

（17）海绵改造地块分布图；

（18）新建海绵道路分布图；

（19）改造海绵道路分布图；

（20）排口末端净化设施分布图；

（21）河道防洪工程分布图；

（22）河道清淤工程分布图；

（23）新建雨水管网及其附属设施分布图；

（24）新建污水管网及其附属设施分布图；

（25）改造污水管网及其附属设施分布图；

（26）循环补水工程示意图；

（27）近期重点建设项目分布汇总图。

以上的图集产出仅根据编制经验总结，图集目录可能有欠考虑的地方，在编制方案时需因地制宜地对以上总结内容进行增减。

2.5.3.2　成果应用

系统化方案的应用主要体现在以下几点：

1. 直接指导近期建设

系统化方案从系统角度对海绵城市近期建设进行分析，衔接上位相关规划，将上位相关规划的目标和指标要求与近期建设实施相结合，最终确定近期建设实施方案和具体工程项目。系统化方案确定的工程项目是指导近期海绵城市建设的重要依据。

2. 明确建设效果

系统化方案通过系统分析问题、原因、目标、可行性等之间的关系，确定合理的技术路线和实施方案，并通过模型等定量化手段分析目标可达性，评估工程实施后效果，对工程投资进行较为详细的测算。

3. 理清责任边界

系统化方案确定了明晰的建设边界，避免各项目、各片区之间界限不清晰、责任不明确的状况。特别是部分业主有将工程项目进行整体打包、采用PPP或EPC+O模式的意向，系统化方案能够给出科学的打包方案及绩效考核方案，避免出现PPP或EPC+O项目前期打包不合理、责任不清晰、后期推诿扯皮的现象。

第3章 建立系统化全域推进的管理保障机制

海绵城市建设是城市新发展理念，涉及城市建设的方方面面，人民政府是海绵城市建设的责任主体，必须把海绵城市建设作为一个整体推动，协同推进，才能做好海绵城市建设工作。海绵城市建设涉及住建、财政、水利、发改、规划、生态环境、城管、园林等多个部门，统筹部署各部门工作、实现"管理一张网"的前提是构建完善的管理保障机制：一是要立足本地组织机构，建立多级联动、密切配合的工作推进机制；二是要在现有项目管理体系中融入海绵城市建设工作，严格落实全过程管控机制；三是建立科学合理的考核机制，作为推进工作的重要导向和约束，提高部门工作积极性和责任意识；四是要创新建设运营机制，采用多种建设模式统筹组织实施海绵城市建设相关项目，发挥整体效益。

3.1 建立系统统筹的建设推进机制

海绵城市建设是一项系统性工程，需要多部门、多专业、多工序的协调管控，共同推进。因此，在建立系统化全域推进机制时，应结合其推进要点，从组织机制、责任分工、协调机制及推动立法四个方面入手，搭建完善的推进机制。

3.1.1 组织机制

海绵城市建设涉及详细规划、立项、土地出让、建设用地规划许可、设计招标、方案设计及审查、建设工程规划许可、工程设施及审查、竣工验收等各个环节，构建完整的组织架构，形成良好的部门协作是推进海绵城市的关键。因此，为了保障海绵城市建设工作的顺利推进，要科学谋划，统筹安排，明确责任，加强协调，形成高效组织机制。

经过第一批及第二批试点城市的摸索，总结出的成熟的具备良好推进协调能力的海绵城市建设组织机制主要可归纳为以下两种：

第一种是以市局为主体，直接形成市海绵城市工作小组、建设指挥部或海绵城市建设管理办公室，一般由市级或住建局领导作为主任或副主任，直接抽调各部门成员单位及技术团队组成海绵办开展运行协作工作，区（县）级部门配合工作。

如萍乡，于2015年成立以市局为主体的市海绵城市试点建设工作领导小组办公室，负责三年示范期内试点建设项目的监督和管理工作。并于2017年12月，在组织架构上建立了由市委书记和市长双主管的海绵城市工作领导小组，定期开展一些工作例会，形成全市范围内推进海绵城市建设的系统性建设思路。并进一步组建了专门机构"海绵城市建设领导小组办公室"，即"海绵办"，由分管副市长任主任，从规划、建设、水务、财政等各战线、各领域抽调了30名专业人员协同推进海绵城市建设，并融入了兼职联络员及第三方技术咨询团队，做到了统一领导、集中办公、定期调度，为海绵城市建设提供了坚强的组织保障。

如遂宁，其领导小组直接由市长挂职组长，领导小组下设办公室在市住建局，由市政府副秘书长兼任办公室主任，市住建局局长兼任办公室副主任，市住建局、市园林局、市水务局、市发改局、市财政局、市审计局、市国土局、市环保局、船山区管委会、遂宁开发区管委会、河东新区管委会等作为成员单位按职责分工做好相应工作。

该种组织机制形式的海绵办一般设在住建局或水务局等项目直接执行部门，由市局直接统筹规划建设，区（镇）级单位只需做好协调配合工作。该形式下市海绵办对于海绵城市建设的把控起主导地位，相关规划、设计、实施均由市海绵办统筹，指标与建设任务直接衔接，各部门任务关系清晰明朗，整体推进速度较快。但由于推进过程中需由市局直接把控各区的规划、新建、改造项目的设计、建设及维护工作，区级仅配合办公，外部协调沟通工作量较大，更适用于城市规模较小或建设区域相对集中的城市。典型的组织机构运行模式可参考萍乡、福州、遂宁等试点城市。

第二种是以市局为主体，成立相应工作小组，负责统筹制度建设及整体指标管控，各区政府及外部单位直接参与市级工作小组工作或间接成立区级工作小组，负责指标落地及项目推进建设工作（图3-1）。

如青岛，优先成立青岛市海绵城市建设工作领导小组，负责海绵城市建设工作的统筹调度和组织推进。各区政府是落实海绵城市建设要求的责任主体，建立相应的组织推进机制，制定工作方案，严格落实各专业规划要求及计划任务。试点城市中的天津也是由各区各自成立领导小组，市人民政府成立由副市长任组长的市海绵城市建设工作领导小组，推动海绵城市建设。各区（县）成立区（县）领导小组，负责本区（县）具体的海绵城市建设规划编制和海绵城市建设工作。

对于深圳，其组织机制形式是区政府直接参与市工作小组。其中市委、市政府

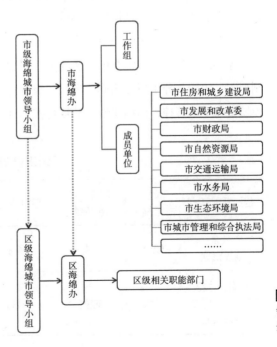

图3-1 各级领导小组组成示意图

主要领导担任组长，市政府副秘书长及水务局局长担任副组长，市委宣传部、市发展改革委、市经贸信息委、市科技创新委、市财政委、市规划国土委、市人居环境委、市交通运输委、市市场和质量监管委、市审计局、市住房建设局、市水务局、市城管局、市前海管理局、市气象局、市交警局及各区管委会相关领导为成员，统筹协调指导建设工作。市海绵城市建设工作领导小组办公室，主要负责海绵城市试点建设重大事项部署及协调处理、制定海绵城市建设工作计划及任务分解表、制定绩效考评办法等工作；光明新区及其他区管委会根据责任分工，负责试点区及辖区内（包括重点区域）实施方案编制、实施海绵城市建设各项工作等内容。

而对于珠海，为深入开展海绵城市建设工作，推动各项工作有效落实，2017年6月成立斗门区海绵城市专项工作领导小组，办公室设在区建设更新办，由区长担任领导小组组长，副区长担任副组长，并在2019年3月将海绵城市建设职能落实到具体部门，形成了持续推进的协调机制，在机构改革后，珠海市海绵城市建设工作在机制的保障下有效落实相应工作任务。

根据上述分析，第二种组织机制形式一般由市局负责统筹协调工作，在市局层面对海绵城市建设进行指标和目标分解，统筹考虑各区本底条件及海绵城市建设初心问题，对各区海绵办下达建设任务及目标，并负责制度编制及相应考核验收工作。而各区海绵办为目标任务的执行部门，针对建设任务进行具体项目的推进及建设。这种推进模式主要是因为部分城市管辖范围内的区（县）规模较大，内部情况存在较大的差异，由市局层面整体管控推进难度较高。相比而言，各区对自己管辖范围的情况更为熟悉，对于项目的推进能力较强，更适合完成落地建设工作，但同样地，各个区（县）对于全域推进的整体性、系统性会存在考虑不充分的情况。因此，部分城市便采用将目标指标制定和执行划分由不同层级部门开展管理的组织机制形式，事实证明，这种形式更有利于中、大型城市的推进建设工作。但在试点区建设中，该种组织机制形式由于目标制定和执行机构不一致，也暴露出了市局对各区的协调工作量较大、各区交界区域协调困难的情况。

综上所述，第一种组织机制形式项目推进速度快、协调工作小，但项目管控严重依赖于市领导小组成员对区域情况的熟悉程度，因此，更适用于中小规模的城市。而第二种组织机制形式，由于其分工更为明确，市区两级垂直管理的推进模式落地性更好，更有利于中大规模城市的全域管控，但相应地，其项目推进过程中的协调沟通工作量会更大（表3-1）。

组织机制评价表   表3-1

组织机制形式	管控范围	实施方案系统性	项目落地性	项目推进速度	会议协调工作	适用城市
市海绵办直接管理	较小	较好	稍差	较快	较少	中小规模城市
市海绵办统筹，区海绵办推进实施	较大	较好	较好	较慢	较多	中大规模城市

3.1.2　责任分工

海绵城市建设涉及城市建设的方方面面，系统性、综合性、创新性强，需各个部门进行落实配合。根据第一批、第二批试点城市经验，市政府作为海绵城市建设的责任主体，负责协调、组织各部门推动海绵城市的规划、建设和管理工作，具备较好的推动作用。

对于市级直接领导海绵城市建设工作的组织模式，其责任分工做法基本一致，一般由市级部门管理各自责任所属的海绵城市建设内容，区级部门配合工作，这种做法既保证了管理部门对海绵城市项目的把控，也便于工作系统性推进。

以萍乡为例（图3-2），市海绵城市试点建设工作领导小组办公室（以下简称市海绵办）负责示范期内试点建设项目的监督和管理工作，制定海绵城市试点建设项目计划，组织实施海绵城市试点建设绩效考评工作，监督和管理海绵城市试点建设专项资金。

市级直接领导的海绵城市建设工作主要部门为市发改委、市财政局、市规划局、市建设局、市水务局、市房管局、市城管执法局、市交通运输局、市公路局、市国土资源局、市公共政务管理局、市审计局、市环保局、市气象局、市园林局等部门。

其中，市规划局、市国土资源局等规划主管部门负责组织编制海绵城市试点建设总体规划、试点建设专项规划以及各类辅助海绵城市试点建设的基础性规划，将海绵城市试点建设的原则、目标和技术要求落实到城市总体规划、详细规划和各专项规划编制、审查、规划许可和监督管理等工作中。

市发改委主要对新建、改建、扩建项目中海绵城市建设相关内容的项目立项、可研和初步设计的审批等环节进行审核把关。

市建设局、市水务局、市房管局、市公路局等主管部门负责对新建、改建、扩建项目中海绵城市建设相关内容的设计、建设、竣工核查、运行和移交等工作进行全过程管理。组织工程验收和备案时，对于未按审查通过的低影响开发设施施工图设计文件施工的，验收应当定为不合格，不得进行竣工验收备案。竣工验收定为不合格的项目，应限期整改到位。

市城市管理主管部门负责制定市场化、长效化的低影响开发设施运营维护管理办法。市政公用项目的低影响开发设施由相关职能部门负责维护管理，经费由市财政部门统筹安排。

此外，由于部门责任分工的问题，海绵城市建设项目推进建设过程中也存在市人防办、市消防支队的参与，由市物价局、市监察局进行建设工作中的督查工作。

对于在各区（县）先后成立了区海绵城市建设专项工作领导小组和办公室，形成市区两级垂直管理的城市，市级部门主要落实顶层设计，负责编制印发相应指引、导则、图集等内容，区级部门作为执行机构，落实相应要求及管控，两级海绵办的责任分工基本与市级保持一致。

在具体责任分工上，以珠海市斗门区为例，主要涉及市区两级垂直管理的部门为市海绵办、珠海市斗门区海绵城市专项工作领导小组、区委宣传部、区发统局、区财政局、区环保局、区住建局、区市政园林管理处、区水务局、区审计局、区城管局，具体责任分工如下：

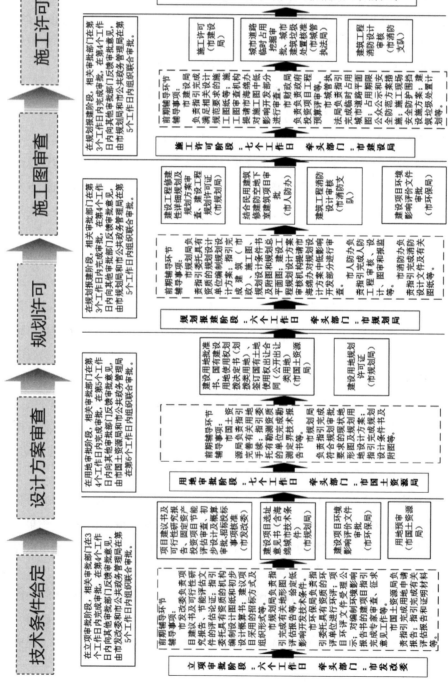

图3-2 萍乡市建设项目海绵城市专项审查管理流程

1.珠海市斗门区海绵城市专项工作领导小组（简称区海绵办）

负责全区海绵城市建设工作的统筹协调、技术指导、监督考核等工作，具体如下：

（1）按照市政府要求，与市海绵办对接并具体协调落实区内海绵城市建设的相关工作，研究分析和安排部署全区海绵城市建设重要工作，确定工作要点，强化各部门联动，并负责监督落实；

（2）配合市海绵办认真梳理试点区域内的建设项目，项目建设各阶段严格按照《关于加快推进珠海市海绵城市试点区项目建设的若干措施》的要求执行；

（3）听取区领导小组办公室和有关成员单位海绵城市工作情况汇报，并就研究讨论的重要问题作出决定、决议；

（4）确保海绵城市中央财政专项资金的严格规范、专款使用，确保项目落地和各项指标达标，做出示范、做出亮点。

2.区委宣传部

制定宣传推广方案，通过政府公共媒体以及社会新闻媒体加强宣传报道，鼓励社会积极参与、支持和配合海绵城市建设。

3.区发统局

负责将海绵城市项目纳入年度建设投资计划，对政府投资项目予以立项审核，积极拓宽投资渠道，强化投入机制，配合项目参建各方按照国家和地方的相关要求做好项目前期论证工作，协调推进项目前期工作。

4.区财政局

负责协调项目建设资金申请、项目建设资金的落实到位和资金使用过程中的监督管理。将本级海绵城市专项资金纳入年度财政预算和中长期财政规划，委托并监督咨询服务机构开展海绵城市建设PPP项目的物有所值评估和财政承受能力论证，以及社会资本采购相关工作。

5.区环保局

负责结合海绵城市建设要求，组织监测试点区内的水体水质，及时通报情况。

6.区住建局

负责对接市海绵办，统筹协调各项工作，从行政审批、项目验收环节对海绵城市建设进行把控。

7.区市政园林管理处

负责城市绿地、市政排洪排水设施、道路透水铺装、道路雨水滞留设施等建设项目的海绵城市建设设计审查（备案）、建设监督和管理。

8.斗门国土分局

负责项目用地报批相关工作，在土地利用规划、资源利用规划等相关规划中协助落实海绵城市建设要求。

9.斗门规划分局

负责项目各项规划控制技术指标的分解落实和地块的控制径流要求，将海绵城市建设内容纳入规划审批。

10. 区水务局

负责城市河湖水系、水利排水防涝设施等建设项目的海绵城市设计审查（备案）、建设监督和管理，协调规划部门做好排水防涝设施管理工作。

11. 区审计局

负责试点项目的结算审计工作。

12. 区城管局

负责试点小区沿街店面招牌美化工作。

在项目推进建设的各个阶段中，均由市级部门牵头，负责编制印发相应顶层设计文件，区级落实管控内容。

3.1.3 协调机制

海绵城市涉及多部门之间项目的协调沟通，部分城市还涉及市级与区级目标与实施的协调，相关协调机制必不可少，且是高效推进海绵城市建设的重点。

根据协调工作的实施主体不同，试点城市的海绵城市建设工作协调大致可分为各部门之间的工作协调、办公室对各部门之间的协调、市级与区级的指挥部协调。以下对各个层级的协调机制方式及解决内容进行分析。

1. 各部门之间的工作协调

各部门之间的工作协调，一般由海绵办或工作小组主任召集并主持，各处室及相关运行公司主要工作人员参加。其为日常性工作会议，主要会议内容涉及海绵城市建设项目设计方案确定、变更、现场产生的施工矛盾解决对策或阶段性工作小结等，开展频率为一周或两周一次。主要为办公室常务副主任听取各处室汇报上周工作推进情况及近期工作安排，对各处室工作进行协调及点评，并收集重点、难点问题在高一级协调会议中进行讨论。

以福州市为例，为推进东山佳园海绵城市建设进场施工事宜，福州市城乡建设委员会发函至福州市交通委，共同就相关建设工作协商讨论。

2. 办公室对各部门之间的协调

办公室对各部门之间的协调，一般为月度或季度开展一次协调会议，由办公室主任召集并主持，各位副主任、处长及相关公司主要责任人参加。该项协调会议一般为多个部门的管辖范围不同所引起的方案或工作协调，主要针对海绵城市施工情况与规划条件不符、竣工验收阶段涉及多个部门的内容、重大方案或合同变更、大额财政支出等内容的讨论及协调工作。该项协调会议一般需要海绵办提前收集协调解决事项，进行初步处理，对于未解决事项进行会议讨论。会后视项目的决策情况，进一步报上级进行协调沟通。

以福州市2019年下半年工作部署会为例，2019年7月由市建设局主持召开，主要围绕充实海绵办人员、试点区项目进度、海绵资金使用计划、水系打包项目海绵改造等问题开展专题研究工作，由市建设局、市规划局、市财政局等主管部门领导，市新区集团、中冶京城等主要建设单位等参加。

3. 市级与区级的指挥部协调

市级与区级的指挥部协调，一般每半年或一年召开一次协调会议，由市级海绵办或指挥长组织召开专题研讨会，各部门领导、主要涉及单位负责人等参加。该项协调会议主要针对项目建设计划调整、规划审批、用地审批、资金保障等重大疑难问题。该级别协调会议由于召开频率较低，在遇重要、紧急的协调事项时，可根据需要临时召开。

以珠海市斗门区2017年7月工作会议为例，由区长主持召开，主要围绕加快试点区海绵城市建设项目报批手续办理开展专题研究工作，由主要负责建设的区财政局、区住建局、区水务局等单位参加，并报送相应部门主要领导。

3.1.4　推动立法

海绵城市建设涉及政府各部门之间、政府与开发商之间、开发商与设计单位之间的多层推进及利益关系，形成有效的推进体系，在保障各方利益的前提下，形成高效的海绵城市建设体系，是海绵城市推动立法的重要目标。

1. 立法必要性

与传统的建设模式相比，海绵城市建设理念无疑是一项符合生态文明建设、人与自然和谐发展的新兴城市发展理念。但其在实施过程中存在很多困难，落实难度较大，例如，相较于传统模式，海绵城市建设投资较高，社会资本投入积极性不足；海绵城市建设系统性较强，短期、局部建设并不能立竿见影，只有长期、系统、全域推进的海绵城市建设才能保证其效果等。为打破海绵城市建设实施的局限性，相关部门需要利用立法手段加强对相关建设的执行和督导，以达到全域统筹推进海绵城市建设的目标。

海绵立法推进的过程中，为达到高效、利民的海绵城市建设模式，需要结合"放管服"的要求，优化已有审批流程，并结合现有审批环节增加必要审批内容，提升行政审批效率，进一步梳理出有法可依的海绵城市建设全过程体系。

海绵城市建设的各实施环节推进过程中，同样需要有政策保障。海绵城市立法，是建立有效的规划建设管控机制及保证海绵城市建设要求在规划条件、项目立项、"一书两证"、施工图审查、竣工验收等多环节得到有效贯彻的重要基础。

2. 立法方式

（1）单独立法条例

少部分试点城市，在海绵城市立法方面，为保障海绵城市建设单独立法的合理性及可实施性，借鉴了试点区建设期间出台的海绵城市建设管理办法框架，主要包含明确海绵城市建设理念及部门权责分工的总则，项目立项、规划、建设、运维等各阶段与海绵城市建设相关内容。在推进建设过程中，结合试点区建设过程中遇到的落地、管控、推进等问题，对其进一步优化，提炼成可供长远推行的法律法规。如厦门，2018年初结合试点建设经验总结修订并以市政府规章的形式颁布了《厦门市海绵城市建设管理办法》。从完善政府各职能部门在海绵城市建设中的职能；强化行政管理体制，将海绵城市的监管贯穿建设项目管理的全过程；将海绵城市建设与"共同缔造"有机结合三个方面提出了相应管控要求。后经厦门市委市政府决议，由市立法相关部门启动立法程序，将《厦门市海绵城市建设管理办法》从政府规章提升到人大立法。

（2）其他立法条例

通过上述分析，可以发现海绵城市建设立法相关法律条例需符合场地情况，具备可操作性、可实施性，且能独立呈现，其立法的要求相对较高，大部分城市难以达到。因此现有的海绵法律法规，很多都是结合其他立法条例的颁布，将相关海绵城市建设要求融入已有的文件中进行说明。如针对青岛的海绵城市规划指标建设，《青岛市城市排水条例》中提出"规划部门组织编制控制性详细规划时，应当按照排水专业规划，明确排水管道的走向和排水设施的位置等控制性要求，并按照海绵城市专项规划及详细规划，确定雨水年径流总量控制率"。如深圳，在《深圳市建设项目用水节水管理办法》提到，"建设项目应当采取以下雨水利用措施，使建设区域内开发建设后规定重现期的雨水洪峰流量不超过建设前的雨水洪峰流量"，并对相应项目海绵设施建设提出了要求。如鹤壁，在《鹤壁市循环经济生态城市建设条例》第五章明确提出海绵城市概念、部门责任分工、管控方法、建设要求等内容。

（3）政府文件

而对于一些非试点城市，在推进海绵城市建设过程中，往往采取颁布政府文件、管理办法等方式加强海绵城市建设要求，从而实现海绵城市建设工作的全域推进。以广州为例，广州市在2014年9月，出台了《广州市建设项目雨水径流控制办法》，明确建设项目需遵循低影响开发原则，设置海绵设施，使建设后的雨水径流量不超过建设前的雨水径流量为建设目标，形成海绵城市建设工作的常态化管控。2017年，根据新的政策要求，广州市又出台《广州市海绵城市规划建设管理暂行办法》，经过三年试用，补充完善有关内容后，于2020年12月重新修订，出台《广州市海绵城市建设管理办法》，将海绵城市建设要求纳入项目立项、土地出让、"两证一书"、施工图审查、竣工验收、运行维护等建设项目全生命周期管理过程中。同时，广州市住房和城乡建设委员会于2017年转发《广东省海绵城市建设实施指引（2016～2020年）》，明确海绵城市建设总体要求和发展目标，为海绵城市的推进提出了更好的要求，形成了以政府条例引导海绵城市建设常态化的有效示范。

3.2 建立落实项目全过程管控机制

项目全过程管控主要包括项目立项、用地审批、规划报建、施工许可审批、竣工验收和运营维护几个阶段。原有规划管理体系中并未对海绵城市提出明确要求，为保证海绵城市落地实施，需要将海绵城市管理要求融入现有的项目规划管理体系中，沿用现有规划管理模式，不新增审批环节和审批事项，建立一套行之有效的管控制度。

3.2.1 全过程管控流程

海绵城市建设的全过程管控应适用于各类建设项目的规划、设计、建设、运行维护管理活动，涵盖新建、改建、扩建项目。项目建设全过程中的项目立项、用地审批、规划报建、施工许可审批、竣工验收和运营维护六个阶段管控需要明确各阶段海绵城市建设的管控要求、主管部门工作职责，以及管控支撑技术文件，将各项管控权责细分到各建设节点和各相关部门，强化"事前、事中、事后"监管，健全海绵城市建设管控体系（图3-3）。

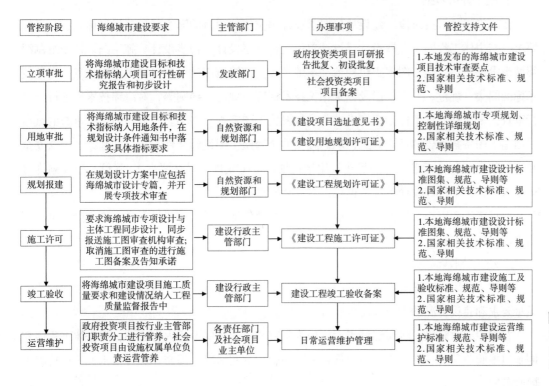

管控阶段	海绵城市建设要求	主管部门	办理事项	管控支持文件
立项审批	将海绵城市建设目标和技术指标纳入项目可行性研究报告和初步设计	发改部门	政府投资类项目可研报告批复、初设批复；社会投资类项目项目备案	1.本地发布的海绵城市建设项目技术审查要点；2.国家相关技术标准、规范、导则
用地审批	将海绵城市建设目标和技术指标纳入用地条件，在规划设计条件通知书中落实具体指标要求	自然资源和规划部门	《建设项目选址意见书》《建设用地规划许可证》	1.本地海绵城市专项规划、控制性详细规划；2.国家相关技术标准、规范、导则
规划报建	在规划设计方案中应包括海绵城市设计专篇，并开展专项技术审查	自然资源和规划部门	《建设工程规划许可证》	1.本地海绵城市建设设计标准图集、规范、导则等；2.国家相关技术标准、规范、导则
施工许可	要求海绵城市专项设计与主体工程同步设计，同步报送施工图审查；取消施工图审查的进行施工图备案及告知承诺	建设行政主管部门	《建设工程施工许可证》	1.本地海绵城市建设设计标准图集、规范、导则等；2.国家相关技术标准、规范、导则
竣工验收	将海绵城市建设项目施工质量要求和建设情况纳入工程质量监督报告中	建设行政主管部门	建设工程竣工验收备案	1.本地海绵城市建设施工及验收标准、规范、导则等；2.国家相关技术标准、规范、导则
运营维护	政府投资项目按行业主管部门职责分工进行管养。社会投资项目由设施权属单位负责运营管养	各责任部门及社会项目业主单位	日常运营维护管理	1.本地海绵城市建设运营维护标准、规范、导则等；2.国家相关技术标准、规范、导则

图3-3 海绵城市建设项目全过程管控流程图

1.项目立项

在项目立项阶段，分为政府投资类和社会投资类两大类项目实施管控。

政府投资类项目应将海绵城市建设目标和技术指标纳入项目可行性研究报告和初步设计。在项目可行性研究报告或初步设计中应开展海绵城市建设适宜性分析，明确海绵城市建设内容和投资。发改部门依据本地发布的海绵城市建设项目技术审查要点，以及国家相关技术标准、规范、导则等对项目可行性研究报告或初步设计进行技术审查和审批，并在可研批复中明确海绵城市建设要求。

社会投资类项目主要采用备案方式，不做具体要求。

2.用地审批

在用地审批阶段，自然资源和规划部门依据本地海绵城市专项规划、控制性详细规划以及相关技术标准、规范、导则等，将海绵城市建设目标和技术指标纳入用地条件。在地块的选址意见书或规划条件通知书、建设用地规划许可证中均明确年径流总量控制率等海绵城市建设控制指标及相关的海绵城市建设要求。

3.规划报建

在规划报建阶段，建设单位依据规划条件通知书或建设用地规划许可证中的海绵城市建设目标和技术指标要求，与主体工程同步开展规划方案设计，编制海绵城市建设设计专篇，并同步进行规划报建。自然资源和规划部门依据本地发布的海绵城市建设项目技术审查要点，以及国家相关技术标准、规范、导则等，对海绵城市建设设计专篇进行技术审查，审查通过后可办理建设工程规划许可证。

4. 施工许可审批

在施工许可审批阶段，建设单位要求设计单位依据项目的海绵城市建设目标和技术指标要求，与主体工程同步开展设计。设计单位应在方案设计、初步设计、施工图设计中编制海绵城市设计专篇，施工图审查机构依据本地发布的海绵城市建设项目技术审查要点，本地技术标准图集、规范、导则，以及国家相关技术标准、规范、导则等，对海绵技术措施设计进行审查，未达到规划条件指标要求的不予核发施工图审查合格书。已取消施工图审查的城市采用施工图备案和告知承诺方式，承诺提交的全套施工图设计文件符合公共利益、公众安全和工程建设强制性标准，并满足建设用地规划许可（或规划设计要点）、建设工程规划许可等要求；项目单位和设计单位依据规定对设计质量进行把关。

取得施工图审查合格书或已完成施工图备案及告知承诺后，建设行政主管部门方可办理施工许可证。

5. 竣工验收

在施工阶段，建设行政主管部门、监理单位开展日常监管，并将海绵城市建设项目施工质量要求和建设情况纳入工程质量监督报告中。

在竣工验收阶段，将海绵城市设施作为工程竣工验收的重要内容之一，同主体工程内容同步申报验收移交，并在竣工验收报告中写明相关落实情况，提交相关备案机关，进行竣工验收备案。

6. 运营维护

在运营维护阶段，需明确各类项目的维护管理单位及其职责。政府投资建设项目的海绵设施一般由相关职能部门按照职责分工进行运营维护，也可以委托专业管理养护单位进行维护。社会投资建设项目的海绵设施由该设施权属单位负责运营维护。各行业主管部门按职责分工对所属行业海绵设施的运营维护效果进行监督。

3.2.2 各阶段管控重点

海绵城市规划建设管控要涵盖项目的全生命周期，实现立项、规划及用地审批、设计施工、竣工验收、运营管养全流程闭环管控。从立项审批确定建设指标要求，到设计融入海绵设施，严格按图施工，再到竣工验收检验其是否符合建设指标要求，最后强化运营管养以实现建设效果，每个环节都应严格落实海绵城市建设要求。

海绵城市建设全流程管控机制通常以当地人民政府发布的海绵城市建设管理办法作为执行依据，各相关职能部门再根据管理办法要求制定本部门与之相关的详细工作内容，从而实现各阶段的管控。

1. 项目立项

政府投资建设类项目在项目建议书或可行性研究报告中编制海绵城市专篇，发改等审批部门应在批复中明确海绵城市建设相关要求、指标、内容等。例如《深圳市海绵城市建设管理暂行办法》第十四条提出"政府投资建设项目可行性研究应当就海绵城市建设适宜性进行论证，对海绵城市建设的技术思路、建设目标、具体技术措施、技术和经济可行性进行全面分析，明确建设规模、内容及投资估算。发展改革部门在政府投资建设项目的可行性研究报告评审中，应当强化对海绵设施技术合理性、投资合理性的审查，并在批复中予以载明。在审核政府投资建设项目总概算时，应当按相关标准与规范，充分保障建设项目海绵设施的规划、设计、建设、监理等资金需求"。

以福州市为例，《福州市海绵城市建设项目规划建设管理暂行办法》第七条要求"政府投资的建设项目在可行性研究编制阶段应明确海绵城市建设目标和措施，并将相关建设费用纳入项目估算"。福州市发展和改革委员会为全域推进海绵城市建设，制订和发布了《关于推进建设工程项目海绵城市管控审批服务工作的实施方案》，方案要求市级和县级发改部门在审批（核准）阶段，对审批（核准）权限内的可行性研究报告、初步设计及概算、项目申请报告文本中落实海绵城市建设要求的有关内容进行审查。同时对涉及海绵城市建设的项目开辟审批服务"绿色通道"，采取"容缺预审"制度，即对申报材料中不影响审批的事项，容许缺件通过预审，指定窗口专人先行拟文，做到即收即办，并在项目单位承诺对申报材料予以修改补正相关材料的基础上，予以受理办结。审批窗口工作日建立"延时服务"常态机制，做到"事不办完不下班，人没走完不关门"，对涉及海绵城市建设的项目需要在非工作时间（包括晚上及节假日）申报的，实行预约服务，照常受理，并可根据项目的需要指定专人负责，提供上门服务，及时办理。

2. 用地及规划审批

在用地及规划审批阶段，将海绵城市建设刚性约束指标如年径流总量控制率等纳入"两证一书"中，即在建设工程项目的选址意见书或规划条件、用地规划许可证、工程规划许可证中明确指标数值和相关要求；不需要办理"两证一书"的建设项目，应由项目主管部门、建设单位征求相关主管部门意见，确定相关建设要求和指标。

例如《深圳市海绵城市建设管理暂行办法》第十五条提出"依据海绵城市建设豁免清单，市规划国土部门及其派出机构在建设项目选址意见书、土地划拨决定书或土地使用权出让合同中，应当将建设项目是否开展海绵设施建设作为基本内容予以载明。各区城市更新机构在城市更新建设项目土地使用权出让合同中，应当将建设项目是否开展海绵设施建设作为基本内容予以载明。立项或土地出让阶段明确开展海绵设施建设的项目，依据相关规划，市规划国土部门及其派出机构、各区城市更新机构在《建设用地规划许可证》中应当列明年径流总量控制率等海绵城市建设管控指标"。

萍乡市在《萍乡市海绵城市建设管理规定》第八条中提出"规划行政主管部门在确定国有土地出让或者划拨的用地规划指标时，应将城市控制性详细规划中确定的海绵城市建设目标和技术指标纳入《规划设计条件通知书》。规划行政主管部门在审查建设项目规划设计方案时，应当组织建设项目的海绵城市建设专项方案审查。未经审查或者审查不合格的，规划行政主管部门原则上不予办理《建设工程规划许可证》"。

广州市在《广州市海绵城市建设管理办法》第八条中提出"市规划和自然资源部门在核发'一书两证'(《建设项目用地预审与选址意见书》《建设用地规划许可证》《建设工程规划许可证》)时,应载明海绵城市建设要求"。在出具规划设计条件时,广州市除了以海绵城市专项规划作为依据外,还根据《广州市水务局关于印发广州市城市开发建设项目海绵城市建设——洪涝安全评估技术指引(试行)的通知》《广州市碧道建设总体规划(2019~2035年)》《广州市排水单元达标创建工程方案编制指引》《广州市老旧小区微改造工程设计指引(2019)》《广州市水务局关于印发广州市城市开发建设项目海绵城市建设——洪涝安全评估技术指引的通知》等,在控制性详细规划中设置海绵城市(含防洪排涝风险评估)专篇,为城乡规划主管部门出具规划设计条件、实施规划管理提供依据。

3. 设计阶段

在设计阶段,建设单位应按照"两证一书"中的规划条件和相关建设要求,将海绵设施与主体工程同步规划、同步设计、同步施工、同步使用。建设单位根据项目需要应在项目建设方案、可行性研究报告、初步设计、施工图设计等设计阶段,组织编制海绵城市建设专篇。相关主管部门或施工图审查机构对海绵城市设计文件进行审查并出具审查报告,或在审查报告中写明海绵城市设计结论。

青岛市在《青岛市海绵城市规划建设管理办法》第二十二条提出"建设单位应当组织勘察设计单位按照国家、省、市海绵城市相关标准、规范、导则要求进行勘察、设计,施工图设计文件应当包含海绵城市专篇和自评价表,明确工程措施及规模,评估实施效果,勘察设计质量承诺书应当包含海绵城市建设内容,并承诺达到规划确定的海绵城市建设指标要求"。第二十三条提出"建设项目施工图设计应当包括海绵设施内容,设计内容应当达到海绵城市建设技术规范和标准。施工图设计中涉及的海绵城市内容发生设计变更的,建设单位应当按程序报施工图审查机构进行重审,审查合格的施工图任何单位和个人不得擅自修改"。

福州市在《福州市海绵城市建设项目规划建设管理暂行办法》第十三条提出"在建设工程项目的方案设计、初步设计、施工图设计等设计阶段,设计单位应编制海绵城市设计专篇。设计文件应包含设施的种类、平面布局、规模、竖向设计与构造,及其与城市雨水管渠系统和超标雨水径流排放系统的衔接关系等内容"。第十四条提出"施工图审查机构应对建设工程海绵城市技术措施设计进行审查,对于未达到选址意见书或规划条件中控制指标的设计文件不予核发施工图审查合格书"。福州市城乡建设局为落实海绵城市建设施工图审查管控,结合绿色建筑审查制订了《福州市绿色建筑与海绵城市建设相关条文审查要点》,明确了施工图相关条文审查要点,为设计单位和施工图审查机构提供了设计和审查依据。

广州市在《广州市海绵城市建设管理办法》第十二条中提出"海绵城市建设专篇文件包括海绵城市建设工程要求、项目规划、设计方案的有关要素、指标计算书(包括雨污管道设计计算书、年径流总量控制率、海绵城市设施规模计算、指标核算情况表等)、'四图三表'(下垫面分类布局图、海绵设施分布总图、场地竖向及径流路径图、排水设施平面布置图、建设项目海绵城市目标取值计算表、建设项目海绵城市专项设计方案自评表、建设项目排水专项方案自评表)及其他有关内容,并核算工程造价(可含在主体工程造价中)。各类项目的海绵城市建设专篇按照有关行政管理部门编制的海绵城市指引执行"。施工图审查单位依据项目初设批复内容、海绵城市建设施工图审查要点及"四图三表"等要求，将海绵城市有关措施作为重点审查内容，并在施工图审查意见中载明。

4. 施工阶段

在施工阶段质量监管部门要加强过程监管，在工程原材料、工艺、施工质量检查监督、工程验收等环节加强对海绵设施建设的监督检查。

深圳市在《深圳市海绵城市建设管理暂行办法》第二十一条提出"施工单位应当严格按照设计图纸要求进行施工。对工程使用的主要材料、构配件、设备，施工单位应当送至具有相应资质的检测单位检验、测试，检测合格后方可使用，严禁使用不合格的原材料、成品、半成品。施工过程应当形成一整套完整的施工技术资料，建设项目完工应编制提交海绵设施专项竣工资料"。第二十二条提出"监理单位应当严格按照国家法律法规规定履行工程监理职责，对建设项目配套的海绵设施建设加大监理力度，增加巡查、平行检查、旁站频率，确保工程施工完全按设计图纸实施。应当加强原材料见证取样检测，切实保证进场原材料先检后用，检测不合格材料必须进行退场处理，杜绝工程使用不合格材料"。第二十三条提出"质量监督管理部门应加强对项目建设各方主体行为的监督管理，在工程原材料、工艺、施工质量检查监督、工程验收等环节加强对海绵设施建设的监督检查"。

广州市在《广州市海绵城市建设管理办法》第十六条中提出"海绵城市建设设施应按照审批通过的图纸进行建设，结合现场施工条件科学合理统筹施工，有关分项工程施工应符合设计文件及规范规定，监理单位应做好全过程的监督和管理"。广州市针对园林绿化及道路工程的海绵城市建设内容，出台了《广州海绵城市建设工程施工与质量验收指引》，详细介绍了施工内容及施工方法。同时加强施工过程管控，明确要求施工单位应熟悉和审查施工图纸，掌握设计意图与要求，实行自审、会审，施工单位在开工前应编制施工组织设计，对关键的分项、分部工程应分别编制专项施工方案。施工组织设计、专项施工方案必须按规定程序审批后执行。施工单位应按合同规定的、经过审批的有效设计文件进行施工，严禁按未经批准的设计变更、工程洽商进行施工。

5. 竣工验收阶段

在竣工验收阶段，应将海绵城市建设作为竣工验收的重要内容之一，与主体工程同步申报验收移交，也可开展海绵城市专项验收，在竣工验收报告中写明海绵城市建设内容相关落实情况，并提交相关备案机关。

深圳市在《深圳市海绵城市建设管理暂行办法》第二十四条提出"建设单位提交的建设项目竣工文件中应完整编制海绵设施的相关竣工资料。建设项目竣工验收组织方应当在竣工验收时对海绵设施的建设情况进行专项验收，并将验收情况写入验收结论。推行采用联合验收，住房建设、交通运输、水务等行业主管部门牵头实行联合验收或部分联合验收，统一验收竣工图纸、统一验收标准、统一出具验收意见"。第二十五条要求"海绵设施竣工验收合格后，应随主体工程同步移交"。

福州市在《福州市海绵城市建设项目规划建设管理暂行办法》第二十条提出"建设工

程主体单位应将海绵城市设施作为工程竣工验收的重要内容之一同主体工程同步申报验收移交，并在竣工验收报告中写明海绵城市项目相关落实情况，提交相关备案机关"。

青岛市在《青岛市海绵城市规划建设管理办法》第二十九条提出"将海绵设施建设情况纳入建设工程竣工联合验收内容，验收合格方可投入使用。建设单位在建设项目竣工后，应当组织勘察、设计、施工、监理等有关单位，依据海绵城市相关验收技术导则对海绵城市建设内容进行验收，在竣工验收报告写明实施情况，依法办理备案手续。各行业主管部门应当做好海绵设施验收监督管理"。

6. 运营管养阶段

在运营管养阶段，要明确各类建设项目的运营维护管养责任主体和管养经费来源，政府投资类项目一般由相关职能部门按照职责分工确定管养责任单位并进行监管；社会投资类项目一般由所有者或委托物业进行管养。

福州市在《福州市海绵城市建设项目规划建设管理暂行办法》第二十一条提出"政府投资的公园、城市道路、河道等建设项目的海绵城市设施维护管理，分别由市园林、城市管理等相应行政主管部门及区政府确定的行政主管部门负责。维护管理费用列入专项养护资金，由财政统筹安排。房屋建筑项目海绵城市设施由市住房行政主管部门与属地政府共同开展维护监管。公共建筑的海绵城市设施由产权单位负责维护管理；住宅小区等房地产开发项目的海绵城市设施由其物业管理单位负责维护管理"。

深圳市在《深圳市海绵城市建设管理暂行办法》第二十六条提出"海绵设施移交后应及时确定运行维护单位。政府投资建设项目的海绵设施应当由相关职能部门按照职责分工进行监管，并委托管养单位运行维护。社会投资建设项目的海绵设施应当由该设施的所有者或委托方负责运行维护。若无明确监管责任主体，遵循'谁投资，谁管理'的原则进行运行维护"。

3.2.3　其他管控要点

1. 分类项目实施管控

城市开发建设涉及多种类型的工程项目，一般按照建设项目资金来源分政府投资项目和社会投资项目两大类，具体还可以根据工程类型细分为建筑类、道路类、水利类等。各地对政府投资项目和社会投资项目的规划建设管理体系有所不同，还应根据项目类型分别制定适用于各类项目的海绵城市规划建设管控流程。

例如厦门市根据不同项目的审批类型，制订了财政性投融资项目（建筑类）、财政性投融资项目（线性工程类）、社会资本投资项目（公开出让地块，核准类）、社会资本投资项目（公开出让地块，备案类）四类项目海绵审批要点和管控流程。深圳市光明区对市政类建设项目、房建类（政府投资）建设项目、房建类（社会投资）建设项目分别制定了海绵城市管控流程要求。青岛市分别确定了政府投资类项目和社会投资类项目管控流程。

2. 豁免清单

项目常规管控不一定适用于所有项目，因此还需要因地制宜做一些补充规定。例如深圳市实施海绵城市豁免清单管理制度，依据《深圳市海绵城市建设管理暂行办法》（深府办

〔2018〕12号），纳入豁免清单的建设项目在项目设计、报建、图纸审查、验收等环节对其海绵城建设管控指标不做强制性要求，由建设单位根据项目特点因地制宜落实海绵城市设施。行业主管部门制定本行业内的豁免清单，在充分征求意见后，由各行业主管部门发布实施。深圳市交通运输委员会发布了《深圳市交通行业海绵城市源头管控指标豁免清单（试行）》，豁免清单包括（1）项目位于特殊地质区，即地质条件不适宜进行海绵城市建设的区域，或经现场勘查其地质状况不适宜进行海绵城市建设的；（2）特殊类型项目，包括修缮改造工程、单体天桥工程、应急抢险工程、临时设施修建工程。

青岛市在《青岛市城市规划建设管理办法》第二十四条提出"建设项目符合下列条件之一的，对海绵城市建设不做要求：（一）文物和风貌保护工程、抢险救灾工程、临时性建筑、军事设施等特殊工程；（二）不涉及室外、地面工程的旧建筑物翻新、改造、加固、加层等工程和地下空间开发利用工程"。

3.强化技术服务支撑

要将海绵城市建设内容融入项目全过程管控各环节中，虽然没有增加审批环节，但是各环节审批的事项却多了一项新的专篇内容，而原有的行政审批机构通常缺乏专业的技术知识储备和经验。为了确保海绵城市建设理念贯彻落实项目全过程，而不是审批流于形式，需要借助专业技术团队对项目进行把关，从设计是否合理、施工是否到位等方面进行技术审查和指导。

例如萍乡市在试点建设期，由于本地行政审批机构缺乏海绵城市领域管理经验，市海绵办聘请了第三方技术服务团队，负责海绵城市技术条件的发放、海绵专项方案审查、施工图专项审查、海绵专项竣工验收等技术工作。

深圳市在建设项目设计审查阶段，市级海绵城市工作机构联合市规划国土等行业主管部门加强事中、事后监管，以政府购买服务的方式委托第三方技术服务机构对海绵城市方案设计专篇进行监督抽查，相关费用由财政保障。第三方技术服务机构名录应按要求确定并向社会公布。

3.3 建立绩效考核和奖励补贴机制

为促进海绵城市建设，从考核、奖补等方面建立海绵城市建设相关机制，包括绩效考核机制、奖励补贴机制等。其中，绩效考核机制主要针对各级政府、各有关部门，制定年度考核计划，提出考核要求，确保相关职能部门各司其职参与海绵城市建设管理，最大力度推进海绵城市建设，落实海绵城市建设任务。奖励补贴机制主要针对社会资本及相关企业，政府给予一系列优惠政策，如设立专项资金、落实税收优惠政策、简化招标投标流程等，吸引社会资本参与海绵城市的投资建设。

3.3.1 绩效考核机制

为提高各级政府对海绵城市建设的重视程度，加快海绵城市建设进程，确保如期完成海绵城市建设目标任务，遵循因地制宜的原则，制定海绵城市绩效考核制度，针对各级政府、各职能部门实行差异化考核，明确海绵城市建设落实情况，并督促相关建设单位保质保量完成建设任务，同时，便于统筹规划下一步海绵城市建设计划。考核对象主要分为市直部门和各县（市）区政府等相关部门及单位。

1. 绩效考核办法制定

住房和城乡建设部负责指导和监督各地海绵城市建设工作，并对海绵城市建设绩效评价与考核情况进行抽查；省级住房和城乡建设主管部门负责具体实施地区海绵城市建设绩效评价与考核。具体方式如下，可根据城市具体情况进行落实。

一是将海绵城市建设纳入相关绩效考核评估办法中。例如，2016年，厦门市生态文明建设小组领导办公室发布《2016年党政领导生态文明建设和环境保护目标责任制评价考核指标体系和考核细则》（厦发改环资〔2016〕676号），首次将海绵城市试点年度建设任务纳入生态环境保护建设的考核内容。2017年由市委、市政府联合发布《厦门市生态文明建设目标评价考核办法》（厦委办发〔2017〕40号）及《厦门市各区、市直部委办局、省部属驻厦单位和市属国有企业2017年度党政领导生态文明建设和环境保护目标责任制考核细则》（厦环委办〔2017〕56号），将海绵城市建设纳入生态文明建设目标评价考核体系内，实行党政领导生态文明建设和环境保护目标责任制，实行党政同责及差异化考核。各单位领导成员生态文明建设一岗双责，按照客观公正、突出重点、差异考评、公众参与的原则进行，充分发挥生态文明建设目标评价考核的导向、激励和约束作用。

此外，根据《深圳市2017年度生态文明建设考核实施方案》（深生考办〔2017〕26号），为保障海绵城市试点工作顺利推进，高标准、高质量完成国家级海绵城市试点任务，提高水务管理质量，深圳市将海绵城市试点、黑臭水体治理和治水提质等专项工作纳入2017年政府绩效评估指标体系，评估周期为半年，权重占比3%。

二是制定海绵城市建设专项考核制度，实行海绵城市建设绩效评价与考核。由各市海绵办牵头，遵循因地制宜的原则，出台相应的海绵城市建设绩效考评办法，要求各单位按照海绵城市部门职责分工和有关规定做好相关工作。海绵城市建设绩效考核实行党政同责，各单位领导成员海绵城市建设一岗双责。市海绵办结合各区海绵专项规划明确的年度建设任务及责任，对区党政领导班子实行每年度一次的海绵城市建设绩效考评。通过每年度的绩效考核工作，促进各部门主动作为、积极作为。各试点城市分别结合各自城市特点制定海绵城市建设工作考核办法或方案，如《萍乡市海绵城市建设绩效评价与考核暂行办法》《镇江市海绵城市建设试点工作督查考核办法》《南宁市海绵城市试点建设工作三年（2015～2017）绩效考评方案》等。

2. 绩效考核工作推进

市海绵办于每年年初发布海绵城市建设绩效考核工作任务清单，针对各县（市）、区政府海绵城市建设工作开展情况，进行日常检查督导和年终考评，并提前发布绩效考核细则。海绵城市建设绩效考核包括水生态、水环境、水资源、水安全、制度建设及执行情况等指标，由市海绵办牵头组织相关部门、专家一同组成绩效考评组，按照材料审查、现场核实及监测数据分析相结合等方式开展考评工作，逐项进行打分，形成考评意见，并对考评结果进行通报。

　　例如,《萍乡市海绵城市建设绩效评价与考核暂行办法》中指出,萍乡市绩效评价指标体系分为定量指标与定性指标,其中定量指标包括水生态、水环境、水资源、水安全、显示度五个方面共9项指标,共计70分(表3-2);定性指标包括组织保障、规划体系、项目储备、投资体系四个方面共6项指标,共计30分(表3-3)。

海绵城市建设评价考核定量指标评分表(示例)　　　　　表3-2

序号	一级指标	二级指标	分值	评价考核方法	评分标准
1	水生态	年径流总量控制率(渗、蓄、滞)	10	考核各区内雨水设施的衔接关系、汇水面积、有效调蓄容积,判断设施的设计降雨量标准及对应的年径流总量控制率	考核年限内,未达年径流总量控制率阶段性标准不得分
2		生态岸线恢复	8	考核各区生态岸线长度,查看相关设计图纸、规划、现场检查等	生态岸线恢复长度达到阶段性标准,得8分;每减少10%,扣1分,分数扣完为止
3	水环境	水环境质量标准	8	对各区内的现有监测墩帽进行逐月监测,以逐月平均值达到的水质标准作为考核指标	低于《地表水环境质量标准》GB 3838—2002IV类标准或劣于海绵城市建设前的水质,不得分
4		黑臭水体治理率	10	定期查看重点河流黑臭水体治理情况	各区按照黑臭水体治理排名得分:10分、9分、8分、7分、6分、5分、4分、3分、2分、1分
5		城市径流污染控制	5	对各区内各类雨水设施的径流污染物(如SS等)消减率进行监测,结合年径流总量控制率评价结果,计算确定径流污染总量消减率	城市面源污染控制达标率达到标准得5分,不达标准不得分
6	水资源	污水再生利用量	5	统计污水处理厂(再生水厂、中水站等)的污水再生利用量和污水处理量	考核年限内,达到同级城市平均水平,得2分;达到相应指标得5分
7		雨水资源利用量	6	查看相应计量装置、计量统计数据和计算报告等	考核年限内,达到同级城市平均水平,得6分;每增加1%加1分
8	水安全	城市暴雨内涝灾害防治	10	区内涝积水点消除率	按照内涝积水点消除率进行排名
9	显示度	连片示范效应	8	查看规划设计文件、相关工程的竣工验收资料、现场查看	达标区域占地比例达到标准的得8分,不达标准不得分
	合计		70		

海绵城市建设评价考核定性指标评分表（示例）　　　表3-3

序号	一级指标	二级指标	分值	评价考核方法	评分标准
1	组织保障	成立领导小组	3	查看是否成立领导小组	成立完善的领导小组并有明确的职责分工，得3分，未成立扣3分
2	规划体系	专项规划	5	查看《海绵城市专项规划》编制情况	有具有相应资质的规划机构编制或修编、并经政府主管部门批准的《海绵城市专项规划》得5分（区级无需编制直接得5分），不具备扣5分
3		实施方案	4	查看《海绵城市建设实施方案》编制情况	已编制《海绵城市建设实施方案编制情况》得4分，不具备扣4分
4	项目储备	海绵城市建设项目库	4	查看海绵城市建设项目库建立情况	已建立海绵城市建设项目库，入库项目符合海绵城市专项规划，对项目实行动态管理，根据落实情况得0~4分
5	投资体系	海绵城市建设投融资机制建设	8	考核建设运营模式	各区按年度PPP模式建设运营项目占总项目投资比例排名
6		建设投资与运营	6	查看投入资金计划安排和资金执行情况	按照工程建设是否按计划有效推进排名，前3名依次得分3分、2分、1分；按平均单位面积投资额度进行排名，前3名依次得分3分、2分、1分
	合计		30		

　　又如，福州市从组织领导、体制机制、规划顶层设计、实施进展、项目质量五个方面进行分项绩效考评（表3-4），需各市县提交自评打分表、组织领导、机制体制建设、顶层设计文件、相关规划和实施方案、海绵城市建设项目分布图、统计表及相关说明、海绵城市建设项目情况及方案介绍、项目建议书及批复、可研或建设方案及批复、施工图、施工许可证、竣工验收意见，以及其他必要的支撑性材料。

海绵城市建设县（市）区政府实绩考核分年度考评细则表（示例）　　　表3-4

内容	要求
一、组织领导（20分）	1. 成立本级政府主要责任同志为组长的海绵城市建设组织领导机构。（5分）
	2. 明确海绵城市建设牵头部门、相关责任部门和责任人，确定任务分工。（5分）
	3. 主要相关部门（自然资源和规划、建设、发改、水利等）有涉及海绵城市明确的内部工作流程。（5分）
	4. 海绵城市建设组织领导机构和牵头部门定期召开会议进行协调调度，并提供领导批示、会议纪要等支撑材料。（5分）

续表

内容	要求
二、体制机制（25分）	1. 出台本辖区推进海绵城市建设的实施意见，提出针对新开发区域、新建项目、旧房改造、小区整治、市政基础设施改造有序推进海绵城市建设的要求，明确各相关部门责任。（5分）
	2. "两证一书"、土地出让条件中海绵城市要求落实情况：提供2018年1月以来发放"两证一书"、进行土地出让的项目清单，由专家组抽查不少于3个项目，提供"两证一书"、土地出让条件等文件，核实其落实海绵城市建设要求情况。（2分）
	3. 新立项目海绵城市要求落实情况：提供2018年1月以来新立项工程项目清单，由专家组抽查不少于3个项目，提供对应建设方案批复、可研批复、初步设计批复、施工图审查意见、施工许可、竣工验收表等相关文件，核实其落实海绵城市建设要求情况。（2分）
	4. 将海绵城市建设投资纳入本年度财政预算。（3分）
	5. 建立海绵城市相关定期提报工作进度，充分落实信息上报制度。（3分）
	6. 海绵城市监测：建设本辖区的海绵城市相关系统或管控平台，辅助解决城市水系统存在的问题。（2分）
	7. 创新运作模式：采用多种形式引导各方力量参与海绵城市建设运营。（2分）
	8. 加强培训：对规划、设计、施工、运维人员进行针对性培训，取得良好效果。（2分）
	9. 加强宣传：采用多种形式进行海绵城市宣传，促使海绵城市理念深入人心。（2分）
	10. 总结创新经验：总结出可复制可推广的经验，包括但不限于海绵城市规划、设计、建设、运营的体制、模式、技术等方面。（2分）
三、顶层设计（30分）	1. 编制海绵城市相关规划。（12分） （1）进度得分（满分4分）：启动专项规划编制的按30%计分，编制基本完成按80%计分，批复实施按100%计分。 （2）质量得分（满分8分）：按照《海绵城市专项规划编制暂行规定》要求，从专项规划的科学性、系统性、可行性、保障措施等方面，对专项规划进行评估。
	2. 编制近期建设区域海绵城市系统化实施方案。（15分） （1）进度得分（满分5分）：启动编制的按30%计分，编制基本完成按80%计分，批复实施按100%计分。 （2）质量得分（满分10分）：根据海绵城市专项规划划定的近期建设范围，按照汇水分区编制实施方案，对系统化方案进行评估，重点从方案是否科学、合理，是否能够支撑区域建设等方面进行评估，体现系统治理、综合施策的理念，明确海绵城市建设工程项目，落实设施布局。
	3. 制定2018～2020年年度建设计划。（3分）
四、实施进展（15分）	按照应实现建成区10%面积达到海绵城市建设标准。计算公式为2016～2018年已完成水分区的建设面积/（建成区面积×10%）×15分（排水分区内项目建设必须按照"源头减排、过程控制、系统治理"的要求实施）。 （1）根据实施方案，排水分区或流域内所有建设项目均完工，整个排水分区或流域内建设用地面积可全部计入已完成建设面积。 （2）如现场查看时发现工程未完工，或项目未按照海绵城市理念进行建设的，按此类项目建设面积占抽查项目建设面积比例扣除总分。
五、工程质量（10分）	对上报的海绵城市项目进行现场检查。查看项目完成情况，对理念、施工质量等进行重点检查，逐一列出不符合要求的项目及整改建议，查看项目类型应涵盖"源头减排、过程控制、系统治理"三类。具体内容为： （1）老区改造项目的设计方案要与解决问题（内涝、黑臭）、老百姓诉求、城市更新造中至少一点相结合。（5分） （2）项目施工组织合理、按照标准施工。（3分） 项目使用功能达到要求，景观效果美观。（2分）

萍乡市作为我国第一批海绵城市试点城市，在海绵城市起步阶段就制定了海绵城市考核制度，并构建了一套较为完整的海绵城市建设综合考核体系，涵盖了定量指标与定性指标，包含了水生态、水环境、水资源、水安全、显示度、组织保障、规划体系、项目储备、投资体系等多类别指标。萍乡市先行先试，为后续进行海绵城市建设提供了宝贵的实践经验，但由于该项制度制定较早，存在一定的不足之处，如缺乏对海绵项目质量细化考核、涉及考核的部门较少等。

福州市作为我国第二批海绵城市试点城市，在第一批海绵试点城市的实践经验上，制定了更为完整的县（市）区政府实绩考核分年度考评细则，考核体系更全面，从组织领导、体制机制、规划顶层设计、实施进展、项目质量五个方面确定指标及得分细则，但考核指标较为琐碎，需提交的支撑性材料较多，导致考核历时较长。

综上，在总结学习国内前两批海绵试点城市考核机制的基础上，可结合城市自身特点，构建适宜的海绵城市绩效考核机制，明确考核对象，配备完整的考核体系及指标。同时，可在考核实施过程中，根据海绵城市建设阶段、推进情况、考核执行等多方因素，对考核要求和指标设定及时进行调整优化。

3. 绩效考核注意事项

绩效评价与考核坚持以下原则：一是实事求是、公开、公平、公正；二是定量指标考核与定性指标考核相结合；三是以事实为依据、以目标为导向；四是绩效评价结果与奖励挂钩。

首先，建设单位自查。海绵城市建设过程中，应做好降雨及排水过程监测资料、相关说明材料和佐证的整理、汇总和归档，按照海绵城市建设绩效自查与评价考核指标做好自评，配合做好市级评价与省、部级抽查。其次，市海绵办年度督查考核。评价与考核过程中必要时可委托第三方依据海绵城市建设评价考核指标及方法进行。最后，省、部级不定期督查考核。评价工作坚持实事求是，考核结果随时接受上级组织的抽查。

4. 绩效考核成果应用

在对海绵城市建设绩效考核的同时，需加强海绵城市建设工作绩效评价考核结果应用，如对绩效评价考核突出的区（市）在政策、资金安排方案给予重点倾斜，对考核结果不达标的区域，进行通报，限期采取措施整改达标。坚持问题导向，注重加强对考核结果的综合研判，把结果应用的着力点放在发现问题、解决问题、推动工作上。对考核中发现的问题，综合考虑问题发生的背景原因、动机目的、情节轻重和性质后果等因素，予以容错免责、纠错防错。

例如，青岛市对良好及以上等次的相关单位，由市委、市政府通报表彰；对连续三年考核优秀的区市和市直单位，在提拔使用市管干部、职级晋升时优先考虑。考核结果作为调整干部的重要依据。

3.3.2　奖励补贴机制

为了促进社会资本及相关企业参与海绵城市的投资建设中，制定海绵城市建设奖励补贴制度，配套优惠政策，如设立专项资金、设置奖补机制、落实税收优惠政策、支持海绵产业发展、简化招标投标流程等，充分调动社会力量与社会资本，切实推动海绵城市建设不断向纵深发展。奖补对象主要包括非财政投资海绵城市建设项目、海绵城市建设科研机构、海绵城市企业等相关部门及单位。海绵城市推进过程中常见的奖励补贴机制如下：

1. 设立专项资金

为规范和加强海绵城市建设资金管理，提高资金使用效益，保障海绵城市建设工作有序开展，由市财政局牵头，保证海绵城市项目建设与改造的资金投入，设立专项资金，用于海绵城市建设引导示范、奖励等相关工作，发布海绵城市建设专项资金管理办法，制订海绵城市投融资及管理政策，积极推进采用PPP等投融资模式，吸引社会资本参与海绵城市的投资建设，并争取国家、省级财政资金支持。如《武汉市海绵城市建设试点财政补助资金管理暂行办法》《上海市临港地区海绵城市建设专项资金管理办法（试行）》等。海绵城市建设专项资金按照科学论证、公平、公开、公正的原则安排使用，充分发挥海绵城市建设专项资金效益，大力推进城市道路排水、城市绿地与广场、建筑与小区等新建、改建工程中贯彻落实海绵城市建设理念。专项资金主要采用直接投资、补助、奖励等方式予以支持。对按规定采用政府和社会资本合作（PPP）模式的项目予以倾斜支持。除此之外，个别城市还通过争取国家专项建设基金支持、发行企业债券等方式拓展海绵城市建设投资渠道。

2. 设置奖补机制

市、区政府为优化创新发展激励机制，激发自主创新动力活力，充分发挥财政科技资金的引导和放大作用，鼓励各级部门和企业开展海绵城市建设与科研等相关工作。例如，白城市针对中心城区范围内的房地产开发项目、保障性安居工程项目及市本级政府投资以外的公建项目进行资金奖励。奖励标准为：每建设具有$1m^3$调蓄容积的雨水渗透、调蓄、净化设施，补贴250~350元，具体补贴金额将根据雨水径流控制效果、景观效果、运维质量、群众满意度等进行综合评定后确定。又如，贵安新区试点建设范围中，凡是建设能够吸纳、蓄渗、缓释雨水的各类设施，均纳入财政奖补的范围，具体奖补标准为：透水铺装35元$/m^2$、绿色屋顶100元$/m^2$、下沉式绿地15元$/m^2$等。再如，厦门市海沧区针对已建设完成的非财政投资项目进行海绵城市改造的，如由企业自行组织实施，则按项目海绵城市工程建安费用给予工业项目75%补助、房地产项目65%补助；委托区属国有企业代建的，补助比例提高至工业项目100%、房地产项目70%。此外，福州市晋安区制定创新驱动发展科技奖励扶持办法，鼓励企业建立研发机构，对新认定的国际级、省级企业重点实验室、工程技术研究中心等给予资金奖励。

3. 落实税收优惠政策

税务部门为支持海绵城市建设，紧紧围绕上级决策部署，立足部门职能，积极主动作为，全面落实税收优惠政策，不断提升税收服务水平，优化税收发展环境，减轻纳税人负担，切实推动海绵城市建设不断向纵深发展。例如，萍乡市国税局出台16条税收措施支持海绵城市建设。为充分发挥税收职能作用，围绕提高认识、落实政策和优化服务三个方面，在鼓励基础设施建设、支持管道运输服务、支持饮水工程建设、促进水电行业发展、促进涉水企业技术改造、支持涉水企业兼并重组、减轻涉水小微企业负担、促进生态建设和环境保护、促进水资源利用、充分发挥财政扶持作用等方面提出了16条具体政策措施，充分发挥财政扶持作用，推动海绵城市建设健康发展。

4.支持海绵产业发展

为充分激发市场参与的活力，鼓励发展海绵经济，推动产业转型升级，结合城市实际，提出支持海绵产业发展的实施意见。例如，萍乡市印发《关于加强建筑业企业海绵城市建设技术创新工作的意见》，提出要积极落实国家和地方的产业技术政策，在重点领域开展自主创新，包括核心技术的自主创新，关键技术引进消化吸收再创新，生产技术研究和新产品、新技术、新工艺的开发应用，大力提高原始创新能力、集成创新能力和引进消化吸收再创新能力，促进全市海绵城市健康快速发展。萍乡市还印发了《关于萍乡市培育海绵产业发展海绵经济的实施意见》，从推动传统建材业转型升级培育海绵产业、加大融资支持壮大海绵产业、提升创新能力做强海绵产业三大方面配套提出15条政策措施，培育壮大海绵产业，建立海绵产业协同配套体系。鹤壁市印发了《关于支持海绵产业发展的实施意见》，从鼓励企业发展海绵产业、支持相关企业转型发展、引导企业融资挖掘发展潜能、帮扶企业培训破解发展瓶颈等多方面制定措施，支持发展基础材料与产品、成套装备与技术、海绵城市建设施工与运营。

5.简化招标投标流程

例如，为更好地服务海绵城市建设，加快项目前期进度，简化海绵城市建设项目招标投标手续，鹤壁市发布《鹤壁市住房和城乡建设局关于简化海绵城市建设项目招投标手续的意见》，采取更加灵活的招标方式，提高招标效率。

3.4 因地制宜应用适合的建设模式

除传统单体建设模式外，常见的海绵城市建设模式有PPP、EPC等，多种建设模式在海绵城市建设试点城市中均有应用。各城市在海绵城市建设工程中，要避免生搬硬套，应因地制宜，从城市自身需求及项目特点出发，通盘考虑，充分权衡，注重可实施性，选择最适合项目的建设模式。此外，需注重边界条件设定，后期绩效考核体系要避免笼统、宽泛，尽可能做到易操作、可量化、能追溯、利于监控。选择综合统筹的海绵城市建设模式，应着重注意以下几方面：

1.项目建设要系统，重视项目之间的统筹协调

系统性推进海绵城市建设，可因地制宜选择传统建设模式、PPP模式、EPC模式等，如厦门市海沧区乐活岛一期海绵工程PPP项目、福州市仓山会展中心片区水系综合治理PPP项目、嘉兴市南湖大道海绵城市建设工程EPC总承包项目、珠海市白藤片区海绵城市项目EPC总承包项目、武汉汤逊湖片区海绵城市改造EPC项目等。而项目建设的系统性不是一定要项目全部打包，也不是单一模式，而需要做好项目前期谋划，综合进行统筹，确保项目之间的关系，做好衔接统筹，做到各个部门有效配合，分工合作。

2.项目要重视效果，而不是追求工程

传统实施过于注重工程本身，而忽略工程建设效果，完成工程、程序合法合理即可付费，最终导致"工程结束，效果未达到"的情况。此类情况下，常出现企业（施工、设计、监理）撤场，政府最后兜底买单。因此，需建立"以效果为核心"的建设模式。可通过两个绑定实现：一是费用和效果绑定，达到效果才可付费或得到相应奖励，而达不到效果的工程不予支付；二是考核和效果绑定，实施工程不能实现效果的，将实施企业纳入诚信体系黑名单。

针对PPP模式，最重要就是要引资引智。一是确定是否涵盖全生命周期。确定PPP设定中是否涵盖了设计、建设、运维的全过程，在招标和合同签订中，要通过条款的设置来保证全生命周期的实现。二是专业人干专业事。在PPP招标中，通过条件的设置，保证专业的人干专业的事情，避免出现"拿项目练手"的情况。三是政府花钱买效果，绩效考核、按效付费。在PPP实施中，避免项目变为拉长BT，将可用性付费与效果进行绑定，以督促PPP资本方更加注重建设效果而不是工程体量。同时，合理设置绩效考核指标，充分反映实施效果和运营维护水平，并且严格按照指标进行按效付费。

例如，福州市晋安东区水系综合治理及运营维护PPP项目，项目付费与可用性、运营考核相挂钩。运营管养内容包括日常管养和水质维持两部分，主要包括特许经营期内，项目蓝（绿）线范围内河道治理、保洁养护、绿化养护、基础设施维护、社会服务责任等。考核内容包括在线水质监测指标、现场实测水质指标、日常管理维护（含设备运营维护和环卫保洁等日常维护），其中，在线水质监测指标占比20%，现场实测水质指标占比50%，日常管理维护（含设备运营维护和环卫保洁等日常维护）占比30%。按日考核、月统计、年总评的方式开展，综合得分85分以上才可全额付款，得分110分以上按约定给予金额奖励。

3. 重视前期工作，重视技术把关

PPP、EPC模式的项目需要做好前期咨询，避免出现工程建设过程中不断追加投资的情况。前期需制定一个总体把控性方案，明确工程建设效果，控制工程总投资，在方案基础上生成后续项目库，并编制项目可行性研究报告，实现对项目的合理打包，从而更好地实施工程项目。此外，需做好全过程技术把控及施工质量把控，同时需要专业单位或人员配合进行。例如，福州市晋安东区水系综合治理及运营维护PPP项目，前期编制了财务测算方案、实施方案、物有所值评价报告、财政承受能力论证报告等一系列方案报告进行论证，同时福州规划院专业人员辅助配合进行技术把控。

4. 统筹好建设和城市发展关系，促进城市发展

在治理方法上，按照生态文明建设的要求，将滨水空间开发利用、景观营造与治水有机结合，构建厂网河一体化，全面落实海绵城市建设的理念和技术措施，实现水、城共建共融。

在治理模式上，探索推进政府治理体制和能力现代化的要求，积极引入社会资本参与，政府和社会资本方充分发挥各自优势，专业人员配合，严格实施合同管理、绩效考核、按效付费，确保全生命周期的成效。

在治理效果上，需得到群众、企业、政府多方满意，实现环境效益、社会效益、经济效益共赢，使得群众享受良好景观环境，企业获得合理收益回报，政府投入取得成效。例如，常德市老西门"葫芦口"棚户区改造项目，与海绵城市建设、黑臭水体治理高效结合，实现了资源共享最大化，开放后已成为常德市民娱乐、健身、休闲、购物的一体化社区。

第4章 构建系统化全域推进的技术标准体系

海绵城市建设具有多学科交叉、多领域配合、多专业融合的特点，需要加强各专业技术的统筹。通过前期试点、示范项目，充分结合设施效果的监测数据，对设计参数进行优化和总结提炼，并明确实施的条件要求，将典型做法进行总结，列出本地区的海绵城市典型设施的设计方法和参数，建立海绵城市建设的标准、规范、标准图集、导则，建立适宜本地区的海绵城市建设效果评估验收办法、运行维护技术规程，逐渐形成涵盖规划设计、施工、验收、运营维护等全生命周期的海绵城市地方技术标准体系，做到标准化、细致化、本地化、科学化，保障海绵城市建设项目的每一个步骤都有据可依、有章可循，为提高海绵城市设计和建设水平、保障施工和后续管养质量、推进海绵城市持续健康发展发挥积极作用。

4.1 技术标准体系现状

在国家层面，目前我国出台了《海绵城市建设技术指南——低影响开发雨水系统构建（试行）》《海绵城市建设评价标准》GB/T 51345—2018和《海绵城市建设国家建筑标准设计体系》三本海绵专项标准，提出了海绵城市建设技术系统构建的基本原则和普适性内容、要求和方法，具有广泛指导意义。此外，涉及海绵城市建设的国家、行业标准均在完善，增补了海绵城市建设的相关理念和内容，如《室外排水设计标准》GB 50014—2021，在宗旨目的中补充推进海绵城市建设，补充了超大城市的雨水管渠设计重现期和内涝防治设计重现期的标准；《城市绿地设计规范》GB 50420—2007（2016年版）对原规范中与海绵城市建设要求不协调的技术条文进行了修改，增加了城市绿地海绵城市建设的原则和技术措施的条文；《建筑与小区雨水控制及利用工程技术规范》GB 50400—2016加强了雨水控制内容，补充了生物滞留设施的技术要求与参数、透水铺装设施蓄水性能的规定等一系列海绵城市建设技术条款。目前涉及海绵城市建设的国家、行业标准规范种类较多，已形成一定的体系，但仍存在一些问题，例如国家、行业海绵城市建设相关标准主要是按全国通用的水平组织标准编制，缺少地域针对性和适应性；部分质量验收和管理类标准不完整，各标准规范间参照执行时存在一定差异甚至矛盾,从而导致现有的国家、行业标准不能有效地指导地方工程建设,无法满足海绵城市建设的要求。

在省级层面,目前各省的海绵技术标准体系仍在补充完善中,一些省份根据本省地域特点制定了适用于本地区的海绵城市技术标准,如福建省出台了《福建省海绵城市建设技术导则》,江苏省出台了《江苏省海绵城市建设导则》《江苏省海绵城市专项规划编制导则》,广西壮族自治区发布了《广西低影响开发雨水控制及利用工程设计标准图集》《低影响开发雨水控制及利用工程设计规范》《海绵城市建设技术指南——建筑与小区雨水控制利用技术》。总体上省级层面的海绵城市标准尚处于起步研究阶段,标准编制工作滞后于工程建设,普遍缺乏统一规划,标准的层次尚缺乏完整性。

为弥补国家、行业、省级海绵城市标准存在的不足,全国各海绵试点城市相继开展了地方标准研究制定工作,取得了较好成果。例如深圳市是国内较早引入海绵城市建设理念的城市之一,并将其作为城市规划建设跨越式发展的重要战略,2009年12月,深圳市政府决定全面加强深圳低影响开发雨水综合利用管理工作,要求各有关职能部门完善相关配套政策、规划和技术标准,严格按照相关规划加强对各类建设项目的管理,并以光明新区等地为示范区,积极开展实践。近年来,深圳市初步形成了适应南方气候特点的海绵城市应用机制,出台了《深圳市低影响开发雨水综合利用技术规范》《深圳市房屋建筑工程海绵设施规程》《深圳市海绵型公园绿地建设指引》等技术标准。根据海绵城市建设发展不同时期,深圳市从标准体系的完整性、标准需求情况和地域特性等方面,有条不紊持续开展海绵城市标准体系建设管理工作,具有标准体系健全完整和地域适用性强等特点,为深圳市海绵城市建设的发展提供了完整的技术支撑和标准保障。

4.2 技术标准体系内容

海绵城市建设技术标准体系是为实施海绵城市建设工作而制定的涉及规划设计、施工、验收、运营维护等技术和管理方面的规范化、科学化的操作依据及实施程序的规范性文件的总称。其构建方式按照国家标准编制方式进行,分国家、省、市三个层次来设定国家、行业和地方的标准和办法,大致可分为三个阶段,分别是规划设计阶段、施工验收阶段和运营维护阶段。每个阶段通过制定相应标准来规范约束操作行为,达到全流程、全方位地管控海绵城市建设整个实施过程。

规划设计阶段的技术标准的核心内容是规范海绵城市建设规划的编制,确立海绵城市的设计理念,指导海绵城市的施工图设计和审查。规划阶段可出的技术标准有:海绵城市规划设计标准和导则、海绵城市规划审查要点、海绵城市建设方案设计导则、海绵城市建设工程施工图设计导则及审查要点、海绵城市建设技术标准图集、海绵城市建设绿地设计导则等。其主要作用为指导和规范海绵城市建设规划设计,提升海绵城市规划设计文件质量。

施工验收阶段的技术标准的核心内容是指导海绵城市建设的施工、质量安全、运行效果评估。施工验收阶段可出的技术标准有：海绵城市建设施工与质量验收标准、海绵城市建设工程施工与质量验收技术导则、低影响开发雨水工程施工与验收导则等。主要作用为加强海绵城市建设工程技术管理，规范施工技术标准，统一施工质量验收标准，确保工程质量。

运营维护阶段的技术标准的核心内容是保障海绵城市实施的正常运营，加强海绵城市设施的日常管理。运营维护阶段可出的技术标准有：海绵城市设施运行维护导则、海绵项目运营维护管理办法、海绵城市设施维护运行标准等。主要作用为促进海绵城市设施运行维护的规范化，指导海绵城市设施运行维护管理，使海绵城市设施长久地发挥其工程效果。

基于以上三个阶段构建科学有效、结构合理、层次分明、全面系统、因地制宜的海绵城市技术标准体系，从而推动海绵城市建设健康有序实施和发展。以嘉兴市为例，在试点建设过程中，嘉兴市充分结合平原河网的特征特点，在规划设计等各个环节进行总结与思考，形成一套适用于本地区完整的海绵城市技术标准及办法指导全市范围推广海绵城市建设工作（图4-1）。其中，《嘉兴市海绵城市规划与设计导则（试行）》《嘉兴市海绵城市建设技术——低影响开发雨水系统设计指导性图集（试行）》及《嘉兴市河道生态治理技术导则（试行）》等适用于嘉兴市海绵城市规划及设计；《嘉兴市海绵城市建设技术——低影响开发雨水设工程施工、验收及养护技术导则》用于指导嘉兴市海绵城市建设施工验收、运行维护。总体上，嘉兴市在海绵城市规划设计、施工验收、运营维护等各个环节进行了标准制定，形成了一套适用于本地区的海绵城市技术标准体系。

南宁、重庆等第一批、第二批试点城市也根据当地特色制定了海绵城市相关的规划、设计、施工、运维等地方标准（图4-2、图4-3）。

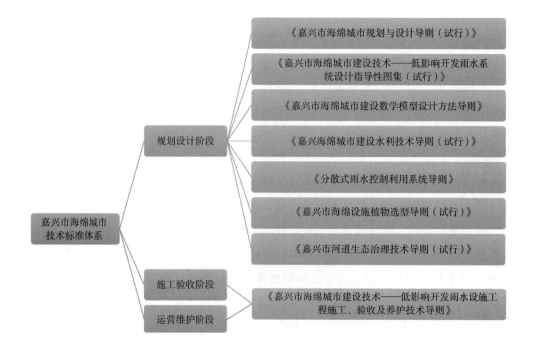

图4-1 嘉兴市海绵城市技术标准体系框架图

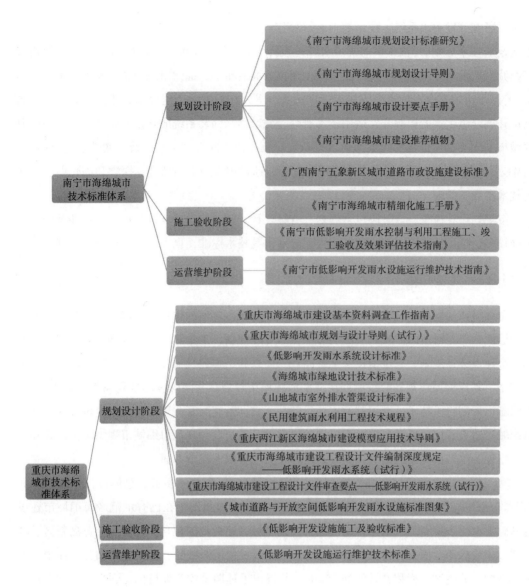

图4-2 南宁市海绵城市技术标准体系框架图

图4-3 重庆市海绵城市技术标准体系框架图

4.3　规划设计阶段

　　规划设计是海绵城市建设中较关键的环节，其技术标准编制的主要目的在于规范本地区海绵城市建设项目规划设计工作，提升海绵城市建设工程规划设计水平，同时，与当地多规合一平台管控流程相匹配，辅助政府部门评估海绵城市建设方案的质量和深度。各城市的技术标准体系框架不同，标准编制的层面、维度和侧重点不同，既有共性也各具地方特色。例如珠海市海绵城市规划设计阶段编制并颁布的规范导则有《珠海市房屋建筑工程低影响开发设计导则》《珠海市海绵城市规划设计标准与导则》《珠海市海绵城市建筑规划设计细则》等，图集方面发布了《珠海市海绵城市建设技术标准图集》，同时珠海市也开展了海绵城市建设典型项目设计与设施参数研究、海绵城市建设植物选型专题研究、海绵城市应用SWMM和MIKE模型参数率定研究等海绵城市建设基础数据方面的研究。福州市技术标准体系分类较细，其规划设计阶段的标准有《福州市海绵城市规划审查要点》《福州市城区海绵城市建设（低影响开发雨水系统）技术导则》《福州市老旧小区海绵化改造设计导则》《福州市老旧小区改造技术导则》《福州市海绵城市绿地设计导则》《福州市黑臭水体整治导则》《福州市海绵城市技术措施施工图审查要点》等，图集方面发布了《福州市海绵城市建设技术标准图集》《福州市道路改造项目海绵城市标准图集》等，在海绵城市建设基础数据研究方面，福州市开展绿色生态低影响开发适用技术研究、城市透水铺装系统成套技术研究、福州地区海绵城市不同类型设施面源污染净化效果研究、福州市不同类型透水铺装长效性能对比研究、BIM技术在海绵城市规划建设中的应用研究等，通过理念与实践结合，探索和细化适合本地的技术参数和措施。

按规划设计流程，该阶段包含规划、方案设计、施工图设计、设计审查等，涉及的技术标准较多，既可针对不同阶段和细化类型分别出具技术标准，也可适当进行合并编制。

4.3.1　规划阶段

海绵城市规划是建设海绵城市的重要依据，是城市规划的重要组成部分。编制体系分为三个层面，一是对应总体规划层面的海绵城市专项规划，二是对应控制性详细规划层面的海绵城市建设详细规划，三是衔接国土空间规划体系和工程建设项目管理体系的海绵城市系统化方案。各层面城市规划应编制同层次的海绵城市规划，并与既有的规划编制体系相衔接。海绵城市规划阶段技术标准编制的主要目的在于贯彻落实国家关于海绵城市建设要求，推进海绵城市建设管控，提高海绵城市规划的科学性、系统性，规范海绵城市规划编制内容和深度，指导海绵城市规划的编制。其编制内容主要包含以下几个方面：

（1）提出地方海绵城市建设规划总体设计标准，包含总体要求、总体设计目标等。如《青岛市海绵城市建设规划设计导则（修编）》较明确地提出了在已有示范区海绵城市建设的基础上，逐步将海绵城市建设的范围推广到全域，建设范围包含新开发区域黄岛新区、红岛部分建设区等，面积共计约108.1km²；老城区区域包括旧城区、老工业区和分散在中心城区的城中村改造区，面积共计约264.2km²。并提出了远期总体建设目标：到2030年城市建成区80%以上的面积达到海绵城市建设要求；城市面源污染控制到2030年达到65%以上；生态岸线比例到2030年达到90%以上；城区内涝防治标准为50年一遇，到2030年防洪堤达标率达到100%；雨水资源化利用率2030年达到8%以上。

（2）提出海绵城市规划的一般性要求。海绵城市建设理念及规划要求应当分层级、分步骤地纳入国土空间总体规划、专项规划、控制性详细规划、修建性详细规划中，应贯穿于各规划的全过程。需明确海绵城市规划任务与技术路线、海绵城市规划关键技术环节、海绵城市规划建设目标如何确定等。如《青岛市海绵城市建设规划设计导则（修编）》对雨水径流总量和污染物控制、雨水资源利用、峰值流量控制-排水防涝等多个分目标进行综合统筹，对每个目标进行分析并给出目标选取的方向和方法（图4-4）。

（3）明确海绵城市专项规划编制要求，提出海绵城市专项规划的定位、作用和主要内容、编制要点及成果表达。具体来说，需对专项规划的现状分析、规划目标与指标确定、海绵城市建设分区、竖向规划、用地功能布局、蓝线规划、排水防涝规划、防洪规划、绿地系

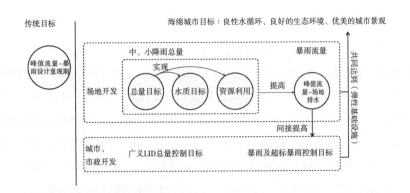

图4-4 青岛市海绵城市综合目标关系示意图

统、道路交通、近期建设、实施保障措施等提出相应深度的编制要求。如管控分区是海绵城市规划设计中衔接总体目标和地块指标的关键环节，其划分方法应根据国土空间总体规划的用地布局，根据城市不同区域的特点和海绵城市建设中需重点解决的问题进行，并提出管控分区划分技术要求和划分步骤与内容。

（4）明确海绵城市详细规划编制要求，提出海绵城市详细规划的定位、作用和主要编制内容、编制要点及成果表达。区别于专项规划，详细规划需进一步分解控制指标至地块，进一步在竖向、用地、水系、给水排水、绿地、道路等专业的规划设计过程中落实海绵城市的要求，其编制要求深于专项规划，应特别强调其与专项规划编制内容的区别。其重点在于规划指标分解，在详细规划的层面上，海绵城市专项规划内容为指导，根据管控分区确定的相关要求以及具体地块的用地性质、开发强度等，将专项规划层面的技术指标分解到地块。应提出指标分解的具体方法和技术要点，如《青岛市海绵城市建设规划设计导则（修编）》，提出指标分解必须结合本地降雨、土壤特性，评估地块海绵城市控制指标的可行性、科学性和合理性。应重点考虑以下几种技术方法或技术方法的结合：①水文计算与模型评估模拟；②已建成海绵项目的监测评估结果；③类似地区同类项目的经验；④国家相关规范或标准规定值等。该导则还给出了详细规划落实总体规划指标和要点的主要方式。

（5）明确海绵城市系统化方案编制要求，提出其定位、作用和主要编制内容、编制要点及成果表达。系统化实施方案应以详细规划为指导，从系统角度对海绵城市近期建设进行分解，落实与分解详细规划确定的海绵城市控制指标，落实具体的设施及相关技术要求，将海绵城市的建设技术和方法吸纳到场地规划设计、工程规划设计、经济技术论证等方面，指导地块开发建设。同样需重点明确海绵城市系统化方案的编制要点，如对现状分析、竖向设计、平面布局与设计、主要指标复核、低影响开发设施设计指引等的编制内容做出详细的规定，以指导下层次工程设计，同时规定应采用模型模拟软件，建立规划系统模型，进行模拟分析以验证目标的落实。

4.3.2 方案设计阶段

海绵城市方案设计阶段技术标准编制的主要目的在于规范引导海绵城市建设项目的方案设计，辅助相关部门评估海绵城市建设方案的质量和深度，其编制内容主要包含以下几个方面：

（1）提出海绵方案设计的一些基本要求，如方案概述、现场调研及分析、建设目标的选取等。以《厦门市海绵城市方案设计技术导则》为例，方案概述中应包含项目背景、设计过程和项目概括介绍，而现场调查工作主要针对地质地形、水文条件、自然气候条件（降雨情况）、场地竖向、排水工程和水环境污染（黑臭水体）等内容展开。主要收集的资料包括地形地质、水文情况、降雨情况、场地竖向、排水工程等。改建、扩建项目的海绵城市方案设计除收集以上资料外，还应收集现状建筑图、现状污染源、现状内涝及其分布情况等影响海绵城市系统构建的相关信息。建设目标的选取包括年径流总量控制率、年径流污染控制率、排水防涝标准及雨水资源利用等，且应根据上位规划及规划设计条件选取。其中各类海绵城市建设设施对于径流污染物的控制率根据本地基础数据研究情况制定参考值，避免设计盲目取值，标准不一（表4-1）。

低影响开发设施比选一览表　　　　　　　　　　　　　　　　表4-1

单项设施	功能					控制目标			处置方式		经济性		污染物去除率（以SS计，%）	景观效果
	集蓄利用雨水	补充地下水	削减峰值流量	净化雨水	转输	径流总量	径流峰值	径流污染	分散	相对集中	建造费用	维护费用		
透水砖铺装	○	●	◎	◎	○	●	◎	◎	√	—	低	中	80~90	—
透水水泥混凝土	○	○	◎	◎	○	◎	◎	◎	√	—	高	中	80~90	—
透水沥青混凝土	○	○	◎	◎	○	◎	◎	◎	√	—	高	中	80~90	—
绿色屋顶	○	○	◎	◎	○	●	◎	◎	√	—	高	中	70~80	好
下凹式绿地	○	●	◎	◎	○	●	◎	◎	√	—	低	低	—	一般
简易生物滞留设施	○	●	◎	◎	○	●	◎	◎	√	—	低	低	—	好
复杂生物滞留设施	○	●	◎	●	○	●	◎	●	√	—	中	低	70~95	好
渗井	○	○	◎	◎	○	●	◎	◎	√	√	低	低	—	—
雨水湿地	●	○	●	◎	○	●	●	●	√	√	高	中	50~80	好
蓄水池	●	○	◎	○	○	●	◎	◎	—	√	高	中	50~80	—
调节塘	○	○	●	◎	○	◎	●	◎	—	√	高	中	80~90	一般
调节池	○	○	●	○	○	○	●	○	—	√	高	中	—	—
转输型植草沟	◎	○	○	◎	●	○	○	◎	√	—	低	低	—	一般

续表

单项设施	功能					控制目标			处置方式		经济性		污染物去除率（以SS计,%）	景观效果
	集蓄利用雨水	补充地下水	削减峰值流量	净化雨水	转输	径流总量	径流峰值	径流污染	分散	相对集中	建造费用	维护费用		
干式植草沟	○	●	○	◎	●	○	○	◎	√	—	低	低	35~90	好
湿式植草沟	○	○	○	●	●	●	○	◎	√	—	中	低	35~90	好
渗管/沟	○	◎	○	○	●	◎	○	◎	√	—	中	中	35~70	—
植被缓冲带	○	○	●	—	○	○	○	●	√	—	低	低	50~75	一般
初期雨水弃流设施	○	○	○	●	○	○	○	●	√	—	低	低	40~60	—
人工土壤渗滤	●	○	○	●	—	○	○	◎	—	√	高	中	75~95	好

（2）提供方案设计流程和技术路线指引。要求对场地及其周边地形、地质、竖向、下垫面、土壤、地下水、绿化、污染源、排水防涝、防洪、受纳水体、周边构筑物情况等进行整体解析，提供项目方案设计流程（图4-5）和不同类型项目技术参考路线。

（3）重点对建筑与小区、城市道路、绿地与广场等不同类型项目制定方案设计要点。应结合年径流总量控制率目标要求，准确识别下垫面分布以及相关设计资料，制定海绵城市技术设施布局方案，划分排水分区，确定海绵技术设施的位置、数量、尺寸和雨水径流组织，计算实际年径流总量控制率；综合考虑地块功能要求、下垫面类型、土壤渗透性、地下水位、地形坡度和空间条件等建设范围的实施条件，合理选择低影响开发技术措施及确定工程措施规模；进行多方案比选，并进行经济性、可行性综合效益分析；科学划分汇水分

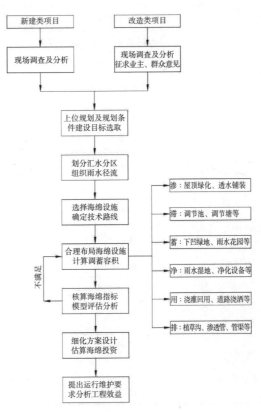

图4-5 海绵方案设计流程图

区，确保汇水分区径流能自然汇入海绵设施，合理确定设施规模，做到汇水分区径流量与海绵设施的规模相匹配；营造有利于雨水就地消纳的平面布局和竖向设计，并为超标雨水设置合适的调蓄空间或行泄通道。

（4）对海绵项目方案设计成果表达要求做出规定，方便图纸标准统一化，利于本地海绵模型标准化和信息化系统的构建。以《厦门市海绵城市方案设计技术导则》为例，其规定海绵城市建设方案设计成果应包含说明书、附表及图纸三部分，其中说明书深度按前述要求编制，工程图纸包括项目区位图、排水流域图、场地总平面图、下垫面分布图、场地雨污水管网布置图、排水分区图、雨水径流组织设计图、海绵设施平面布置图、海绵设施大样图等，并分别对其作图内容深度做出规定，对图纸格式和参数取值也做出统一要求。提供主要技术参数表和指标计算表的统一样本格式（表4-2），便于后期项目的统筹管理。

海绵城市方案设计主要技术参数表 表4-2

项目名称				
建设单位			项目区位	
设计单位			建设性质	
工程类型			工程规模	
现状问题及需求				
目标及指标			规划条件	设计
	年径流总量控制率（%）			
	年径流污染控制率（%，以SS计）			
	雨水管道设计重现期			
	雨水资源利用量（m³/a）			
	综合雨量径流系数			
	其他			
下垫面			建设前下垫面（m²）	设计下垫面（m²）
	总面积			
	铺装面积			
	屋顶面积			
	绿地面积			
	水面面积			
	其他面积			
海绵措施			面积（m²）	调蓄容积（m³）
	透水铺装			

续表

海绵措施	绿化屋顶		
	下凹式绿地		
	雨水花园		
	水面面积		
	其他		
	合计		
建设效果			

4.3.3　施工图设计阶段

海绵城市施工图设计阶段技术标准编制的主要目的在于贯彻《关于推进海绵城市建设的指导意见》，科学引导海绵城市工程建设，提升海绵城市建设工程的施工图设计水平，引导设计人员深刻理解海绵城市技术体系，建立系统思维，确保海绵城市建设工程安全、经济、因地制宜地进行。应以通过相关部门评估或审查的海绵城市建设技术方案为依据，以当地海绵城市建设技术标准与规范为准则，以实践经验为基础，对施工图设计流程、与方案成果的衔接、专业间协同等过程方法进行总结，对实践得出的各功能板块设计要点进行归纳，其编制内容主要包含以下几个方面：

（1）提出施工图设计的基本要求，如施工图设计流程、与方案成果的衔接、专业间的协同等。应注重施工图对方案设计文件的承接，结合项目详细勘察报告，对海绵城市建设技术相关的影响因素与项目技术方案中相关参数的一致性进行复核，并依据详细勘察报告中实际地质条件和参数对海绵设施的规模进行核算，修正海绵设施平面布局。应对给水排水专业、勘察专业、建筑专业、道路专业、水利水电建筑工程专业、结构专业、风景园林专业、电气设备专业等各专业间的协同配合提出具体要求，比如给水排水专业应根据方案确定的指标及具体工程条件，计算分解海绵城市建设目标要求，提出竖向组织需求，核算各海绵设施存储、调蓄、渗透容积，并将核定规模提资给相关专业，由其他专业尤其是风景园林进行多次方案调整，且每次均应进行复核计算。

（2）重点提出建筑与小区、城市道路与广场、城市水系、城市公园与绿地项目等不同类型项目的施工图设计总体要求和技术要点。如建筑与小区施工图设计时，应充分结合项目空间、竖向及市政排水设施等条件，在确保场地雨水排放安全的前提下，设置多样化的海绵设施，实现方案设计设定的海绵城市建设目标，并注重民众感受，打造具有海绵城市特点的高品质环境；对建筑与小区的绿色屋面、小区道路广场、绿地、景观水体、排水系统等部分设计要点进行详细说明，指导施工图精细化设计。

（3）为建设目标的可达性提供复核计算方法。应明确各海绵设施的具体计算依据和公式，如年径流总量控制率、年径流污染控制率、渗透设施的下渗时间、雨量综合径流系数、路缘石开口计算等；并提供本地设计参数如土壤渗透系数参考取值和范围，便于施工图设计取用和计算。

（4）提出对单项海绵设施的施工图设计指引，提出渗透、储存、调节、转输、截污净化技术等设施设计，以及植物设计和材料选择的设计要点。如透水铺装分为半透式、全透式，应对其结构和适用条件做出具体规定；下凹式绿地的设计应强调下凹深度和溢流标高的确定，并注重景观设计；以及绿色屋面的类型、适用条件、结构形式、植物选择等，都应做出详细规定和说明。

（5）对海绵项目施工图设计成果表达做出统一要求和规定，包括但不限于：海绵城市设计专篇、海绵城市建设目标表、海绵城市建设自评表、海绵城市建设工程施工图设计计算书、汇水分区图、雨水径流组织图、海绵设施布局图等。

海绵城市标准图集也是配合施工图设计技术标准的一个重要组成和补充部分，一般每个城市都需单独编制。海绵城市标准图集适用于新改扩建的道路与广场、建筑与小区、绿地系统以及河湖水系生态修复等的海绵城市建设工程，指导具体工程的设计尤其是施工图设计。其编制内容应包含但不限于以下几个方面：

（1）图集应根据当地气候、土壤等特点提供海绵设施选用原则。如珠海市具有降雨量大、降雨分布不均、地下水位高、水资源丰富的特点，因此有些设施不适用于珠海，不宜选用全透式透水路面、渗渠、渗透塘等。在低影响开发设施的类型选择上，珠海可以"滞、蓄、净"设施为主，如下沉式绿地、浅层调蓄设施、生物滞留设施等；以"渗、用"为辅，如透水铺装、雨水回用等；以"排"托底，如植草沟、线性排水沟等。

（2）图集应提供海绵设施计算原则。如《珠海市海绵城市建设技术标准图集》中规定，顶部和结构内部有蓄水空间的渗透设施如复杂型生物滞留设施的渗透量应计入总调蓄容积；而透水铺装和绿色屋顶仅参与综合雨量径流系数的计算，其结构内的空隙容积不再计入总调蓄容积，但缝隙式透水铺装的构造空隙容积又可计入。

（3）图集应规范设计图纸表达，根据当地设计审查需求，提供施工图示例图，如海绵设施总平面示例图（图4-6）可提供平面定位坐标网格，竖向设计图（图4-7）需标注下凹海绵设施微地形标高，管线布置图需标注管井高程控制要素等。

（4）图集应对道路海绵、广场海绵等系统提出设计要点。仍以珠海市为例，《珠海市海绵城市建设技术标准图集》规定道路中宽度大于4m的人行道可布置生态树池，道路机非、主辅分隔带及后排绿地标高宜低于路面，LID设施进出水标高应低于道路汇水面等；并提供了典型海绵型道路排水断面和平面设计图，例如海绵型道路排水断面图中，后排绿地高于道路，在绿地下设置蓄滞装置。车行道雨水一方面通过开孔路缘石进入生态树池和透水人行道渗透吸收，另一方面汇流至雨水口，初期雨水首先进入调蓄管和沉泥井，雨水达到一定高度后溢流至后排绿地里的蓄滞设施，超过蓄滞能力的雨水可越过雨水口内置溢流堰排入市政雨水管（图4-8）。这种做法对标高控制十分严格，确保雨水优先进入蓄滞装置。

（5）图集应从源头、转输、末端三个方面分类绘制各类海绵设施大样图并进行详细说明，如各类透水路面结构、海绵型停车场、立缘石、雨水花园、除污雨水口、旱溪、湿地、湿塘、生态护坡等。尤其应注意结合城市建设环境和特点对海绵设施进行针对性设计；一

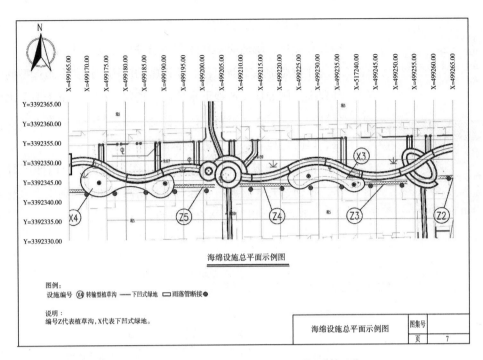

图4-6 海绵设施总平面示例图

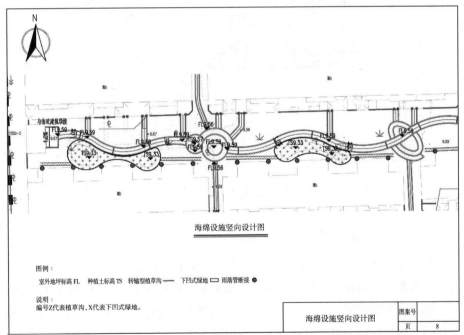

图4-7 海绵设施竖向设计图

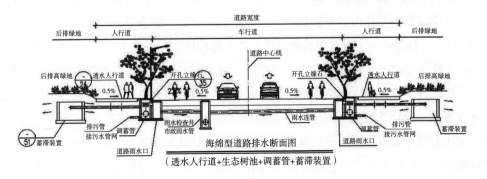

图4-8 海绵型道路排水断面图

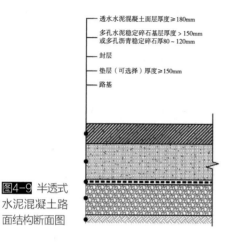

透水水泥混凝土面层厚度≥180mm
多孔水泥稳定碎石基层厚度＞150mm
或多孔沥青稳定碎石厚80～120mm
封层
垫层（可选择）厚度≥150mm
路基

图4-9 半透式
水泥混凝土路
面结构断面图

些低影响开发设施的结构、工艺参数应贴合本地实际情况，力求精细和深化，既适应本地的自然条件也能发挥其最大功能，同时还应注重海绵城市新工艺、新设施的应用，拓宽设施选型的思路和范围。例如珠海市地下水位高，道路基础基本位于地下水位变化区间，为了保证道路结构层稳定，需进行一定的降水并设置封层，以防止地下水位变化对路基的侵蚀（图4-9）。

再比如珠海的生态树池做法（图4-10）十分简便可行且经济，仅通过开孔立缘石、砾石带和防渗膜即达到利用雨水涵养乔木、"渗滞蓄净用排"结合的目的。

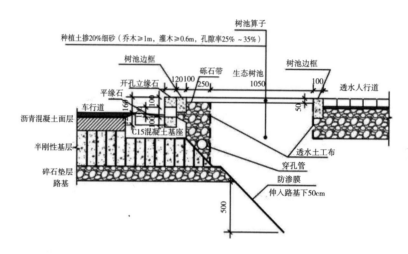

图4-10 生态树池做法大样图

4.3.4 设计审查阶段

设计审查阶段主要包括方案审查阶段及施工图审查两个阶段。

1. 方案审查阶段

海绵城市方案审查阶段技术标准编制的主要目的在于规范方案设计阶段设计文件编制和审查工作，提高设计和审查质量和效率，其编制内容主要包含以下几个方面：

（1）明确本地方案设计文件审批流程，提出本地审核办事指南和送审资料要求。如贵安新区，海绵城市建设项目方案设计文件审查由建设单位将方案设计文件报送海绵城市建设主管部门，相关部门对报审材料是否齐全以及合法合规性进行审查，确认报审材料齐全后，审查部门依据设计内容是否达到要求等给出相应的审查意见，设计方根据审查意见给出修改回复，通过后由审查单位给出批复文件（图4-11）。

（2）重点明确方案设计文件的审查要点。对建筑与小区、市政道路、绿地广场等不同类型项目的方案设计文件的审查要求进行详细说明，从是否违反强制性条文、设计文件内容是否齐全、设计深度是否足够、控制指标是否达标几个方面入手，分别编制审查要点。以《玉溪市海绵城市建设工程规划与设计方案审查要点》为例，对海绵型市政道路设计方案审查要点包括以下几点：①设计方案内容方面，主要审查方案文件是否包含海绵城市专

项设计方案文本或专篇、专项设计图
纸、指标达标计算书、技术审查参数
表等。②设计深度方面，对上述各项
方案内容逐一提出明确审查要求，如
海绵城市专项设计方案文本中应包含
项目背景、建设目标、总体说明、设
计依据、设计原则及特点等；对周边
道路交通现状、周边市政排水管网现
状等进行整体解析，分析外围客水汇
入问题、历史积水点问题、道路排水
管网问题、径流污染问题、道路交通
问题、景观现状问题、公共设施完善

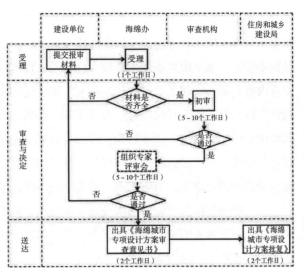

图4-11 贵安新区海绵城市审查流程图

问题，结合上位规划及道路横断面设计综合开展市政道路海绵化设计。③控制指标方面，审
查年径流总量控制率、年径流污染控制率等指标是否符合上位规划及相关批复文件要求。④
提出审查重点，包括总体设计原则是否合理、区域建设现状情况及需求分析是否全面合理、
场地汇水分区划分是否合理、雨水系统流程和雨水径流路径是否合理等。

2. 施工图审查阶段

海绵城市设计施工图一般由建设单位委托施工图审查机构随主体工程同步进行审查，其
审查流程与传统项目审查流程一致，不同之处在于审查机构需出具海绵专项审查意见。海绵
城市施工图审查阶段技术标准编制的主要目的在于指导地方海绵城市建设的施工图审查工
作，明确审查内容，统一审查标准，确保设计质量和水平。应将海绵城市重点技术要点按
照实际工程的专业分类，列出给水排水、建筑、道路、水利水电、建筑工程、风景园林、结
构、电气专业在海绵城市设计中需要表达的内容及技术要点，便于施工图审查单位按照审查
人员专业分工审查，对应设计院分专业进行设计、施工单位分专业进行施工，具备实操性。
其编制内容主要包含以下几个方面：

（1）对海绵城市建设工程项目送审提出基本要求和规定。海绵城市施工图设计是系统工
程，设计内容精细且涉及多专业，其送审材料应充分体现与上游的衔接关系，保障海绵设计
传导的合理性，一般送审材料包括立项批文、用地规划许可证、红线图、海绵方案审查意见
告知书或相关资料、岩土工程详勘报告、全套施工图、相关计算书及计算模型等。并对基础
资料审查提出相关要求，如《福州市海绵城市技术措施施工图审查要点》规定，对项目地质
详细勘察报告，应核查区域滞水层分布、土壤种类及其相应的渗透系数、地下水动态等；重
点核查地形地貌中是否含有可能造成坍塌、滑坡灾害的，或对居住环境、自然环境造成危害
的等不得进行海绵城市建设的场所；核查土壤渗透系数、地下水位、不透水层、原土利用等
情况与海绵城市建设工程施工图设计说明采用的数据是否一致。

（2）重点明确海绵城市建设技术措施的审查要点，对建筑与小区、市政道路、绿地广场
等不同类型项目不同专业设计内容的审查要求做出详细规定及相应说明，包括海绵城市建设

设计说明书、设计图纸、设计计算书，设计图纸中又包含海绵设施与建筑总平面布置图、雨水汇水分区及雨水径流组织平面图、排水总平面图、园林景观总平面图、植物配置平面图及其苗木表、海绵城市单项技术措施大样图等。以海绵设施与建筑总平面布置图为例，其主要审查内容包括：①建筑总平面图应落实海绵设施的布局图，海绵设施布置形式、位置与方案设计文件大致一致；竖向设计应有利于雨水顺畅汇入海绵设施；②海绵设施布局图上应表达海绵设施的主要参数及调蓄容积，规模与计算书应相符；③海绵设施与建筑的安全距离应满足规范要求，海绵设施的设置与建筑、室外构筑物功能不发生冲突和矛盾；④海绵设施不应改变和影响消防设施，消防车道、消防车登高操作场地应满足消防规范要求。

（3）明确各配套专业海绵审查内容和要求。建筑专业重点审查海绵设施与建筑物的安全距离、地下室顶板的覆土厚度、竖向设计，以及绿化屋顶的覆土及安全措施要求。道路专业重点审查道路平、纵断面、横断面以及道路结构详图是否满足海绵设施的要求。结构专业重点审查结构计算书是否满足海绵设施增加的负荷要求、结构反梁以及地下室顶板上预留洞口的位置等。

（4）明确渗滞设施、储存设施、调节设施、转输设施等海绵城市建设具体设施设计的审查内容。对绿色屋顶、雨水桶、透水铺装等海绵设施的审查要点进行规定。如《福州市海绵城市技术措施施工图审查要点》中对下沉式绿地的审查要点做出本地化的规定：选择耐盐、耐污、耐淹的乡土草本植物，植物的耐淹时间宜为1～3天；福州市土壤类型以黏土为主，土壤渗透性较小，可通过在土壤中掺入炉渣、碎陶粒等介质增大土壤渗透系数，提高土壤的渗透能力，同时缩短下沉式绿地中植物的受淹时间；对于地下水位较高的区域，下凹绿地下部应设排水盲管。施工图审查能够对施工图设计起到较好的指导和把关作用。

4.3.5 本地化的研究

海绵城市涵盖径流总量减排、污染控制、排水防涝、水土保持、生态保护与修复、景观提升等一系列综合性目标，涉及的项目种类多，范围广，不同区域基础性条件的差异将导致技术理念、工程体系存在巨大差别，基础数据的准确性是决定海绵城市能否取得实质效果的关键因素。为保障海绵城市建设有效开展，需结合"渗、滞、蓄、净、用、排"六大工程措施体系，开展一系列本地化的技术研究，例如，为合理确定海绵城市建设目标与指标，需掌握准确、详细的城市降雨的雨型、雨强等基础资料；低影响开发设施是海绵城市建设主要源头减排措施，是一项精细化工程，土壤渗透性、下垫面分布、植物特点、污染物特性以及污染削减能力等基础参数是低影响开发设施选择和设计的依据；数字模型是辅助海绵城市建设的重要工具，而模型的准确性很大程度取决于参数的准确性，需根据水文水质模型建立的需求，对各项参数进行本地化率定，确保其科学性、地域性和可操作性。

以厦门为例，在本地化的基础数据研究与技术开发方面，重点加强了城市雨洪模型技术研究；由于城市降雨特征、地形地貌、土壤地质等条件差异较大，又因地制宜地研究了本地的土壤下渗能力、径流污染和植物适应性。同时以厦门的海绵城市实践为基础，开展了"闽三角城市群生态安全格局网络设计及安全保障技术集成与示范"的研究工作等。国内外应用于低影响开发设施的植物为可陆生也可水生、去污能力较强的两栖草本植物,厦门市在试点前未开展此类植物研究,若将其他地区成功应用的植被生搬硬套地应用到厦门,将不可避免地造成存活率低、截污效果差、后期养护困难等多种问题,鉴此,厦门市开展本地植物应用于LID技术措施的适应性研究,选取竹桃、芦竹、棕榈、鸡蛋花、散沫花、散尾葵、榕树、米兰、含笑、鹅掌柴、龙眼、番石榴、桑树、三角梅、金边假连翘15种闽南地区喜湿类本地景观植物作为对象,结合厦门地区的降雨特性,通过试验研究探索植物耐涝能力和净化能力(表4-3),为低影响开发设施植物的选取提供科学依据。通过试验表明,厦门地区夹竹桃、芦竹、棕榈、鸡蛋花、散沫花、散尾葵、榕树、米兰、鹅掌柴9种植物具备较强的耐涝性和污染净化能力,适宜作为LID设施的备选植物。目前,该结论已纳入《厦门市海绵城市建设技术规范》《厦门市海绵城市建设绿地设计导则》《厦门市海绵城市建设施工与质量验收标准》等标准规范,并广泛运用于厦门市海绵城市建设项目方案设计。

厦门本地植物的耐涝能力与净化能力综合评价表　　　　表4-3

序号	植物名称	适宜性评价	COD去除率	营养物去除率	重金属去除率	有机污染净化能力	营养物质净化能力	重金属净化能力
1	夹竹桃	适宜	70.10%	35.50%	58.20%	强	一般	很强
2	芦竹	适宜	83.10%	44.10%	59.70%	很强	较强	很强
3	棕榈	适宜	82.50%	48.70%	63.50%	很强	较强	很强
4	鸡蛋花	适宜	49.20%	42.30%	51.20%	一般	较强	强
5	散沫花	适宜	69.90%	58.30%	61.90%	强	强	很强
6	散尾葵	适宜	68.70%	50.10%	57.60%	强	强	很强
7	榕树	基本适宜	86.60%	44.50%	58.80%	很强	较强	很强
8	米兰	选择性适宜	63.60%	46.80%	69.20%	较强	较强	很强
9	含笑	选择性适宜	28.10%	28.20%	69.10%	很弱	弱	强
10	鹅掌柴	选择性适宜	78.90%	76.30%	61.70%	很强	很强	很强
11	龙眼	不太适宜	76.00%	49.00%	57.60%	很强	较强	很强
12	番石榴	不太适宜	66.10%	40.60%	57.30%	强	较强	很强
13	三角梅	不太适宜	84.50%	42.70%	45.40%	很强	较强	很强
14	桑树	不适宜	76.80%	38.70%	61.00%	很强	一般	很强
15	金边假连翘	不适宜	74.90%	42.60%	58.30%	强	较强	很强

又如对下垫面渗透性的研究，土壤下渗率的大小主要与土壤特性、降雨强度、植被情况等有关，由于地区土壤特性不同、降雨强度不同、植被情况不同致使地区土壤下渗率差异很大，因此，海绵城市建设规划设计之前，需要对建设区域不同地块的土壤下渗率进行调查研究，对土壤下渗能力强的区域，优先采用以自然渗透为主的LID设施；对于土壤下渗能力弱的区域，可采用以"蓄"为主的LID设施。海沧马銮湾试点区源头减排重点考虑已建区域，通过研究工业区、居住小区、学校、医院、市政道路、绿化带、城中村、农林用地8种不同建设用地共18个地块的土壤特性和渗透性能，建立了不同土地类型区土壤稳定下渗率、下渗率数学模型和下渗量数学模型。研究结果表明，海沧马銮湾试点区居住小区、工业区和城中村各检测点土壤渗透能力普遍较强，农林用地次之，公共设施用地最差。通过对多个项目雨水花园和生物滞留设施的渗透效果进行监测分析，论证得到学校、停车场等面积较大地区雨水花园效果较好。同时，研究提出海沧马銮湾试点区海绵城市建设的适宜渗透系数范围为$3.47 \times 10^{-4} \sim 1.00 \times 10^{-3}$cm/s，作为海绵城市建设方案编制阶段土壤渗透性评价的依据。

4.4 施工验收阶段

施工验收标准是工程质量控制的指针，也是运营的保证，应在国家、行业规范性文件的基础上，结合本地区海绵城市配套标准规范，通过本地大量海绵建设项目的实践总结，提出海绵建设项目施工验收细节、质量把控等方面的具体要求，指导工程施工和验收。

4.4.1 施工阶段

海绵城市建设项目施工阶段技术标准的作用在于：一是使施工单位落实专人严格进行专项方案技术安全交底，以解决海绵施工源头管理问题；二是注重海绵设施施工动态管理，对于施工过程发现的问题积极进行沟通解决，确保各项海绵功能的正常发挥；三是突出海绵设施细部做法，对生物滞留设施、透水铺装等海绵设施施工提出明确要求。

在国家层面，除《海绵城市建设技术指南》提供了海绵设施施工的一些通用性基本要求，《公路沥青路面施工技术规范》JTG F40—2004、《种植屋面工程技术规程》JGJ 155—2013、《透水砖路面技术规程》CJJ/T 188—2012等行业标准也对海绵设施的施工提出了相应具体要求。在制定地域性海绵设施施工标准时，既要结合国家及地方现行相关标准、规范，也要充分体现地方技术标准特色。其编制内容主要包含以下几个方面：

（1）明确海绵城市设施施工应由具备相应施工资质的施工单位承担，施工人员应具有施工经验，或经过相应的技术培训。海绵城市施工前应编制施工组织设计，对海绵城市建设工程关键的分项、分部工程应分别编制专项施工方案，并严格按照审批后的施工组织设计、专项施工方案执行。

（2）对透水铺装、管材、蓄水模块、雨水罐等海绵设施材料和部件的性能指标和参数提出详细具体的要求，便于材料采购、检测和第三方单位监督。例如《萍乡市海绵城市建设施工、验收及维护导则》（以下简称《导则》）对多孔渗排管的规定，目前市面上暂无成熟的透水管成品，施工单位为节约成本，在施工现场采用人工打孔现象较为常见，难以保障打孔的均匀性和环刚度。《导则》措辞严厉地指出打孔必须在工厂内生产线上完成，严禁在施工现场开孔，目的在于控制海绵设施重要部件的质量，也可在一定程度上鼓励海绵成品流水生产线的研发。此外，不同管材的开孔方式、开孔孔径、开孔率不同，《导则》通过计算和试验给出了具体参数，方便实施和监管（表4-4）。

不同塑料管材的渗排管技术参数　　　　　　　　　表4-4

管材	管径	开孔方式	开孔孔径（mm）	开孔率	环刚度（kN/m²）
聚乙烯（PE）实壁管	DN100～DN200	梅花形均匀布孔	8～12	1.5%～3%	≥4
聚乙烯（PE）双壁波纹管	DN100～DN200	梅花形均匀布孔	8～12	1.5%～3%	≥4
聚乙烯（PE）缠绕结构壁管（B型）	DN100～DN200	梅花形均匀布孔	8～12	1.5%～3%	≥4
硬聚氯乙烯（PVC-U）实壁管	DN100～DN200	梅花形均匀布孔	8～12	1.5%～3%	≥4
硬聚氯乙烯（PVC-U）双壁波纹管	DN100～DN200	梅花形均匀布孔	8～12	1.5%～3%	≥4

（3）重点在施工与安装方面，对透水铺装、绿色屋顶、生物滞留设施、调蓄池等设施的施工工序、细部要求、注意事项等做出详细规定，如萍乡市对绿色屋顶的施工提出了详细的施工流程（图4-12）。

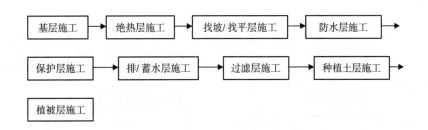

图4-12 绿色屋顶施工流程图

其中对绿色屋顶施工工序中的屋面防水内容较为关注，在各个施工环节中提出相应要点进行质量控制，对屋面防水的安全性进行把关。施工前提出应对屋面进行防水检测，种植屋面防水层应满足一级防水等级设防要求，进场的防水材料、排（蓄）水板、绝热材料和种植土等材料应规定抽样复验，并提供检验报告。基层施工中至少应设置一道具有耐根穿刺性能的防水材料。防水层施工中种植屋面用防水卷材收头部位宜采用金属压条钉压固定和密封材料封严，并对防水材料的施工环境做出详细规定等。

在制定施工标准时，应特别注意与当地实施条件的充分结合，例如萍乡市大部分地区的土壤渗透系数不足，其更应注重基层土壤渗透性能的保护，对生物滞留设施、植草沟等包含入渗功能型的设施，提出翔实的施工要求：沟槽机械开挖、水泥混凝土拌合与挡墙砌筑作业等宜在沟槽外围进行，避免沟槽因重型机械碾压、水泥混凝土拌合作业等降低基层土壤渗透性能；对于已压实土壤可通过对不小于300mm厚度范围内的基层土壤进行翻土作业，尽量恢复其渗透性能，有条件的，应对施工前后的土壤渗透性能进行监测，以确定翻土厚度；应及时清理沟槽底部已板结的水泥混凝土等；用于一般绿化种植的土壤，要求其表层土壤入渗率（0～20cm）不应小于5mm/h。若绿地用于雨水调蓄或净化，则其土壤入渗率应在10～360mm/h。

4.4.2 验收阶段

海绵城市建设工程施工的全过程应按国家现行相应施工技术标准进行质量控制，每项工程完成后，必须进行检验，相关各分项工程间必须进行交接验收，每道工序完成也应进行施工检验，边界清晰，保障每一环节质量合格后方可进入下一阶段，直至完成竣工验收。其编制内容主要包含以下几个方面：

（1）对验收程序做出明确规定。此处可参见《宁波市海绵城市建设工程施工与质量验收技术导则》中的验收流程（图4-13）。

（2）明确竣工验收前应提供的内业资料内容和要求。如竣工验收申请报告、设计变更通知书、竣工图、规划批复许可证和施工图审图合格证、隐蔽工程验收检查记录表、施工现场质量管理检查记录表、分项工程质量验收记录表、外购成品产品的合格证书等。

（3）重点制定各类海绵设施的具体验收内容、方法及要求，细化验收指标和检验方法，确保质量验收有据可依，使标准具有实用性和可操作性。对透水铺装、生物滞留设施、主要设施的验收要求、检查方法、主控项目参数等做出具体的规定。例如《萍乡市海绵城市建设

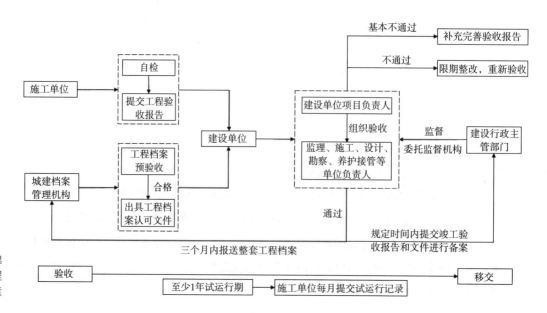

图4-13 海绵城市建设工程验收程序示意

施工、验收及维护导则》对透水砖铺装地面明确指出其施工主控项目、检查频率和方法、允许偏差值（表4-5）。

透水砖路面施工主控项目允许偏差　　　　　　　　　表4-5

项目		频率	规定值或允许偏差	检查方法
土基	压实度	每1000m²，2点	≥90%且≤93%	环刀法或灌砂法
底基层	压实度	每1000m²，2点	≥95%	环刀法或灌砂法
级配碎石垫层	压实度	每1000m²，2点	≥95%	灌水法
透水砖	抗压强度	每批，1组	符合设计要求	按《砂基透水砖》JG/T 376—2012
	抗折强度			
	透水性能			按《砂基透水砖》JG/T 376—2012
透水混凝土	透水性能	每1000m²，3点	符合设计要求	按《透水水泥混凝土路面技术规程》CJJ/T 135—2009
	强度	每1000m²，3点	符合设计要求	按《透水水泥混凝土路面技术规程》CJJ/T 135—2009
	厚度	每1000m²，3点	≤5mm	钢尺测量

　　再如生物滞留设施，萍乡市对其结构层参数规定了具体验收要求和检查方法：①砾石层厚度应大于250mm，砾石直径不超过50mm，检查方法采用尺量检查和网格筛选；②人工填料层渗透系数不小于36mm/h，检查方法采用查试验报告和复测；③种植土层主要成分检查，厚度不应小于200mm，检查方法采用查试验报告和尺量检查；④砾石层和填料层之间铺设土工布或厚度不小于100mm的砂层，检查方法采用观察检查和尺量检查。总之，参数需明了，方法需简便可行，且有效保障海绵建设工程的施工质量。对于调蓄池等隐蔽工程，其验收要求较高，在隐蔽前必须进行隐蔽分项工程验收，并形成验收文件，未经检验或验收不合格者，不得进行下道分项工程。产品进场验收、工序交接检验、隐蔽验收应有记录，并应经监理工程师检查确认。调蓄池构筑物施工完毕、交付安装前，必须进行满水试验。

4.5　运营维护阶段

　　为指导业主及相关单位科学、合理地开展海绵设施的日常管养工作，维护城市低影响开发体系及设施的正常运行，需制定海绵城市设施运营及维护标准，明确不同类型项目的维护管理单位，并对海绵设施的运维管理制度和操作规程进行详细说明，提出海绵设施维护和运行的基本要求，并对各类入渗设施、滞蓄设施、净化设施、回用设施、排放设施提出详细的运行标准、巡视要求和维护要求，为海绵设施的安全、正常运行提供保障。

海绵城市设施维护工作为一项日常性的工作，海绵城市设施维护责任单位应配备相应的海绵城市设施维护人员，组织实施巡视维护。目前海绵城市设施分布在建筑小区、城市道路、绿地广场、城市水系等各类单位的管辖范围内，设施的产权单位比较复杂，负责维护工作的人员水准参差不齐，整体文化程度不高，缺乏专业知识和技术培训，对海绵城市理念和设施的运行原理欠缺理解，往往按以往普通绿化养护经验进行海绵设施无差别日常管养。因而运营维护阶段导则的制定需特别注意使用对象因人而异，尽量做到通俗易懂，简便易行，实用性强且行之有效。同时亦可将其作为海绵设施维护方面的培训和管理教程，使维护作业人员上岗前熟练掌握设施的维护内容、方法和频次，并定期考核，确保海绵城市设施充分发挥作用。

在国家层面，《海绵城市建设技术指南》提供了海绵设施维护的一些通用性基本要求和主要注意事项，可作为海绵设施运营维护的指导性原则，但对具体的运营维护流程和操作描述不够详细，操作性不够，因而每个省市需根据地域特点因地制宜地编制适用于本地的海绵设施运营维护技术标准或导则，依据指南条文进一步细化和扩展。

海绵设施运营维护技术标准的编制应明确各海绵设施运行标准、巡视周期、维护要求，方便查阅对照，且要求具体翔实，简单可行，具有较强的落地性和实用性，其内容主要包含以下几方面：

（1）运营维护技术标准应根据城市管理特点明确不同类型的维护管理单位。建筑小区类型项目，可由设施的所有者或其委托方负责运维管理；而市政道路、公园广场等公共项目的海绵设施，则由各项目管理单位负责维护管理。如青岛市提出海绵城市建设项目建设和管理应遵循与主体工程"同步建设、同步移交、同步管理"的原则，根据主体工程不同，海绵设施移交给相应的养护管理单位进行运营维护管理。福州市则提出公共项目的各类设施由城市道路、排水、园林、水利等相关部门按照职责分工负责维护管理；其他性质的基础设施，由该设施的所有者或其委托方负责维护管理，遵循"谁建设，谁管理"的原则。

（2）运营维护技术标准应着重规定海绵城市设施的运行标准、巡视要求和维护要求。应对下凹式绿地、植草沟、生物滞留设施、透水铺装、绿色屋顶、调蓄池、雨水罐等每一项海绵设施的维护方法、运行标准、维护周期等进行逐一详细说明。此处以《厦门市海绵城市设施维护及运行标准》（以下简称《标准》）中的渗透型植草沟为例。

1）运行标准方面。为了防止雨水冲刷沟体，植草沟土壤不得裸露，因此规定植被覆盖率不低于90%。同时对植草沟断面形状做出规定。植草沟的输水能力是在设计断面形状的条件下计算得来，断面形状的改变会影响植草沟的输水能力（表4-6）。

2）巡视要求方面。渗透型植草沟等海绵设施应按其设计收水范围核算污染物负荷，并由此来确定巡视和维护周期。特别地，竣工2年内巡视较竣工2年后更频繁，是考虑到刚竣工时场地或设施管道内可能还有部分渣土或剩余的建筑垃圾，会随着降雨冲刷进入设施内。因此竣工前两年的检查周期应更短（表4-7）。

渗透型植草沟运行标准 表4-6

项 目	运行标准
植物	①沟内无杂草，植物无枯死，且覆盖率不低于90%； ②植物高度满足以下要求： a.设计高度50mm，最大高度75mm，修剪后高度45mm； b.设计高度100mm，最大高度140mm，修剪后高度80mm； c.设计高度150mm，最大高度180mm，修剪后高度120mm
植草沟断面形状	边坡无坍塌，坡度符合设计要求
沟内淤泥及垃圾	沟内无泥土淤积及垃圾堆积
溢流口	①井盖无破损、缺失，且未被堵塞； ②井底无淤泥； ③出水管道通畅，井内积水时间不超过2h； ④穿孔管透水能力满足设计要求，可通过上下游检查井或溢流式雨水口检查
出水	出水水质、水量满足设计要求
安全警示标志	安全警示标志完好，未被遮挡

渗透型植草沟巡视要求 表4-7

巡视项目	巡视周期
植物	竣工2年内不少于1个月1次
	竣工2年后不少于3个月1次
沟断面形状	竣工2年内不少于3个月1次
沟内淤泥及垃圾	竣工2年后不少于1年1次
溢流口	特殊天气预警后，降雨来临前
出水	特殊天气后24h内
安全警示标志	不少于3个月1次
	特殊天气后24h内

3）日常维护方面。需定期对植物进行修剪，不仅为了美观，更重要的是植被高度对植草沟的功能有直接影响，植被高度过低则雨水净化能力小，过高则影响过水能力（表4-8）。

渗透型植草沟维护要求 表4-8

维护项目	维护重点	维护周期	维护方法
植物	①补种植物； ②清除杂草、施肥； ③按照要求修剪植物	①按不同植物生长要求定期维护； ②根据植物巡视结果	

续表

维护项目	维护重点	维护周期	维护方法
沟内淤泥及垃圾	清理沟内的淤泥和垃圾	①不少于4个月1次; ②根据沟内淤泥及垃圾巡视结果	
植草沟断面形状	①修补坍塌部位,保持断面形状; ②修正草沟底部,保持草沟坡度		
溢流口	①维修、更换破损或缺失的井盖; ②清除井盖上垃圾、杂物; ③清除井底垃圾、淤泥	①不少于1年1次; ②根据相应项目的巡视结果	
出水	清理穿孔管		可采用从清淤立管注水冲洗的方式
	疏通雨水连接管		
安全警示标志	确保安全警示标志完好,未被遮挡	根据安全警示标志巡视结果	

（3）运营维护技术标准可提供海绵城市设施巡视记录范表（表4-9），方便统一归档和管理。

海绵城市设施巡视记录表 表4-9

编号:

工程名称			设施		
项目	运行标准		是否合格		备注
			合格	不合格	
巡视结果					

巡视人员: 　　　　　　　　　　　　　　　　　　巡视日期: 　年　月　日

此外,在制定运营维护技术标准时,应注意结合当地气候特点及发展状况,有针对性地制定措施,体现地方特色。例如在各种天气条件中,降雨对海绵城市设施的影响是最大的,如厦门为东南沿海城市,多台风、暴雨,因而特别提出台风及暴雨等特殊天气预警发布后,应根据各项设施的要求进行特殊巡视。厦门降雨量较大,因此大部分绿色屋顶不需要设置浇灌系统,技术标准中也没有规定浇灌系统的运营维护要求。而青岛在运营维护方面则体现北方特点,如绿色屋顶遇到大雪情况应及时排除积雪,减轻屋顶负荷,消除结构安全隐患;冬季气温降到冰点以下之前,应放空系统内部存水,避免水管冻裂。总之,因地制宜地制定海绵设施运营维护技术标准,使标准更接地气,实施效果更明显。

第5章 建立系统化全域推进的监管控制平台

5.1 管控平台建设目的

海绵城市建设涉及多个层面、多个部门的紧密协作，构建信息化平台，进行多源数据的采集和统一管理，有利于海绵城市建设相关信息的标准化及共享利用，可为多部门协作提供工作平台，从而更好地系统化推进海绵城市建设。海绵城市管控平台以物联网、大数据、数学模型等技术为手段，建立城市水环境综合管理体系、雨水资源化利用管理体系、城市排洪防涝综合管理体系和海绵城市建设运行管理体系，为实现海绵城市建设中的径流总量控制、径流峰值控制、径流污染控制、雨水资源化利用等目标提供信息化支撑与辅助决策支持。通过海绵城市管控平台建设，科学合理规划海绵城市建设时序，加强精细化管理能力，提升海绵城市整体运营水平。

在海绵城市建设过程中，需要利用在线监测网络多方位记录海绵城市相关设施建设运行情况，为考核与评估提供依据，同时建立一体化信息管理平台，集中反映海绵城市建设、运行和管理的全过程信息，全面提升海绵城市的运行管理水平、规划决策水平和建设维护水平，为海绵城市建设的有效实施提供现代化、数字化管理手段。

1.实现海绵城市规划建设全过程管控

海绵城市建设全过程管理涵盖规划、审批、设计、施工、运维等方面，各环节环环相扣，牵扯部门广、涉及项目多、管理周期长、流程繁琐复杂、信息量巨大。传统的管理模式要耗费大量的人力物力，难以实现有效联动，大大地增加了管理难度，降低了管理效率。

海绵城市管控平台能够完成海量的数据收集、整理、统计、分析工作，形成海绵城市集中管理系统，实现对海绵城市建设全过程信息的有效记录、统一管理，支持海绵城市建设全生命周期管理，为海绵城市规划建设提供决策平台，为海绵城市长效运行提供业务管理平台，从而科学有序推进全市海绵城市建设。

2.支撑海绵城市建设绩效考核

住房和城乡建设部发布的《海绵城市建设绩效评价与考核办法（试行）》中提出了海

绵城市绩效考核要求，考核内容包括水生态、水环境、水资源、水安全、制度建设及执行情况、显示度六个方面18项指标。部分关键指标需要长期的跟踪监测和复杂的数据分析，如年径流总量控制率、年径流污染物总量削减率等指标需要在降雨事件中对设施排口、项目排口、区域管网排口做长期的水量、水质跟踪监测，并结合模型方法，对指标达标情况进行评估。

海绵城市管控平台可以及时、有效地接入海绵城市的所有信息，包括制度的建设与执行、项目全过程动态、项目建设成效，同时可以直接获取评价海绵城市建设成效的监测数据，并将监测原始数据经分析计算转化为可考核的指标，如年径流总量控制率、年径流污染物总量削减率、水体水质、水资源利用率等，为考核建立必不可少的信息采集、分析与展示平台，系统化检验海绵城市建设成果；将海绵城市绩效考核工作简单化、合理化、公开化，同时也为国家、省、市层面的考核提供重要依据和集中可视化的展示窗口。

3. 实现海绵城市建设工作优化提升

海绵城市管控平台能够实现各部门的信息共享。主管部门可通过考核和监督，及时发现各环节存在的问题，压实各单位责任，有效实现各单位在海绵城市建设管控工作上的优化提升。

海绵城市管控平台能够实现海绵项目建设一张图，及时、清晰地掌握海绵项目建设的进度和效果。针对建设进度和效果存在问题的项目，政府通过相应手段做出及时的督促，提供有效建议，实现项目建设的优化提升。

5.2 管控平台建设内容

5.2.1 管控平台功能

5.2.1.1 海绵城市项目全过程管理

管控平台中项目管理子系统可对建设项目的基本信息、设施建设信息、项目维护信息、项目效果评估等进行统一管理。该功能支持项目分阶段管理，根据项目所处阶段（规划设计阶段、施工建设阶段、运营管理阶段）对项目进行分类管理和显示；支持对项目进行全过程的信息跟踪及信息管理，包括项目信息概况、项目进展、项目运营管理、项目效果评估、设施布局、项目相关的文档等内容（图5-1）。通过该功能模块，管理人员可对项目实施的整体情况、项目效果和实施人员的工作情况进行有效管理，进而对城市建设各类设施的运营维护与优化改造提供指导。

5.2.1.2 海绵城市建设绩效考核评估

海绵城市管控平台一般包含监测数据子系统、数据采集子系统、考核评估子系统等。

1. 监测数据子系统

监测数据功能模块作为在线监测数据和人工填报监测数据的可视化窗口，提供城市排水系统中各监测点的运行、管理现状及水文信息数据。涵盖"源头-过程-末端"的在线监测数据为逐级追溯、考核指标计算的动态更新，以及排水系统的长效监管运维提供依据，同时全过程的监测及采样数据记录、反馈使建设过程考核目标更加直观化和可视化。该子系统从在线监测数据和人工填报数据两个方面对海绵城市过程信息进行分类展示（图5-2）。

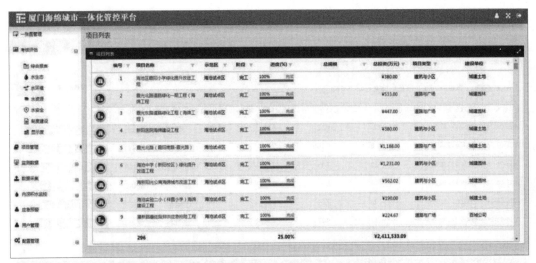

图5-1 项目管理子系统（以厦门市海绵城市管控平台为例）

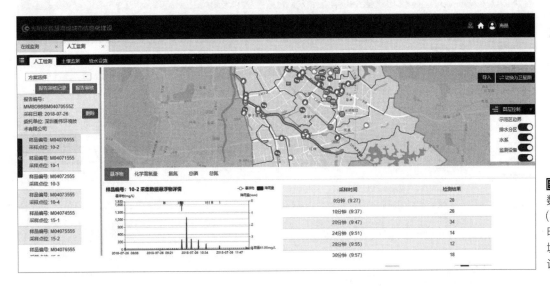

图5-2 监测数据子系统（以深圳市光明区智慧海绵城市信息化建设平台为例）

2. 数据采集子系统

数据采集功能模块可实现对考核评估所需数据的一体化信息管理，为考核评估提供数据支撑。通过人工数据的填报和在线监测数据的集成，进行监测检测数据的收集，从而支撑海绵城市建设绩效评价与考核指标的计算。该模块主要包括各项指标需要的水质化验数据的填报和审核、项目信息的填报和审核、制度建设文件的上报和审核、监测数据集成等（图5-3）。

3. 考核评估子系统

考核评估功能模块结合住房和城乡建设部颁布执行的《海绵城市建设绩效评价与考核办法（试行）》，综合运用在线监测数据、填报数据、系统集成数据，逐项细化分解考核指标，利用统计分析、多点对比等方法，编制相关计算程序，建立考核评估指标体系，支持海绵城市建设效果6个方面、18项指标的全方位、可视化、精细化评估，评估海绵城市建设对城市水系统的影响与改善效果，实现海绵建设效果（各项指标）的逐级追溯、实时更新，并通过多种展示方式进行考核评估指标的综合展示、对比分析等，且预留接口，支持与部级平台考核结果的无缝对接（图5-4）。

图5-3 数据采集子系统（以唐山市迁安海绵城市一体化信息管理平台为例）

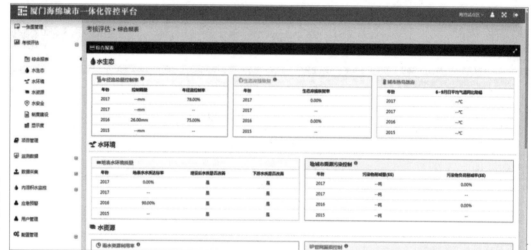

图5-4 考核评估子系统（以厦门市海绵城市管控平台为例）

5.2.1.3 排水防涝工作优化管理

海绵城市管控平台一般包含内涝积水点监测及预警功能，该功能又可细分为综合管网子系统、排水防涝管理子系统和应急预警子系统等。

1.综合管网子系统

基于一张图将项目海绵措施、管网叠加展示与分析，提供管网数据批量导入功能，辅助管线设计人员进行集中设计与编辑，可输出管线图纸供施工人员参考。集中使用管网系统可以避免以往经常出现的管道"互挖"等现象。

2.排水防涝管理子系统

排水防涝管理子系统包括内涝积水点查询和报警信息统计等功能。通过在线监测设备进行实时监测，向系统推送实时积水情况，实时预警，提高城市排水防涝应急水平。

3.应急预警子系统

应急预警模块综合运用在线监测预警、模拟分析、GPS定位技术等信息化技术，根据管网、泵站、关键设备的在线监测数据，帮助决策者判定事件的性质和严重程度，确定最优的应急处置方案，并对事件的发展趋势进行跟踪；进行不同应急方案模拟对比分析，及时同相关单位进行会商协调，从而根据需要及时调整应急措施。

5.2.1.4　综合展示与管理

1. 一张图管理

一张图管理功能模块作为海绵城市目标、建设、考核的可视化窗口，提供了整个海绵城市的地块规划图、项目考核图、监测信息图、考核指标图等（图5-5）。政府管理部门可查看海绵城市建设过程数据与实施效果，包括年径流总量控制率、设计降雨量、LID 设施数量和规模，也可通过地图操作查看单个海绵城市建设项目的空间布局、控制指标详情及设施的监测数据。

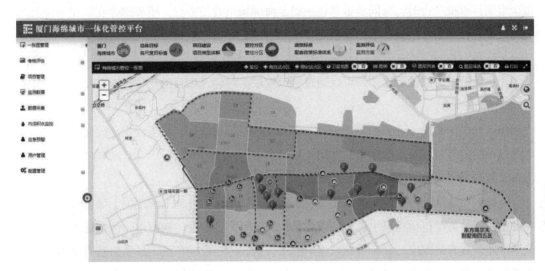

图5-5　一张图管理子系统（以厦门市海绵城市管控平台为例）

2. 用户管理

用户管理功能模块可实现对用户注册和登录的管理，对用户基本信息、账号密码进行维护，系统管理员通过用户管理模块添加、删除系统用户，并对角色和权限进行定义，实现用户–角色和角色–权限的配置。

3. 配置管理

配置管理功能模块可实现对系统运行参数的设置管理，为各种参数提供统一的设置环境，保证系统运行的安全性和流畅性。其又可细分为积涝点位配置、计算引擎参数设置和监测设备配置三个功能模块。

5.2.2　管控平台应用

海绵城市管控平台可应用于海绵城市建设相关成果展示、海绵项目全流程管控、设施智慧调度、辅助决策支持等方面。

1. 海绵城市建设相关成果展示

海绵城市管控平台可以实现全过程、多方位的信息汇总展示，从项目建设前期的规划设计、制度建设等过程文件资料、排水模型的模拟分析展示、项目建设全过程的进度记录、建设期间的全过程在线监测，直到后期考核评估相应分析结果展示，通过大量完备的数据、资料、模型方法等来检验校核海绵城市建设的成效。

2. 海绵项目全流程管控

所有新建、改建、扩建的海绵城市建设项目，都可以通过海绵城市管控平台，从规划、设计、施工、运维进行全流程、全生命周期的管控，确保海绵城市的建设成效。管控平台的项目全生命周期管理系统将海绵建设项目分为规划设计-施工建设-运营管理三个阶段，分别由建设项目业主、建设单位、运维单位负责相关信息的填报和更新。平台上可以实现设计审查、建设管理、运维评价等功能。

在规划阶段，可将海绵城市管控平台全面接入全市项目审批系统。海绵城市建设项目上报全市项目审批平台时，将同步推送该项目至海绵城市管控平台，市海绵办在管控平台上对海绵方案进行评估并上传技术指导意见，规划、建设等行政审批部门将参考海绵技术指导意见进行行政审批。

在建设阶段，建设管理部门可以通过分级权限，对建设项目的工程进度以及实施人员实行有效管理。

在运营维护阶段，运营维护单位及时录入设施的维护信息，明晰权责，确保海绵城市可以通过长期的有效运维发挥相应的作用。

3. 设施智慧调度

海绵城市建设是一项庞大的系统工程，涉及自然和人工、地上和地下、绿色和灰色等多种设施。项目类型包括建筑小区、道路广场、园林绿化、管道、调蓄池、污水处理厂等。海绵城市建设具有范围广、设备设施众多等特点。这些海绵设施在城市排水防涝安全体系中发挥着各自的作用。海绵城市有序运转，需要结合雨情、水情进行海绵设施的调度，比如闸门、泵站何时开启，调蓄池何时排空，如何完成设施间的联合调度。在缺乏准确的水情变化信息情况下，单凭传统人为经验模式，很难做出合理高效的调度方案，实现海绵项目和设施的联动效应。

以萍乡市为例，萍乡市建设了海绵城市智慧化设施调度平台。平台综合运用GIS、通信、大数据、物联网、云计算及自动控制等技术，通过设施监控、设备仿真模拟、多设施联合调度、设施巡检、评估考核等功能实现了多设施的联动联调。

智慧化设施调度平台是整个海绵城市运行的智能大脑和决策系统，通过汇总气象、水位、流量、设备实时运行数据等相关涉水数据，做出最优的调度策略，建立具有高可靠性、高可用性、高灵活性、高安全性的整体调度机制，提高海绵城市综合管理效率。智慧化设施调度平台包括如下功能：

（1）排水模型集成。通过集成排水模型，模拟不同调度策略在多种降雨情况下的排水整体状况，最终形成不同降雨状况下的最优调度方案。

（2）单体设施调度。单体设施主要是指城区调蓄池、泵站等水利设施，这些设施在解决城市内涝方面起着重要作用，通过平台可对单体设施调度策略进行远程设置。

（3）设施联合调度。重点对萍水湖进出口闸、赤山隧道闸、玉湖出口闸、五丰河河口闸、五丰河河口泵站、鹅湖闸、鹅湖泵站等关键设施进行整体联合调度。

（4）调度方案优化。平台通过将监测调度方案执行后的结果数据与调度方案的预期结果进行对比分析，自动给出调度方案优化建议。

（5）调度跟踪管理。平台实时显示当前已执行调度方案及调度结果，以及接下来的调度步骤。在紧急情况下可通过平台进行人工调度。

智慧化设施调度平台建设，实现了海绵设施的联合调度与运营管理工作的统一部署，全面提升了城市防洪排涝工作的信息化、科学化管理能力，提高了海绵设施的整体运行效率和综合管理水平，为海绵城市建设综合效益的最大化提供了有力的技术保障。

4. 辅助决策支持

详细的过程监测数据是海绵城市管控平台的基础，稳定持续运行的在线监测系统是检验各项目是否达到海绵城市规划目标要求的有效手段，也是系统长效监管运维的基础数据支撑，辅助各项决策支持。

通过在线监测与预警子系统，实现对海绵城市建设过程中各项指标的科学监测，全面评价海绵城市建设对涉水问题改善所起的作用，特别是对城市水生态系统的保护与修复、城市水环境质量的改善、城市排水防涝能力提升带来的影响。

通过对水系、管涵等液位、流量、水质监测，结合泵站等设施的运行与气象信息，分析汇水区排水现状及变化趋势，为今后城市排水运营、规划、建设、改造的决策提供参考，为排水设施的联调联控提供基础数据，为城市内涝及水污染等突发性安全事故及时提供预警信息。

借助在线监测技术，积累大量有效的海绵城市建设过程动态监测数据，监测设施长期运行效果，为海绵城市建设的整体分析提供数据支撑，为海绵城市建设相关规划提供依据。此外，在海绵城市建设过程中，对雨水花园、透水铺装、植草沟等进行监测跟踪、积累数据，形成技术规范，也可为同类城市海绵城市建设提供借鉴和参考。

5.3　管控平台建设实施

海绵城市平台建设一般有两种方式，一是单独建立一套海绵城市管控平台，如厦门、迁安、珠海、鹤壁等；二是在原有的水务平台中增加海绵城市管控的相关模块，扩展平台功能。

海绵城市管控平台建设专业化程度高，一般委托专业的软件开发公司开发建设。由市海绵办或海绵城市建设主管部门提出建设需求，明确要实现的功能。通过公开招标或其他采购方式，确定海绵城市管控平台开发单位，由该单位按要求完成管控平台的开发建设，实现海绵城市考核评估、项目管理、一张图展示、数据采集等功能。管控平台验收通过后，交付给海绵城市主管部门或相关单位使用，后期运行维护由平台开发单位和平台使用单位配置的专业软件维护人员负责，保证管控平台的正常使用和持续动态更新。

在海绵城市管控平台开发建设过程中，可将海绵城市管控平台与防汛应急抢险平台、水资源调度平台、水环境监测平台等相关水务平台进行整合，加强海绵城市管控平台与其他涉水平台之间的衔接，统筹现有平台的数据和功能，实现各平台之间的资源共享、功能融合与协作共赢。如萍乡市建立了一体化信息管理平台和智慧化设施调度平台，布设了大量监测设备、摄像头、自控设施，借助管理平台，管理单位可及时发现海绵设施存在的问题，并派遣相应责任单位进行巡查、检修。同时，根据气象预报数据和雨量实时监测数据，按照防洪、防涝预案，及时发布设施调度指令，保障各类排涝除险设施的功能有效发挥。一体化信息管理平台与海绵设施智慧化调度平台二者衔接、互补，共同构成了萍乡海绵城市建设的智慧化管理平台。此外，福州市海绵城市信息化平台除包含海绵城市考核评估系统、项目全生命周期管理系统、海绵城市全景展示系统等常规模块外，还包含了给水排水管理系统、黑臭水体监管系统、内涝预警应急指挥系统等模块，实现海绵城市建设、黑臭水体整治、内涝整治、管网维护等方面的资源共享与功能融合，提高了平台的实用性。

5.4 管控平台运营维护

海绵城市管控平台系统维护从两方面进行：一方面，系统使用单位配置专业的软件日常维护人员，对软件的常见错误及操作问题进行及时处理和更新；另一方面，系统开发单位建立专门的技术支持服务队伍，专职负责对系统的服务响应，保证系统的正常使用。技术支持服务内容包括电话热线、远程故障诊断、现场故障诊断和排除等，同时每处理一次故障后，应针对系统运行故障原因，提供防范策略措施，避免同类故障再次发生，提高系统的可靠性和持续不间断服务。

为保证海绵城市管控平台的数据实时更新，应组织专人维护更新建设资料。对于在线监测数据，系统可以自动实时更新；对于人工填报收集信息和建设项目的规划、建设、运营全过程信息以及设施空间、属性与维护信息等数据，应安排专人定期更新，以保证数据准确反映项目规划、建设和运营的实际情况，构建完整的海绵城市运营管理数据库。

第6章 因地制宜确定不同城市的海绵城市推进策略

6.1 江南丘陵型中小城市——萍乡市案例

2015年1月，根据《财政部 住房和城乡建设部 水利部关于开展中央财政支持海绵城市建设试点工作的通知》（财建〔2014〕838号），三部委发出组织申报2015年海绵城市建设试点城市的通知。2015年4月，萍乡市申报入围成功，成为全国首批16个海绵城市建设试点城市之一，拉开了海绵城市建设的大幕。

2015年8月，萍乡市海绵城市试点建设工作领导小组成立并召开了第一次会议。同月，《萍乡市海绵城市试点建设项目管理暂行办法》发布，推进试点区海绵城市建设并全面向全域推进。萍乡市构建全面科学的海绵城市顶层设计技术体系，确立高规格的组织架构等推进机制，制定行之有效的规划建设管控体系、技术标准体系等实施机制，创新系统化建设实施模式、加强绩效考核和运维管理、构建海绵设施管控平台等，全流程全过程保障全域海绵有序建设并取得了显著成效，在解决城市内涝顽疾、改善人居环境、重构和谐人水关系等方面效果明显。萍乡市在系统化全域推进海绵城市的建设过程中，形成了可供中国江南丘陵地区和中等规模城市海绵城市建设借鉴的技术路径和"萍乡经验"。

6.1.1 城市特征和涉水问题

6.1.1.1 城市基本特征

萍乡市地貌以丘陵为主，中心城区地形较平缓，雨量充沛，多年平均降雨量达1600mm，属亚热带湿润季风气候，是典型的江南丘陵型中小城市。

1. 区位条件

萍乡市位于江西省西部，距省会南昌285km。地处东经113°35′~114°17′，北纬27°20′~28°0′之间。萍乡处于长株潭经济圈的核心区域，同时接受泛珠三角经济区和闽东南经济区的辐射，是长江中游城市群重要成员，具有优越的区位地理条件。

2. 自然地理

萍乡市属于江南丘陵地区，地貌较为复杂，以丘陵地貌为主，山地和盆地与丘陵错综分布，地势起伏变化较大（图6-1）。丘陵岗峦相连，为赣江支流袁水与湘江支流渌水（萍乡境内称萍水）的分水岭。全市整个地势是南北高，中部略低，为马鞍形。丘陵面积约占三分之二，山地面积约占四分之一，河谷平原约占五分之一。

萍乡属于亚热带湿润季风气候区，四季分明、雨量充沛。春夏两季多雨水，但全年降雨量主要集中在夏季。多年平均降水量1600mm，降水量时空分布不均，时间上主要集中在4~6月，占全年降水量的42%（图6-2）；空间上南部多于北部，东部多于西部，山区多于平原。

扫码查看原图

图6-1 萍乡市中心城区地形地貌和水系图

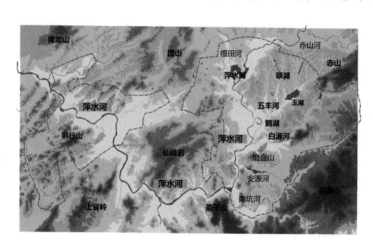

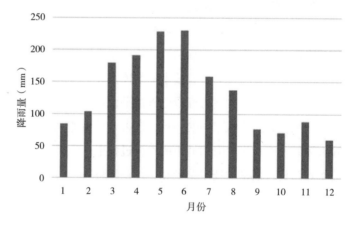

图6-2 萍乡市多年月平均降水量

6.1.1.2 涉水主要问题

1. 洪涝灾害频发

萍乡市城区内涝积水灾害频发，是萍乡市城市发展过程中亟须解决的重要问题，也是与群众生活息息相关的首要问题。强降雨天气引起的城市内涝积水严重影响着居民交通出行，给居民的日常生活造成了诸多不便。

萍乡历史主要内涝点主要集中在老城区（表6-1、图6-3），其中山下路、万龙湾、跃进北路、北门桥北侧、白源河清源社区附近及沿岸、西环路八一路附近等区域是典型的内涝区域，遇强降雨天气经常发生积水现象。

现状典型内涝点一览表　　　　　　　　　表6-1

序号	内涝点位置	积水面积（hm²）	所属流域
1	山下路南侧内涝点	6	萍水河
2	万龙湾内涝点（公园中路与建设东路交叉口）	5	五丰河
3	八一路区域内涝点（八一路，跃进南路和西环路的地势低洼路段）	5	萍水河
4	跃进北路内涝点（跃进北路与建设路交叉口西南）	3	萍水河
5	五丰河公园南路内涝点	2	五丰河
6	白源河下游清源小区内涝点	2	白源河
7	北门桥内涝点（昭萍路与滨河西路交叉口以北）	0.3	萍水河
8	江湾巷内涝点	0.2	萍水河

图6-3 中心城区现状典型内涝点

2. 水环境污染

萍乡市萍水河上设有8个省控监测断面，位于试点区内的监测断面为三田断面和南门桥断面。通过这些监控断面可知，萍水河水质总体良好，可达地表水Ⅲ类标准。但流经萍乡城区过程中，河流水质呈恶化趋势，部分时段部分河段水质劣于地表水Ⅳ类标准。以2015年4月水质监测数据为例，萍水河试点区出境断面NH_3-N和TP相对入境断面分别升高1.5倍和1.3倍（图6-4）。

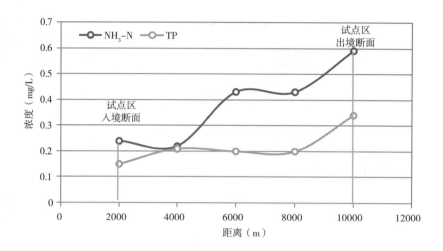

图6-4 萍水河水质在流萍乡城区时的沿程变化（2015年）

萍水河和五丰河下游为萍乡市老城区，集中分布较多的居住用地和工矿企业。由于部分地段污水管网建设不完善，管网漏损、合流制溢流等现象造成部分污水直排入河，导致水质变差。萍水河和五丰河在枯水期上游来水较少，水体自净能力差，环境容量低，无法消纳入河污染物。白源河沿河居民直排，新建在建居住用地没有接入配套市政污水管线，同样导致污水直接排河。

3.水生态破坏

萍乡城镇建设用地的持续扩张，区域交通系统的发展，割裂了原有大片的生态空间，影响了生态的稳定性。在城市开发过程中，大量土地被开发利用，致使绿色空间不断下降，形成了各种生态问题。萍水河、五丰河以及白源河等大部分河湖岸线已改造成直立硬质化驳岸（图6-5），城区现状河道生态岸线比例不足35%。硬质化驳岸丧失了河道原有的自然属性，破坏了河岸植被赖以生存的基础，加大了洪涝灾害的安全隐患。

图6-5 试点区硬质化驳岸

萍乡现有公园绿地存在分布不均匀问题。城区外围绿地相对较多、中心城区绿地较少，尤其在一些老城区存在绿地稀疏、硬质化严重等现象。

通过对萍乡现状情景下地块径流的模拟，中心城区老城区地块的年径流控制率约为37.6%，工业园区年径流总量控制率约为46.7%，新城区年径流总量控制率约为54.3%。总体来说，现状径流控制率较低。

4. 水资源缺乏

萍乡市虽地处江南，降雨颇丰，但因全市多数地方均属喀斯特岩溶地形地貌，加之境内并无大型湖泊，也无过境大江大河，地表水赋存条件差，资源型缺水、工程型缺水、水质型缺水并存，水资源相对匮乏，水资源总量为35.66亿m^3，年人均占有量为1985m^3，为江西省人均占有量的53.6%，比全国人均占有量少215m^3，是全国严重缺水城市之一。

6.1.1.3 海绵城市建设意义

基于以上的发展困境，海绵城市理念对萍乡的可持续发展有着非常重大的意义。萍乡抓住海绵城市试点建设，利用海绵城市理念重构和谐的人水环境，系统解决城市在发展过程中各类问题。

第一是系统解决城市的涉水问题，通过海绵城市建设，完善城市基础设施体系，根治城市内涝顽疾。试点建设的首要目标就是解决老城区内涝问题，通过海绵城市的雨洪管理理念，将洪涝灾害转为雨洪资源，根治内涝顽疾。

第二是践行生态文明理念，解决萍乡老城区无序开发和高强度开发带来的弊端，将海绵城市理念融入整个城市的发展过程，实现流域水系统的良性循环。

第三是提升城市人居环境，践行城市生态文明与绿色发展理念，推动供给侧结构性改革。结合海绵城市建设，对城市绿地、公园广场等公共空间进行升级，提升城市环境品质。

第四是促进城市高质量发展，在海绵城市建设中，大力发展海绵产业，推动城市传统产业转型，激发了城市的新动能、新活力。

6.1.2 系统推进的机制体制

6.1.2.1 推进机制

1. 认识到位

海绵城市作为一个最新的城市规划建设理念，能够带动旧城的改造和新城的建设，解决萍乡老城区的人居环境问题，能够引领新城发展，避免重走弯路，同时推动城市双修，为萍乡提供更多的生态空间。

萍乡市全面提高对海绵城市的理解和认识，推进海绵城市既是一项国家的最新政策，也是一种生态文明建设方面的探索。萍乡市结合对国家政策的理解和城市的需求，梳理海绵城市建设的内容和方向。从根治城区洪涝灾害顽疾、改善河湖水质生态环境、提升城市人居环境三个方面出发，响应国家号召，老城区以问题为导向重点解决洪涝灾害，以海绵城市带动旧城改造。新城区以目标为导向，为萍乡提供更多的生态空间，引领新城建设，将海绵城市与创建文明城市、基础设施提升有机结合在一起。

2. 组织构架

在组织框架构建方面，萍乡市为系统推进海绵城市试点区建设，于2015年9月30日出台《萍乡市人民政府办公室关于印发萍乡市海绵城市试点建设项目管理暂行办法的通知》（萍府办字〔2015〕143号）成立市海绵城市试点建设工作领导小组办公室，负责三年示范期内试点建设项目的监督和管理工作。

2017年12月通过了《萍乡市海绵城市建设管理规定》形成全市范围内推进海绵城市建设的系统性建设思路。2018年3月设立了高规格的顶层决策机制，在组织构架上建立了由市委书记和市长双主官构建的萍乡市海绵城市建设工作领导小组，定期开展一些工作例会，并到现场办公，以保证海绵城市的具体的落实推进，各部门分层次参与保障沟通顺畅。组建了专门机构"海绵城市建设领导小组办公室"即"海绵办"（图6-6），由分管副市长任主任，从规划、建设、水务、财政等各战线、各领域抽调了30名专业人员协同推进海绵城市建设，并融入了兼职联络员及第三方技术咨询团队，做到了统一领导、集中办公、定期调度，为海绵城市建设提供了坚强的组织保障。

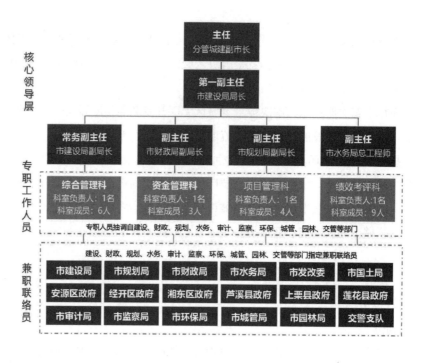

扫码查看原图

图6-6 萍乡市海绵办组织框架

3.凝聚共识

在保证推进中，萍乡市上下凝聚了共识，高效推进了海绵城市建设工作。首先，领导班子认识到海绵城市建设的重要意义，深刻理解海绵城市既是习近平总书记交给全国各城市的一张考卷，也是一项重大的民生工程，是一项能够推进城市面貌和城市品质发展大变样的历史机遇，是一个百年大计，是推动生态文明建设的历史机遇。

另外，各部门领导干部对于什么是海绵城市，怎么干海绵城市，如何干得好，形成了基本认知。明确了海绵城市推进建设要遵循"自然积存，自然渗透，自然净化"的三大原则，实现"小雨不积水、大雨不内涝、水体不黑臭、热岛有缓解"的目标。利用"渗、滞、蓄、净、用、排"六大要素开展海绵城市的各项工作建设。

同时，向人民群众解释清楚海绵城市能解决什么问题，比如能消除城市内涝、提升城市品质、改善人居环境、改善城乡面貌、带动城市产业转型和增加就业岗位。在建设之初就让人民群众清楚海绵城市能够解决什么问题，带来什么好处，增加什么收入，使其能够支持海绵城市的建设。

萍乡市海绵城市建设，从为市民群众解决实际问题出发，凝聚了政府和群众全社会的力量，此举成为其顺利推进工作实施的重要因素。

6.1.2.2　实施机制

1. 长效机制

2017年12月，《萍乡市海绵城市建设管理规定》作为长效管理的政府规范性文件正式印发，对于建设项目的推进和落实起到了有效指导作用。同时，在试点区建设过程中，出台了《萍乡市中心城区海绵城市管理暂行规程》（萍府办字〔2016〕176号）、《萍乡市海绵城市试点建设项目工程技术管理实施细则》（萍海绵组字〔2015〕5号）、《萍乡市海绵城市试点建设专项资金奖励补充管理暂行办法》（萍海绵组字〔2016〕1号）等文件，明确了机构组成和基本运行管理制度，在制度体系上保障试点区的海绵城市建设能顺利开展。

在后续制度推进中，萍乡市编办批准设立了海绵设施管理处，作为萍乡市海绵城市建设管理常设机构负责指导、整合推进全市海绵调蓄设施建设，承担城区范围内已建成海绵调蓄设施的管理等工作，形成了全市推进海绵城市建设的重要机制体系。

2. 规划管控

为形成完整的规划管控思路，《萍乡市海绵城市建设管理规定》将海绵城市建设纳入建设项目全生命周期管理过程中，明确关键的管控步骤和要求（图6-7）。形成从行政管理、技术管理、资金管理制度，从规划、立项、土地、建设等全过程的完整项目建设监管体系。

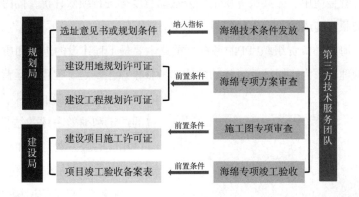

图6-7 萍乡市海绵城市建设项目规划建设管理流程图

在试点建设期，萍乡市主要采取"海绵办"加技术服务团队的模式，技术服务团队在试点期内协同市规划局、市建设局开展海绵城市技术条件发放、海绵专篇的方案审查、施工图设计审查以及最后到项目的竣工验收，打造了完整的"海绵办"+技术服务团队的模式开展。试点结束之后，相关内容转由相关职能部门负责。比如将两证一书的规划条件纳入市规划局的管理科，海绵城市的审查和施工图审查纳入市建设局施工图审查中心负责。海绵设施的竣工验收移交给海绵设施管理处开展相关的建设运维工作。具备建设经验的海绵办相关人员逐步回归到各自部门后可以有效地对相应规划管控办法进行推广和执行，保证了海绵城市建设规划管控的落实。

6.1.2.3　绩效考核体系

在考核体系建设方面，萍乡市首先根据主管部门的权责划分，划定了各部门在海绵城市建设管理过程中的主要职责。基本形成了以市建设行政主管部门为主体，负责统筹协调、组织推进全市海绵城市建设管理工作的建设模式。市规划、财政、水务、发改、国土等部门各司其职。各县（区）人民政府统筹本区域内海绵城市建设管理工作。同时设立了奖惩分明的体系，将其纳入城市考核体系及各级各部门和区县的年度考评体系，对做得好的先进单位进行奖励，对推进不力的部门和区县进行通报批评，给予相应的惩罚。通过考核体系的建设，调动各部门、单位建设海绵城市的积极性，形成有力推进的建设抓手。

为明确相关绩效考核办法，萍乡市制定了《萍乡市海绵城市建设绩效考评办法》，用于评估海绵城市建设效果，明确各方的绩效管理职责，形成按效付费体系。绩效评估内容包括项目进展情况与设施运行情况，按排水分区进行总体控制和分解，由项目实施情况由下而上核算。通过建立在线监测系统，为海绵城市建设的考核评估工作提供长期在线监测数据和计算依据，对设施规模进行评估，为海绵城市考核评估提供全过程信息化支持。

根据项目推进情况，制定了《萍乡市海绵城市财政奖补标准》，完善重点工程实施评估和付费管理制度。以政府投资与社会投资相结合的重点工程项目，严格按照相关标准工程设计规范要求，对海绵城市建设工程的实施效果进行评估，严格施行按效果付费的政策，制定相应的付费标准和奖惩措施。

对于PPP建设项目的考核，采取数据抽查和情况反映等方式加强工程质量、运营标准的全程监督，确保公共产品和服务的质量、效率和延续性。定期组织对项目的绩效目标实现程度、运营管理、资金使用、公共服务质量、公众满意度等进行绩效评价，同时引入第三方评价机制，形成按照实施成效分期支付的付款制度。

试点期内，海绵办负责组织PPP的考核，重点主要是工程建设的进度和质量。试点期结束后海绵设施管理处成为组织绩效考核的主体，考核重点主要是工程建设运营期内的实际成效。采用按效付费的方式，结合PPP合同包的约定和绩效考评的结果，向PPP公司支付相应的服务费，比如蚂蟥河片区，就成立了PPP项目的运营单位。

6.1.2.4　创新建设模式

萍乡海绵城市建设以流域为单元，将试点片区33km²划定为三大流域，打包成6个项目片区系统化建设（图6-8）。其中万龙湾项目片区、蚂蟥河项目片区、西门片区、白源河片区作为老城区，以问题为导向进行管控，采用PPP项目的模式开展。萍水河片区和玉湖片区作为新城区，以目标为导向开展建设工作。

按照流域打包明确了问题和责任边界，片区建设中也能够比较好地协调项目

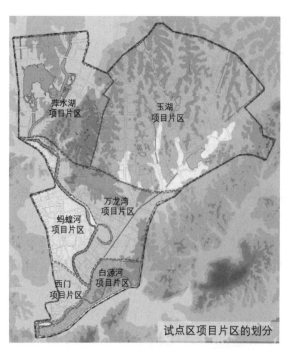

图6-8 萍乡市试点区海绵城市项目分布图

之间的关系，有助于项目片区的整体建设，形成系统性思路，避免了碎片化实施。

在试点区推进过程中，萍乡优化前期审批流程，试点建设项目采用打包审批的方式，项目包不予分割，统一报建，后期在总额不变、绩效不变的情况下，可以动态调整片区内项目，整体建设，避免碎片化实施。同时，相关职能部门采用集中并联审批，核发项目包的"一书两证"、施工、环评等行政许可，优化审批报建流程。为了提高规划设计质量，萍乡市创新性地采取了片区打包措施，设计前按照系统化方案提前给定工程量核算实际基数，在工程量减少的情况下可以不扣钱，使得在PPP项目招标前便能展开规划设计，提高了相关报建工作的效率。同时采用分包方式也有利于PPP绩效考核，打包招标，固定设计费，避免盲目扩大投资，为后期按效付款提供便利，使技术服务团队和规划设计单位能够提高服务质量。

在建设过程中，萍乡市充分考虑新老区城市特点，新区以目标为导向，通过建设主体单位的海绵城市建设流程管控，确保了规划条件的有效落实，严格执行。老城区以问题为导向，主要解决城市突出的内涝问题和水环境问题，项目包权责分明，采取PPP模式推进，并对整个项目包的海绵城市成效进行考核。

6.1.2.5　运维管理体系

为确保运维管理工作顺利落实，萍乡市出台了《萍乡市海绵城市建设管理规定》《萍乡市海绵城市建设施工、验收及维护导则》等文件，制定各类海绵设施运维考核标准。

为强化运维管理工作，萍乡市设立了海绵设施管理处，为副处级机构，安排了专业人员、专项经费，通过制订了一系列工作规划、制度、流程，提出了明确海绵设施运维管理的责任单位和具体要求（表6-2）。对6个项目片区169个海绵工程进行统筹管控，确保每个项目具有明确业主、物业管理单位、维护管养单位的项目。在海绵设施竣工验收后，移交给相应单位负责日常维护工作，有效避免重建设、轻管理的现象发生，确保了海绵城市后续管理有人管、管得好。

海绵城市建设项目运维统计表　　　　　　　　　　　　表6-2

海绵城市设施所处位置	维护主体	监管主体
建筑小区	所属单位或物业	房产主管部门
园林绿地	各县、区园林管理部门	园林主管部门
市政道路	市政道路（绿化带除外）相关设施由各县、区市政管理部门负责；道路绿化带内相关设施由各县、区园林管理部门负责	城市管理部门（道路）、园林主管部门（绿化）
城区水系	给水、排水相关设施由各县、区市政、排水管理部门负责；河湖水系相关设施由各县、区水务部门负责	城市管理部门（给水、排水）、水务部门（水利设施）

6.1.2.6　产业创新发展

萍乡市在推进海绵城市建设中不仅提高了城市生态发展，更通过长远规划，在海绵城市试点建设的同时，布局于海绵产业结构，带动了相关产业蓬勃发展。

1.技术创新鼓励政策

萍乡市建设局颁布了《关于加强建筑业企业海绵城市建设技术创新工作的意见》(萍建设字〔2016〕177号),制定了海绵城市领域技术创新的鼓励政策,推动海绵城市建设技术创新与技术进步。

2.技术进步与提升

萍乡市本地企业积极参与海绵城市领域技术创新,目前已具备初步的技术积累。《一种复合材料生态陶瓷透水砖的制备方法》等一批海绵城市相关发明专利已获国家专利局初审通过或正式批准。

通过海绵城市建设,促使本地传统的陶瓷、商混、管道等建材企业成功转型。一批海绵产品研发生产企业正在发展壮大,透水砖、透水混凝土、渗排管等海绵材料不仅满足了本土市场需求,而且远销省内外,为萍乡这座资源枯竭型城市提供了一条科学的产业转型发展道路。

3.海绵产业优惠政策

萍乡市制定出台了《萍乡市海绵产业发展规划》(萍府发〔2017〕8号)和《关于萍乡市培育海绵产业发展海绵经济的实施意见》(萍府办发〔2017〕43号),从发展战略的高度,营造海绵产业发展的良好环境,给予海绵产业发展的优惠政策,并在产业发展创新引导基金中明确将海绵产业纳入支持项目。目前萍乡市海绵产业发展势头良好,初具产业规模和集聚效应。

为推动城市高质量发展,带动产业升级,萍乡市创新性地设立了海绵基金,加强产业发展的资金保障。本地化的一些企业也成功地转型,加快了产业转型并激发了城市发展的新动能。这些企业在转型过程中也产生了多项海绵城市的相关专利成果,提升了萍乡市产业活力。

通过一系列举措,萍乡在海绵城市建设的同时,组建了一个集规划设计、研发、产品、投资、实施、施工、监理等全链条于一体的大型海绵产业集团,带动了产业经济发展。

6.1.3 科学合理的顶层设计

萍乡市构建了全面科学的海绵城市顶层设计技术体系(图6-9),以海绵城市专项规划为上位规划作为指导,从宏观上总体约束海绵城市的建设目标,并统领海绵城市详细规划、

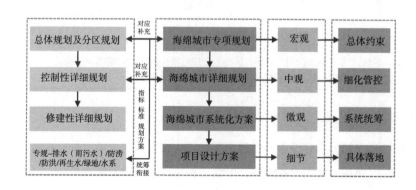

图6-9 萍乡市海绵城市顶层设计技术体系

海绵城市系统化方案和项目设计方案，分别从中观、微观、细节上进行把控。详细规划、细化管控、定指标，系统化方案统筹各类项目，项目设计方案从细节上保证具体的措施落地。海绵各项规划也对应补充到总体规划、控制性详规，修建性详规和雨水、防洪排涝、再生水等专项规划中。

6.1.3.1　顶层设计体系的萍乡实践

萍乡市在海绵城市建设过程中，开展了在多规合一和城市总体规划编制中增加海绵专篇、编制海绵城市专项规划、开展控规海绵指标的全覆盖、编制系统化实施方案等各项工作。

在进行顶层设计时，牢牢抓住"全域管控–系统构建和分区治理"的建设思路。首先在全域管控上，统筹区域和城乡的发展。梳理规划涉及四个层次之间的空间结构关系，这四个层次关系分别是：

第一个层次是市域层次，划定三区五线，进行生态敏感性分析，在市域总体规划和多规合一编制中增加海绵专篇。

第二个层次是中心层次，进行海绵城市专项规划的编制，划分确定24个管控分区，进行年径流总量控制率等目标的制定（图6–10）。

第三个层次是主城区层次，进行控制性详规的编制，在主城区的控规单元（图6–11）上落实海绵城市年径流总量控制率和SS总量削减率的指标。

第四个层次是近期建设区域，通过近期建设区的划定和系统化方案的编制来保证完成2020年城市建成区20%以上的面积达到目标要求的目标（图6–12）。近期建设区域划分三个流域，分流域系统统筹开展系统化方案的编制工作。

在顶层设计阶段，抓住系统构建和分区治理两项举措。从水环境、水安全和水生态方面制定系统的规划方案，构建"上截–中蓄–下排"的雨洪蓄排水安全系统；从"源头减排–过程控制–系统

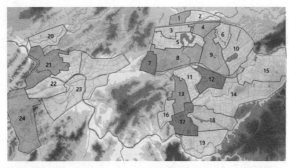

图6–10 萍乡市中心城区管控分区划分

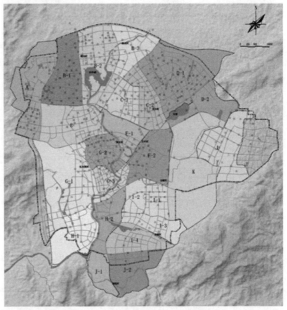

图6–11 萍乡市主城区控规单元分布图

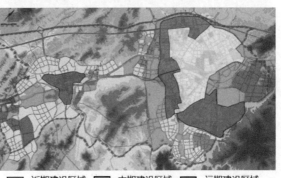

□ 近期建设区域　■ 中期建设区域　■ 远期建设区域

图6–12 萍乡市近远期规划范围图

治理"等方面来构建水环境规划系统方案。新老城区因地制宜，划定六个项目片区开展海绵城市的建设，在老城区源头减排海绵改造152个地块，在新城区规划管控161个新建地块。

6.1.3.2 萍乡海绵城市专项规划

1. 规划目标及技术路线

（1）总体目标和分项指标

以海绵城市建设理念引领萍乡市城市发展，促进生态保护、经济社会发展和文化传承，以生态、安全、活力的海绵建设塑造萍乡城市新形象，实现"水生态良好、水安全保障、水环境改善、水景观优美、水文化丰富"的发展战略，建设河畅岸绿、人水和谐、江南特色的海绵萍乡。在"全域管控-系统构建-分区治理"的核心技术路径的指引下，形成独具特色的江南丘陵地区海绵城市建设的萍乡模式。

针对萍乡市水环境、水安全、水生态、水资源方面主要问题，制定了详细的海绵城市建设指标体系，其中核心指标共分4类8项（表6-3）。

萍乡市海绵城市建设规划指标   表6-3

类别	指标	现状	规划目标
水生态	年径流总量控制率	48%	75%
	生态岸线比例	33%	河道生态岸线比例大于75%
水环境	水环境质量	部分段无法稳定达标	达标率90%
	溢流频次	平水年主要排口年溢流25次以上	平水年主要排口年溢流次数控制在10次以内
	面源污染控制	无削减	SS削减率达到50%
水安全	防涝标准	不足5年一遇	30年一遇设计，暴雨不成灾
	防洪标准	5年一遇	萍水河达到50年一遇防洪标准；五丰河、白源河达到20年一遇标准
水资源	雨水利用率	0	10%

以年径流总量控制率为例，萍乡市属于《海绵城市建设技术指南》中划定的Ⅲ区，其年径流总量控制率α取值范围为75%≤α≤85%。综合考虑基地的自然环境和城市定位、规划理念、经济发展等多方面条件，根据萍乡市政府批准的《萍乡市海绵城市试点建设三年行动计划》，取年径流总量控制率为75%，对应设计降雨量为22.8mm（表6-4）。

（2）技术路线

萍乡市海绵专规采用的技术路线分为七个部分（图6-13），按照项目进展深入，依次包括现状调查、问题及成因分析、确定规划目标与指标、构建水生态格局、建设海绵城市系统、建设指引和保障机制等。

萍乡市年径流总量控制率与对应设计降雨量　　　　　表6-4

径流总量控制率	60%	70%	75%	80%	85%
设计降水量（mm）	14.2	19.3	22.8	27.1	33.0

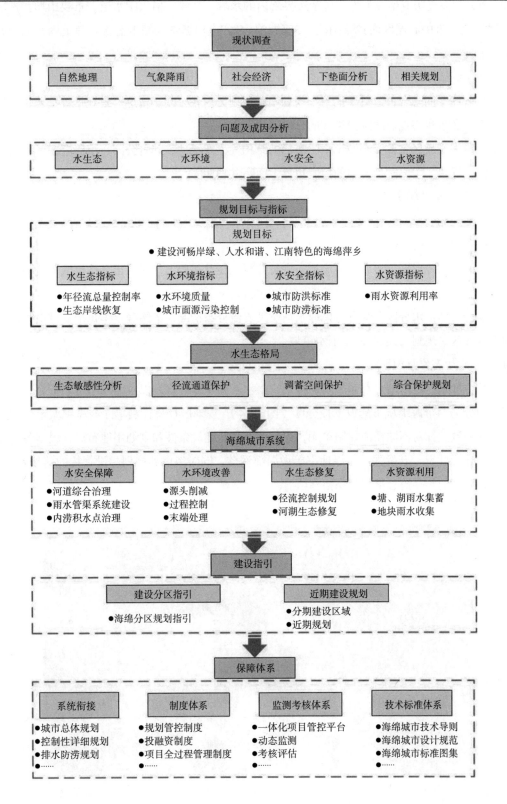

图6-13 技术路线图

2.海绵城市生态格局规划

（1）蓝线划定

通过蓝线划定及控制实现对径流通道的保护，城区河道蓝线控制管理范围一般为20～30m，以堤防或岸线为界，包括边界之内的水域、洲滩、出入湖水道、重要山塘。本次规划将萍乡市中心城区内12条河流、5座湖泊、107座山塘纳入城市蓝线管理范围，面积共495hm²。

（2）绿线划定

将蓝绿空间融合，通过绿地系统规划串联规划区内各公园、古迹、景观带等重要生态资源要素，实现生态点、线到网络式的贯通。

划定中心城区主要影响城市组团布局的结构性生态绿地、郊野公园、市级公园、专类公园、滨水绿带、主要防护绿地的控制边界，面积共1350hm²。

3.系统规划方案

（1）规划管控分区

1）自然汇水分区分析

根据基础地形图，对雨水汇流流向进行分析。在此基础上，提取出自然汇水河流的潜在路径，根据潜在的汇水途径对自然汇水分区进行划分。

结合自然汇水分区，综合考虑萍水河及其支流分布情况，最终确定了每个支流汇水流域的汇水分区。规划区共划分9个汇水流域。

2）水生态修复规划

结合规划区地形图、水系规划、排水（雨水）防涝综合规划以及路网结构等资料，将规划区划分为24个海绵城市建设管控分区（图6-14）。规划区径流控制单元与海绵城市建设管控分区一致，针对不同径流控制单元，先分析其现状建设条件和规划用地布局，根据各管控分区的建设状况、开发强度、绿地率等做局部调整，同时考虑到规划建设管控的落地实施，得到各分区的年径流总量控制率指标值。

扫码查看原图

图6-14 萍乡市海绵城市建设管控分区示意图

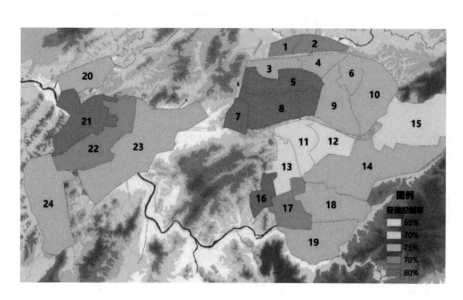

（2）水安全保障规划

从流域尺度整体上构建大排水系统，明确外部因素如上游来水和下游顶托等外部原因造成的影响，采取"上截-中蓄-下排"的总体治理思路。通过蓄排结合提高城市防洪能力，完善城市防洪体系。充分利用萍水湖、玉湖、鹅湖等天然水体容积滞蓄涝水。开展河道治理，提高河道防洪标准，提高泄洪能力。蚂蝗河和五丰河片区排水受萍水湖水位影响严重，必须设置排涝泵站与闸门强排，防止下游顶托、洪水倒灌。

解决了外部问题后，对内通过源头削减径流控制、过程排水管网系统完善和小型城市雨洪临时调蓄设施，实现蓄排平衡。对于新建区，通过规划建设管控和按照标准新建雨污分流排水管网，实现源头径流控制和过程排水安全。对于建成区，通过源头项目改造并结合内涝点改造进行管网清淤、修复和新建排水管道，实现一定程度上的径流削减和排水效率提高。同时，根据市政规划布局和地面高程情况，利用公共绿地、休闲公园等作为区域城市雨洪临时调蓄设施，减轻市政雨水管线及下游河道的排水压力。

经过构建大排水系统和内部蓄排平衡后仍存在的内涝积水点，针对内涝成因提出有针对性的整治方案，方案应区分新老区，提出不同措施。针对新建区优先考虑从源头降低城市内涝风险，以目标为导向结合可实施性提出径流控制和场地竖向要求。结合新城区建设，协调并落实蓝线和绿线保护，通过合理规划、协调和管控保留低洼地和径流路径，在防洪和雨水排放系统的基础上构建完善的城市内涝防治系统。对于建成区而言，大规模扩大现有的排水系统排水能力是很困难的，主要通过分流、截流、调蓄等方式提高排水能力，并结合管网修复和改造，加强对"超标降雨"产生的地面漫流、滞留涝水做出妥善安排，重点对易涝区及学校、医院等敏感地区提出解决方案。结合老旧小区改造、道路大修、架空线入地等项目，同步实施排水改造。

1）大排水体系工程

①上游截导，调蓄洪峰

针对萍乡市试点区山峦环绕，雨季上游易发山洪的地区特征，为减少山区性洪水影响，在萍水河上游修建容积为300万m^3的萍水湖进行调蓄，将上游萍水河洪峰由901m^3/s（100年一遇）削减为805m^3/s（50年一遇）；使萍水河和福田河的河道防洪标准提高至100年一遇洪水，从而减轻下游主城区河道的防洪压力。同时考虑五丰河上游不具备适合的调蓄空间，在五丰河上游建设分洪隧洞（500m，4.4m×4.8m），将五丰河水经赤山河引至萍水湖进行调蓄，从而解决萍水河与五丰河上游的山洪问题。

②中游蓄洪滞峰

考虑五丰河下游河道拓宽的可能性较小，中游段需要通过玉湖的调蓄作用将洪峰从35.5m^3/s削减至27.5m^3/s，通过清淤整治将玉湖调蓄库容从43万m^3提升至50万m^3。玉湖总库容约110万m^3，玉湖常水位98m，闸坝顶高程98.5m，水泵运行水位96.5m。因此可利用清淤后96.5～98.5m的50万m^3的调蓄库容达到削峰的作用。上游截洪后，20年一遇洪水经玉湖调蓄后下泄洪峰流量减少为27.5m^3/s。

③下游强化排涝

经水利计算，上游截洪后20年一遇洪水经玉湖调蓄后下泄洪峰流量为27.5m³/s。截洪和玉湖调蓄可以有效降低洪水水位，缓解下游洪水压力。但是工程实施后，五丰河中下游洪水水位仍高于两岸堤顶高程。因此，在截洪与调蓄工程实施的同时，还需下游同步实施"下排"措施，以满足五丰河的防洪要求。可利用的"下排"工程措施包括新辟分流暗涵、泵站抽排等。

2）河道治理工程

规划区内河道水系治理工程主要对萍水河、福田河、五丰河、长兴馆河、白源河按标准进行治理。

通过新建防洪墙、堤防加固、新建排涝站以及增加生态联锁块护坡等措施，萍水河主城区主河道防洪标准按照50年一遇洪水设防，其余支流均按照20年一遇标准设防；副城区（湘东城区）按照20年一遇标准设防。

3）雨水管网规划

萍乡市老城区属于建成区，不适宜大规模拆除重建雨水管网，近期结合内涝点改造，新建部分排水管线，远期排水管网随着城市更新逐步改造，规划中现有的雨污水合流管道逐步改造为雨污水分流。

萍水河流域老城区：对建设路、山下路等5条道路的重要路段按3～5年一遇标准新建排水管道，远期将现状排水管渠作为污水管道，新建排水渠涵结合上游海绵改造措施作为区域雨水的排放通道。五丰河流域老城区：通过新建雨水管线、问题管段改造和现状管线修复完善老城市排水管线。新建城区均采用雨污水分流的排水体制，规划管线与道路和地块同步开发建设。

根据新老城区管线建设原则，规划新增雨水管道共569.9km。

4）局部积水点治理

对萍乡市中心城区大排水系统进行提升，对河道进行治理，建设排水管线后，对依然存在的6处内涝积水点进行整治，包括萍水湖流域的山下路、北门桥、江湾巷以及八一路-西环路4处内涝点，五丰河流域的万龙湾积水点，以及白源河流域的清河小区内涝点。

（3）水环境改善规划

为解决水环境问题，减少旱天污水直排、控制合流制溢流污染和面源污染，保持河道水质持续稳定。同时，对排水体制进行改善，根据不同区域制定不同排水体制规划策略。通过控源截污、内源治理、生态修复和活水保质四个方面的工程，达到提升水环境容量、杜绝点源直接排放、基本消除内源、最大限度削减面源等目标，最终实现对雨水径流污染、合流制管渠溢流污染的有效控制。

1）控源截污

老城区重点是控制合流制溢流污染和初期雨水污染控制，主要工作包含源头减排的LID改造工程、合流改分流；过程控制的管线清疏修复；系统治理中，老城区现状排水体制为截流式合流制，结合溢流口位置分布情况，沿萍水河修复或新增截污管道，随管线和排口位置设置合流制溢流调蓄池。

新城区重点是污水管线完善和初期雨水污染控制，主要工作包含源头减排的LID改造工程；过程控制的污水管线完善和管线清疏修复；系统治理中，对不能接入市政污水管道的管线进行末端水处理设施布置。

2）内源治理

内源治理对河道和湖体进行清淤处理，保证河道畅通，提高河道泄洪能力，消除多年沉积。淤泥脱水使淤泥的固体部分积聚以减少淤泥的体积。萍水河、五丰河和白源河底泥淤积比较严重，对其进行清淤。

3）生态修复

萍水河流域生态驳岸建设约18.2km；五丰河流域内的驳岸建设主要集中在玉湖、翠湖和鹅湖等湖泊，以及河道岸线生态化改造，五丰河流域生态驳岸建设共19.5km；白源河流域生态驳岸建设约12.8km，可对水流较平缓的河段进行生态驳岸改造，生态驳岸可构建亲水平台，打造滨水景观，增加河道的自然调蓄空间，恢复河道的生态功能。

4）活水保质

为保证河道生态流量，需在萍水河上游新建东源水库，从东源、黄土开或萍水湖补水，年补水量32万m^3；五丰河从山口岩水库调水，同时考虑上游建设的翠湖，年补水量5万m^3；白源河从山口岩水库调水，在上游建堰塘水库，年补水量8万m^3。

（4）水资源利用规划

萍乡市城市雨水用作浇洒道路、绿化用水，并从水资源可持续利用的角度，在水质可以满足标准时，开展山洪水、内涝水、居住区、学校、场馆和企事业单位等的雨水集蓄利用，体现城市水生态系统的自然修复、恢复与循环流动，改善缺水城市的水源涵养条件，达到改善自然气候条件以及水生态循环的目的，最终实现雨水资源化利用率10%的目标。

6.1.3.3　萍乡海绵城市控制性详细规划

以控制性详细规划用地布局为基础，梳理已经编制的所有控规单元和地块，将年径流总量控制率、年径流污染控制率等指标落实到每个地块和每条道路上。

对中心城区规划用地中的2437个地块中，已经控规覆盖的2212个地块落实年径流总量控制率和年径流污染削减率的指标（图6-15），同时也对每个地块的海绵设施的调蓄容积进行计算和定义。

中心城区覆盖的427条道路，涵盖断面类型63种，逐一落实道路的年径流

图例
■ <25.0%	□ 65.1%~70.0%
■ 25.1%~49.0%	□ 70.1%~75.0%
■ 49.1%~58.0%	□ 75.1%~80.0%
■ 58.1%~62.0%	□ 80.1%~85.0%
■ 62.1%~65.0%	□ >85.1%

■ 水系
■ 非控规覆盖用地
□75% 年径流总量控制率标注
□ 规划范围

图6-15 地块年径流总量控制率管控图

图6-16 道路年径流总量控制率管控图

图例
<38% 65%~70% 非控规覆盖用地
30%~40% 70%~75% 水系
40%~50% 75%~80% =60.0 年径流总量控制率标注
50%~60% 80%~85% 规划范围
60%~65% 85%<

总量控制率和年径流污染削减率的目标（图6-16）。同时对道路竖向进行规划确定。

6.1.3.4 萍乡海绵城市系统化实施方案

萍乡市海绵城市试点区系统化方案是一个多目标、多途径、综合性、系统化的工程方案。即针对同一目标有多项不同的工程措施和实现途径，同时每项工程措施的实施也可以对多个不同的问题产生不同程度的治理效果，最终通过一套综合的工程方案，实现各项问题的系统解决。萍乡在"全域管控–系统构建–分区治理"核心技术路径的指引下，制定新老城区"新城区以目标为导向，老城区以问题为导向"的实施策略，形成独具特色的江南丘陵地区海绵城市建设的萍乡模式。

构建"上游截洪分导–中游调蓄滞洪–下游强化排涝"大排水体系，系统解决内涝积水等水安全问题，萍乡城市排水防涝能力得以极大提高。同时，利用"源头减排–过程控制–系统治理"等一系列工程措施和灰色绿色相结合、协调上下游左右岸等方式，统筹给出水环境、水生态和水资源解决方案。

1. 汇水分区划分

萍乡海绵城市试点建设以流域为对象，在流域范围内构建系统性的项目体系，以实现拟定的指标，解决流域内的主要问题。项目实施层面将以排水分区为单元，落实项目建设主体和实施计划，推动项目建设。

基于地形数据，结合河流水系分布情况及排水管网布局和排水口分布，萍乡市海绵试点区最终被划分为萍水河流域、五丰河流域和白源河流域3个汇水流域和15个排水分区（图6-17、图6-18）。

2. 自然本底保护

（1）汇流路径保护

利用卫星数字影像和GIS分析，径流路径和低洼地分布见下图（图6-19），道路走向与2级汇流路径走向基本一致，萍水河、五丰河、白源河等河道走向与3级汇流路径基本一致。

（2）自然低洼地保护

试点区范围内低洼地主要分布在试点区南部，萍水河、五丰河与白源河下游沿河一带，低洼地总面积为80.9hm²，占试点区总面积的2.5%，其中明显低洼地总面积为55.2hm²，占试点区总面积的1.7%。低洼地大部分为已建老城区，以居住用地、商业用地为主，建设年限较早，低洼地的洪涝风险防范意识不足，建设时未进行填洼处理。

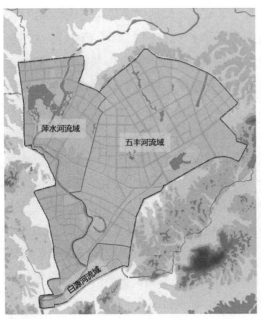

图6-17 试点区流域划分示意图

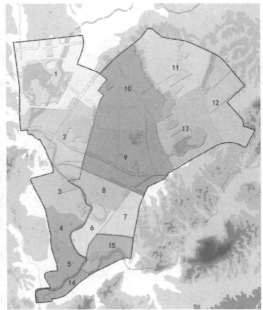

图6-18 试点区排水分区划分示意图

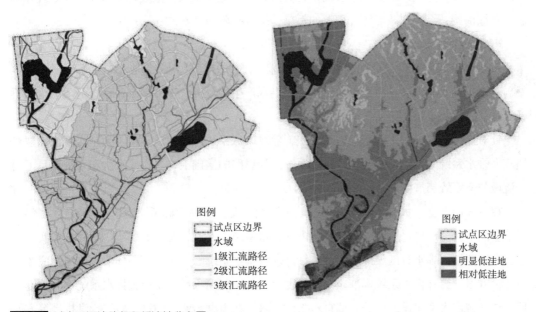

图6-19 试点区汇流路径和低洼地分布图

（3）河道蓝绿线落实

在城市规划建设中，应该对河、湖、库、渠、人工湿地、滞洪区等城市河流水系实现地域界线的保护与控制，划定蓝绿线（图6-20），明确界定核心保护范围。

3.实施策略

针对试点区的新老城区的建设特征，对新老城区采取不同的实施策略，并考虑近、远期具体措施，对新老城区的要求融入全流域及各分区的系统化治理方案中，重点解决水安全和水环境问题。

扫码查看原图

图6-20 试点区蓝绿线范围图

对于老城区，以问题为导向，从实际出发，在近期按照可改造的要求，将各流域对于内涝积水灾害频发、水质恶化等现状问题的承担要求逐项分解为可操作的工程。考虑项目落地实施可行性，得到可实施项目库。远期结合城市有机更新，逐步按照新标准进行改造。

对于新城区，以目标为导向，通过管控使新区开发前后径流条件不发生变化。在近期试点区构建以河道流域为实施单元，明确新建城区的工程措施，将相关指标作为管控指标，并落实具体工程。远期考虑从源头降低城市内涝风险，保留原有低洼地、河流、湖泊、湿地等滞蓄空间，并根据需要新增滞蓄水面，保证新建区蓄排平衡。合理构建区域竖向，防止局部低洼，保护径流路径，保证行泄通道畅通，洪涝水能快速排入河道。对于新区地块在源头采用生态处理方式进行径流控制。在水环境提升方面，通过海绵城市建设，地块内应实现彻底的雨污分流，通过优先源头分散处理和末端净化处理相结合，灰绿衔接，综合削减点源和面源的污染，综合保障河道水质。

4. 水安全方案

萍乡试点区水安全核心问题是严重的内涝积水，方案重点任务是开展河道治理，疏解暴雨时产生的大量山洪，防止河道遭遇瞬时洪水产生的漫溢，整治萍水河顶托造成的排水不畅等。

针对试点区内涝积水问题原因与特点，萍乡市从系统性的角度提出了大排水系统构建思路。大排水系统的构建在传统市政排水系统设计思路的基础上，在空间层次和系统体系上向全流域与全系统拓展。

在空间层次上，大排水系统的构建从全流域出发，统筹考虑了"地块-排水分区-流域"三个空间层次。地块尺度上，重点优化内部排水系统，通过小海绵的构建，从源头上实现雨水的自然消纳；排水分区尺度上，重点针对现状排水系统的问题与薄弱环节，提出相应改造与建设方案，提升排水系统标准；流域尺度上，强调河湖水系在城市大排水系统中的关键作用，结合城市水系建设，充分发挥自然水体大海绵在雨洪蓄滞、调洪削峰、行洪排涝等方面的多重功效。

萍乡市在流域尺度上采取"上截-中蓄-下排"的总体治理思路（图6-21），提出系统解决方案，构架大排水系统，城市防涝可达30年一遇标准，萍水河干流实现50年一遇防洪标准，支流实现20年一遇防洪标准。

5. 水环境方案

水环境治理体系以萍水河为核心，萍水河除自身污染负荷汇入外，还承接其支流五丰河和白源河污染物的汇入。试点区水环境治理以萍水河的水质提升为目标，以排入萍水河的污染物控制及自身环境容量提升为工作核心，通过控源截污、内源治理、生态修复和活水保质

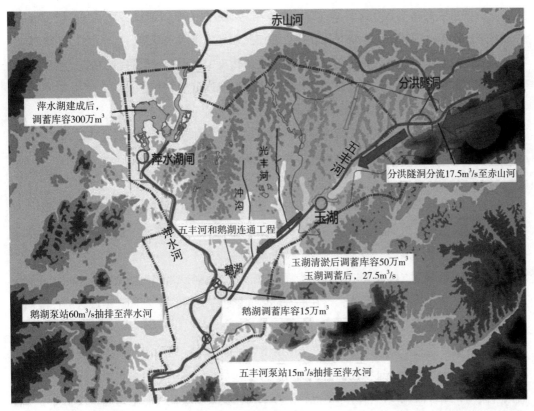

扫码查看原图

图6-21 萍乡市大排水体系构建布置图

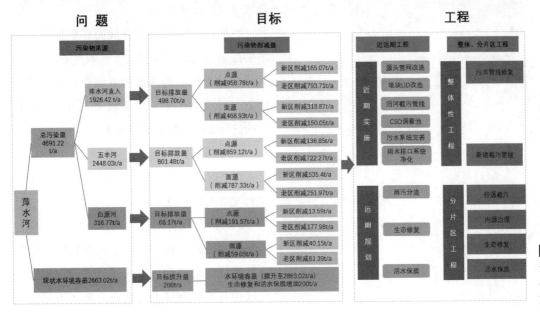

图6-22 以萍水河为核心的水环境治理体系

四个方面主要工程手段，保障目标可达性，并将工程措施分解至萍水河、五丰河、白源河的具体工程（图6-22）。

（1）污染物控制

试点区以全面消除旱天污水直排，大幅削减合流制溢流污染，有效控制面源污染为目标对流域污染负荷进行削减。

新城区重点是污水管线完善和面源污染控制。通过海绵城市建设实现彻底的雨污分流，并通过规划管控，削减源头地块径流污染，并按照规划完善污水管线。

旧城区重点是消除旱天直排，削减合流制溢流污染，对面源污染进行控制，主要工作包含地块海绵城市改造工程、新建截污管线、合流制溢流调蓄池等工程。

（2）环境容量提升

通过生态修复和活水保质，提升萍水河的自净能力。萍水河污染负荷与环境容量比值由治理前的1.76倍降低至0.5倍，萍水河的自净能力显著提升。

（3）控源截污

控源截污工程从削减点源面源污染负荷出发，消除污水直排口、削减城市面源污染、做好合流制溢流控制。按照源头减排、过程控制和系统治理三大类工程，统筹制定相应污染物控制和削减的工程方案。

萍乡海绵城市试点区以武功山大道为界，南部为老城区，北部为新城区，不同区域对应不同的排水体制和污水管网系统，存在的水环境问题也不尽相同。不同类型城区的控源截污工程任务有所不同。

老城区重点是控制合流制溢流污染和初期雨水污染控制，主要工作包含源头减排的LID改造工程、合流改分流；过程控制的管线清疏修复；系统治理中，老城区现状排水体制为截流式合流制，结合溢流口位置分布情况，沿萍水河修复或新增截污管道，随管线和排口位置设置合流制溢流调蓄池。

新城区重点是污水管线完善和初期雨水污染控制，主要工作包含源头减排的LID改造工程；过程控制的污水管线完善和管线清疏修复；系统治理中，对不能接入市政污水管道的进行末端水处理设施布置。

1）源头减排

试点区共计对142个源头地块进行海绵建设和改造（图6-23）。

2）过程控制

过程控制工程包括新建污水管线、合流制管道分流改造和管网清疏修复等。萍水河流域和五丰河流域上游大部分地块为未建成区，已建区域为分流制。新建污水管线主要随道路建设或改造进行，同时结合近期地块拆迁改造计划，污水管道可随改造计划一并建设。

3）系统治理

为减少对下游污水管线和污水处理厂的

图6-23 试点区源头减排项目分布图

图例　▨試点区范围　▨住宅小区　■公共建筑　▨广场
　　　▨公园与绿地　——海绵化改造道路

冲击，雨天超过1倍旱天水量的合流污水进入调蓄池。对蚂蝗河、迎宾路、西环路合流制管渠进行截污，接入试点区建设的7座调蓄池（图6-24），容积共计38100m³。

（4）内源治理

萍水河流域的萍水湖控制湖体和河道的垃圾和淤泥污染是水环境整治的重要手段，五丰河流域的玉湖湖区已经建设完成，翠湖正在进行开挖。鹅湖清淤至设计标高。

（5）生态修复

对五丰河传统的直立式硬质化驳岸进行生态改造。玉湖的驳岸工程充分利用自然曲线，构建驳岸的"可渗透性"；建设具有雨水调蓄和净化功能的湿塘，利用湿地区域物理、水生植物及微生物等作用净化雨水。翠湖利用设置流水梯田等生态驳岸措施，利用台地高差对水体进行垂直渗透净化，并建立多级水质净化系统。鹅湖结合现状挡墙形式及水位变化需求，打造灌砌块石挡墙与三维植物网护坡；利用人工强化生态处理湿地（垂直流湿地），进行水质净化的同时配套建设沉淀池和调蓄池对合流制溢流污染进行控制。

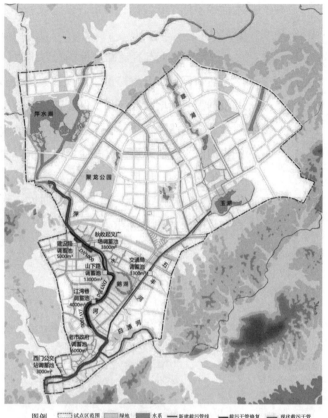

图6-24 试点区新建截污管线和调蓄池工程布置图

（6）活水保质

为保证河道生态流量，萍水河上游远期新建东源水库，从东源、黄土开或萍水湖补水，年补水32万m³；五丰河从山口岩水库调水，同时兼顾翠湖，年补水量5万m³；白源河从山口岩水库调水，在上游建堰塘水库，年补水量8万m³。

6. 新区管控方案

针对新区建设，以城市开发建设后的径流量和污染物排放量不超过开发前为目标，明确新区管控要求，确定地块管控指标。

（1）格局管控

1）大系统保护

为保障行泄安全和生态环境，在新城区系统性地梳山理水和蓝绿空间的识别，确定需要保护的重要水域空间、滞蓄空间及径流路径，保证新建区蓄排平衡。

①水面保持

河湖水系是城市用地的重要发展轴线，是滋养生态多样性的重要组成因素，也是防治城市内涝的重要调蓄空间，因此需要保护水域空间，形成合理的生态通廊、景观通廊与安全通廊。结合萍水河流域自然本底、开发定位、生态保护及防洪排涝需求，保护水域空间，确保水面率不低于开发前，城市开发建设后萍水河流域的水面率不低于12.1%，水面面积不低于136.7hm²。

②滞蓄空间与径流路径保护

在新区城市开发建设中，应尽量避免侵占河、渠、坑、塘、低洼湿地等天然滞蓄空间，并根据需要新增滞蓄空间，保证新建区蓄排平衡，以缓解城市排洪排涝压力，同时实现源头对污染物的滞蓄净化；应注意保留自然地貌下的径流路径，保障重要汇水通道畅通，避免填充占用雨水行泄通道，以减缓城区积水，保障防洪排涝安全。对于划定为城市蓝线范围内明确保护的水域，包括滞蓄空间与径流路径，不得随意侵占，禁止擅自填埋、占用、爆破、采石、取土、建设排污设施，及其他对城市水系保护构成破坏的活动。新城区滞蓄空间与径流路径具体保护范围见图6-25。

图6-25 新城区滞蓄空间与径流路径保护（萍水河上游和五丰河上游为例）

2）竖向管控

合理构建区域竖向，防止局部低洼，保护径流路径，保证行泄通道畅通，洪涝水能快速排入河道（图6-26）。例如萍水河流域新区总体上东高西低，萍水湖为最低区域，故通过竖向控制将新区内大部分雨水最终汇集至萍水湖内。

图6-26 新区竖向控制示意图

（a）萍水河流域上游　　　　　　　　　　（b）五丰河流域上游

（2）地块管控

新城区建设采用优先源头分散进行径流量控制，并通过海绵城市建设，地块内实现彻底雨污分流，改进建设模式，实现小区内部"雨水走地上，污水走地下"，从源头上杜绝雨污混接，在此基础上保证水环境质量的提升。

为保障内涝安全和面源控制，需进行新区的规划管控。试点区将新区地块的年径流总量控制率和面源污染削减率作为新区规划控制指标（图6-27）。如萍水河流域上游和五丰河流域上游新区，结合地块用地规划建设要求，对未建地块进行源头指标控制，落实新区规划管控要求。

（a）萍水河流域上游　　　　　　　　　　　　（b）五丰河流域上游

图6-27 新建地块年径流总量控制率分布图

6.1.4　立足本地的技术支撑

6.1.4.1　顶层设计体系

萍乡市通过编制《萍乡市海绵城市专项规划》《萍乡市主城区控制性详细规划》《萍乡市海绵城市试点建设系统化方案》，确立了萍乡市海绵城市建设任务及目标，从顶层设计上构建科学的技术体系，将海绵纳入三大尺度中对应的法定规划。在全域尺度的规划中，将海绵城市建设理念融入城乡空间总体规划（多规合一），划定市域三区五线，强化全域管控，建立"山、水、林、田、湖、草"空间管制格局，构建全域尺度海绵体。在中心城区尺度，在萍乡市城市总体规划修编中，划定蓝线、绿线内与生态涵养区，保护河流、湖泊、滩涂等自然蓄滞空间，奠定中心城区海绵城市格局本底基础。在地块尺度，根据主城区控规调整，将年径流总量控制率、径流污染削减率等海绵城市相关控制指标纳入各分区的控制性详细规划。通过三大尺度的把控，从定格局、控指标、抓实施方面，将顶层设计抓到实处，形成完整的推进假设路线。

6.1.4.2　技术标准体系

为落实海绵城市建设要求，提升萍乡市施工建设水平，相继出台了《萍乡市海绵城市规划设计导则》《萍乡市海绵城市建设标准图集》《萍乡市海绵城市建设植物选型技术导则》

萍乡市规划局文件

萍规字〔2018〕7号

关于印发《萍乡市海绵城市建设工程方案设计
文件编制要求及审查要点（试行）》的通知

各县规划部门、各规划分局、各相关单位：
　　为深入贯彻习近平总书记关于海绵城市建设的重大战略部
署，积极落实国务院、江西省及我市关于推进海绵城市建设有关
文件的要求，进一步加强对海绵城市规划管理工作的指导，有效
推进我市海绵城市建设工作，我局制定了《萍乡市海绵城市建设
工程方案设计文件编制要求及审查要点（试行）》，现印发给你们，
请遵照执行。

《萍乡市海绵城市建设植物选型技术导则》

萍乡市海绵城市试点建设工作领导小组办公室
萍 乡 市 园 林 局

2017.12

图6-28 萍乡市海绵城市建设部分技术导则及指引

《萍乡市海绵城市设计文件编制内容与审查要点》《萍乡市海绵城市建设施工、验收及维护导则》等多部标准、导则（图6-28），在海绵城市规划、设计、施工、验收等各个环节开展全方位建设引导。

6.1.4.3　全过程技术咨询服务

为加强萍乡市自身的技术实力，萍乡市通过聘请技术团队及顶级专家，对萍乡的情况进行整体"把脉"，提出了符合萍乡特点的海绵城市建设思路。

技术团队开展全过程技术咨询，从顶层设计上开展系统谋划，对服务期内的各项目进行技术把控，保证海绵城市建设的实施效果，同时开展审查、巡查等等，保证了海绵城市建设项目的工程质量。通过将顶级专家作为政府的特聘顾问，对萍乡在海绵城市建设中遇到的问题进行整体把脉，明确总体的技术思路，保障建设思路的系统性及可实施性。通过政府部门与第三方技术团队的组合，在各个管控环节，对海绵城市技术要求和建设理念进行了梳理和分析，加强了相关建设经验交流，培育了本地专业化人才，为海绵城市的建设提供人才力量。

6.1.4.4　管控平台建设

为加强项目管控，萍乡市综合运用在线监测、地理信息系统、数学模型等先进技术，以海绵城市建设效果为核心，以详细的过程数据为支撑，建立了可评估、可追溯的海绵城市一体化信息管理平台。

为取得切实可信的数据成果，萍乡市在示范区、地块项目和设施三个层级的管控区域安装了流量计、液位计、内涝监测点、监控摄像头等监测设备。通过现场实际监测数据，对内涝点消除、建设项目年径流总量控制率等数据指标进行追溯，形成分级管控、按效评估的可视化工作平台管理。通过逐级追溯、动态更新等多项功能，直观地反映出了海绵城市的建设效果，可视化程度较高。

在此基础上，为利用信息化手段分析城市动态洪水风险，完成设备在线监控、设备运营维护等服务，全面提升萍乡城区防洪排涝现代化、科学化管理能力，通过综合数据库、应用系统及基础软硬件平台的协调工作，支撑项目管控工作。打造了"一一八"海绵城市智慧化设施调度平台（图6-29），进一步形成数字化管理体系。

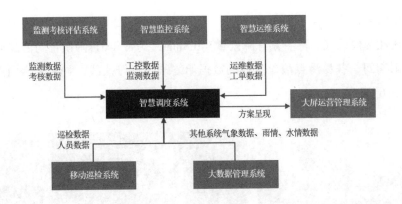

图6-29 萍乡市海绵城市智慧化设施调度平台管控示意图

一个平台运营指挥中心：与萍乡市城市管理指挥中心共用一个，起到承载数据汇聚、日常运营管理、决策分析、指挥调度四大职能。

一个数据中心：部署在萍乡市政府信息中心，是海绵城市管控平台运营的核心支撑，为海绵城市各应用系统提供计算、存储、信息交换传输保障。

八个应用子系统：智慧监控系统、智慧调度系统、智慧运维系统、监测考核评估系统、移动巡检系统、大屏运营管理系统、大数据管理系统、数据交换系统。

系统基于模拟分析技术的先进性与成熟性、数据与业务安全、协同办公、实用性和系统可拓展性的软件设计理念，为萍乡海绵城市建设提供了海绵城市一张图可视化展示，全面提升了海绵城市的运营管理水平、规划决策水平和建设维护水平，为海绵城市的规划决策、运营管理、预警预报、指挥调度、应急管理和建设运行维护提供了现代信息化手段。该平台自建成后服务于海绵城市建设管控工作，支撑萍乡试点区及全域海绵城市建设全生命周期管理与考核评估。

6.1.5　建设成效

6.1.5.1　重构城市人水和谐关系

1. 解决城市内涝顽疾

萍乡在海绵城市建设过程中，解决了困扰已久的积水问题，根除了顽固不堪的内涝顽疾（图6-30）。萍乡坚持系统化的建设思维，遵循"源头减排-过程控制-系统治理"的总体思路，构建"上截-中蓄-下排"的生态排水体系，解决城市内涝问题。

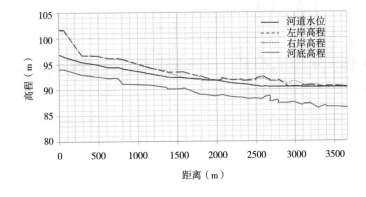

图6-30 构建"上截-中蓄-下排"大排水系统，五丰河30年一遇洪水不漫堤

2017年以来，萍乡各历史内涝点无一发生内涝问题。2017年6月，萍乡经历了一次高强度的连续性暴雨天气。萍乡累计降雨量540.8mm，为常年6月降雨量均值238.0mm的2.3倍。强降雨期间，各易涝点液位计监测数据始终未超过警戒线，均未发生内涝积水问题（图6-31、图6-32）。

图6-31 万龙湾片区公园路与建设东路十字路口（2016年）

图6-32 万龙湾片区公园路与建设东路十字路口（2017年）

内涝问题的解决得益于"上截-中蓄-下排"大排水系统作用的有效发挥。2017年6月强降雨前，萍乡市根据气象预报，按照预案，提前将萍水湖、玉湖水位降低至了汛限水位。6月强降雨期间，玉湖始终发挥着重要的调蓄作用。玉湖蓄水前出口峰值流量达25m³/s，玉湖蓄水后出口峰值流量始终未超过17m³/s（图6-33）。

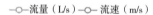
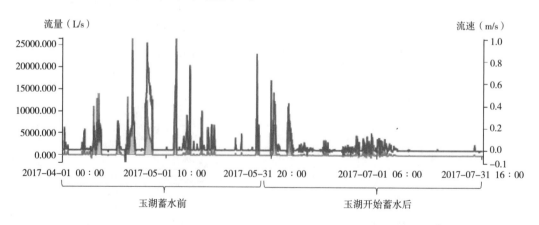

图6-33 玉湖出口2017年汛期流量监控数据

2. 河湖水质改善

海绵城市试点建设以来，合流溢流污染和面源污染得到有效削减，河湖水质指标明显好转。

萍水河水质呈持续好转趋势，污染物指标数据明显下降，2017年萍水河各监测断面主均优于2015年（图6-34、图6-35）。萍水河2015年NH$_3$-N均值0.44mg/L、COD均值11.9mg/L、TP均值0.1mg/L，2017年NH$_3$-N均值0.19mg/L、COD均值9.3mg/L、TP均值0.07mg/L、水质呈持续好转趋势，污染物指标数据明显下降。2017年南坑断面化学需氧量均值比2015年均值下降了20%，2017年NH$_3$-N均值比2015年均值下降了58%，2017年TP均值比2015年下降了40%；2017年三田断面化学需氧量均值比2015年均值下降了25%，2017年NH$_3$-N均值比2015年均值下降了62%，2017年TP均值比2015年下降了25%。

萍乡市老城区排水体制为合流制。海绵城市试点建设过程中，通过源头海绵设施的径流控制、截污干管提升改造、合流制调蓄池的建设，溢流污染问题得到了有效控制。采用2016年降雨数据，模拟CSO系统溢流频次，根据模型模拟结果表明，海绵城市试点建设完成后，老城区合流制区域溢流口年溢流次数均未超过10次。

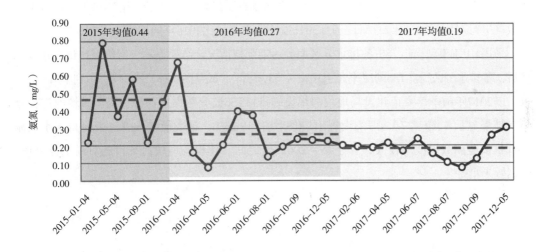

图6-34 萍水2015～2017年NH$_3$-N逐月变化趋势（三田断面与南坑断面均值）

图6-35 改造后的鹅湖（左）和白源河（右）

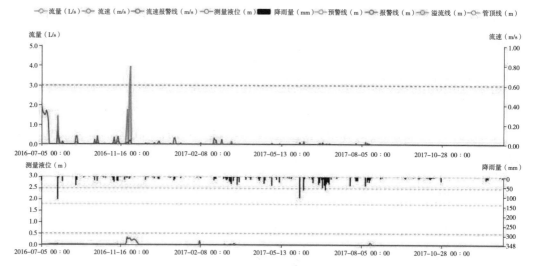

扫码查看原图

图6-36 2016~2017年合流制管网溢流水量监测数据

为监测合流制管网溢流情况，选择老城区部分入河排口安装流量计，实时监测溢流水量。以五丰河康庄路与公园路交叉口附近河道排口监测数据为例（图6-36），排口监测起始于2016年7月，监测结果显示2017年溢流污染问题有明显好转。如果采用2016年与2017年同期数据进行对比，2017年7月5日至9月30日溢流污水总量比2016年同期减少了77%。

采用MIKE模型模拟分析各排水分区面源污染削减情况。结果显示，海绵城市试点建设完成后，各排水分区径流TSS削减率介于10%~63%之间，试点区总体TSS削减率达到了51%。

以2017年雨季萍乡市建设局地块海绵设施排口TSS监测数据对面源污染削减情况进行分析。结果显示（图6-37），海绵设施出口TSS均值19mg/L，最大值62mg/L。萍乡市雨水径流SS背景值监测数据波动较大，介于75~200mg/L之间。建设局地块海绵设施对雨水径流TSS控制效果良好。

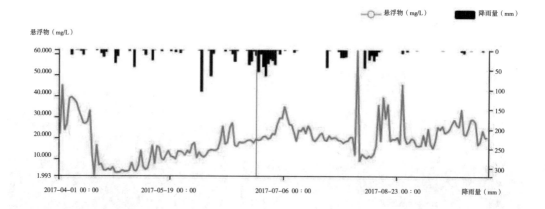

图6-37 建设局地块排口SS监测数据

3. 水生态显著改善

萍乡城区水面率由4%提高到6.6%（图6-38），绿地率由35%提高到了37%，形成了蓝绿交织的雨洪蓄滞体系。河道驳岸生态岸线及自然生态岸线，占河道岸线总长的79.24%，占比逐步增加。萍乡水生态系统正逐步恢复，生物多样性显著增多。

图6-38 萍水湖湿地公园建设前后遥感影像对比图

6.1.5.2　人居环境得以改善

萍乡的海绵城市建设不仅解决了城市洪涝灾害等问题，还带来了显著的综合环境效益。基础设施全面升级，高品质城市公园广场小区学校相继建成，使得人居环境得到大幅提升（图6-39）。老工矿城市华丽蝶变，令居民获得感十足。

图6-39 金典城小区（左）和萍师附小（右）

聚龙公园、鹅湖公园（图6-40）、金螺峰公园、玉湖公园等一系列公园绿地项目，通过海绵化改造，成为老百姓休闲漫步、运动健身、亲近自然的绝佳去处，赢得了市民的高度肯定。

图6-40 改造后的鹅湖公园

6.1.5.3　城市转型升级

萍乡在推动产业转型和激发城市发展的新动能上，率先启动了海绵城市小镇的建设，海绵城市双创中心也已经运营。海绵小镇已按照"5+1"的运营体系建立了涵盖建筑、建材、智慧城市、规划设计、生态环保等所有泛海绵产业，提供线上线下交易、产品企业展示的海绵产业双创中心。

坐落于海绵小镇"核心建设区"的中国（萍乡）海绵城市创新基地，不仅是萍乡市海绵城市建设发展成果的展示窗口，同时兼具海绵产业高地及海绵科技交流平台功能，海绵小镇、双创中心（图6-41）落户其中。

图6-41 海绵小镇（左）和双创中心（右）

6.1.5.4 实现海绵萍乡愿景

自2015年4月成为全国首批16个海绵城市建设试点城市以来，萍乡市围绕"建设独具江南特色的海绵城市"总体目标，以规章制度为引领，以模式创新为重点，以项目建设为抓手，全力推进海绵城市试点建设工作。

通过几年来的积极探索，萍乡市海绵城市建设取得明显成效，屡次获得国务院、中央组织部、中央电视台等表扬和宣传，被列为海绵城市建设"全国样本"（图6-42）。在海绵城市理念指导建设下，河畅岸绿、人水和谐、江南特色的海绵萍乡得以实现。

图6-42 各类宣传报道
注："萍乡市推进海绵城市建设的探索与实践"作为生态文明建设的攻坚克难案例被收录（左）；《新闻联播》报道萍乡全力打造"海绵城市"（右）

6.1.6 经验总结

6.1.6.1 系统化的全域推进思路

萍乡以"全域管控-系统构建-分区治理"的核心技术路径，引领全域推进海绵城市建设。从加强全域管控角度，做好生态本底保护、水系统保护和自然滞蓄空间保护，在全市域层面保护好山水林田湖草这一生命共同体，奠定良好的基底条件。系统构建方面，形成"上截–中蓄–下排"大排水体系，通过上游截洪分导、中游调蓄滞洪、下游强化排涝三大步骤，破解城区洪涝灾害顽疾。新老城区区别对待，开展因地制宜的分区治理。老城区以问题为导向，重点解决突出的水安全和水环境问题。新城区以目标为导向，严格按照规划管控要求落实海绵城市建设理念，确保全面实施。

6.1.6.2　强有力的组织管理保障机制

萍乡领导班子充分认识到海绵城市能够带动旧城改造和新城建设，解决萍乡老城区的人居环境问题，为萍乡提供更多的生态空间规划建设理念，形成顶层保障。萍乡市海绵城市建设工作领导小组将建设理念进一步落实到全域推进海绵城市建设的各项工作中，相关成员单位部门能够明晰建设要求，落实建设理念，确保将海绵城市建设推向实处。通过宣传普及海绵城市的意义和能够解决的问题，使得海绵城市建设工作获得了人民群众的支持及理解，形成了自上而下的推进机制，构建了强有力的组织管理保障体系。

6.1.6.3　行之有效的规划建设实施机制

萍乡市印发了政府规范性文件《萍乡市海绵城市建设管理规定》，明确了将海绵城市建设纳入建设项目全生命周期管理过程的思路及相应管控流程，打造了"海绵办+技术服务团队"的实施模式，保障海绵城市试点建设的顺利实施。建设过程中，逐步出台并印发了规划管控、技术支撑、考核评价、资金保障、管理实施等相应文件，形成了完整的海绵城市实施机制框架。

6.1.6.4　创新的建设管理模式

在建设海绵城市的探索过程中，萍乡结合自身需求及特点，提出了能够高效推进海绵城市建设的创新建设管理模式。在建设时间紧、实施任务重的情况下，提出了边设计边审批、按流域打包的实施模式，简化了项目前期审批的流程。围绕流域打包建设模式，建立了相应考核、运维体系，开展了PPP绩效付费、第三方评价、统筹运维管控等工作，实现了以海绵城市建设为基点，多模式探索的创新管理模式。为保障后续海绵城市建设工作的延续及考核，搭建了海绵城市智慧化设施调度平台，推进了海绵城市建设、监管、考核工作的高效开展。

6.1.6.5　新发展理念促进城市高质量发展

萍乡海绵城市建设，以新发展理念为建设指南，从以人为本的观念出发，以构建城市人水和谐关系为目标，开展了卓有成效的各类工程措施，制定了切实有效的机制体制，真正解决了城市内涝顽疾、改善了人居环境。在建设过程中，萍乡探索出了一条产业转型的新路，通过设立海绵基金，出台技术创新鼓励政策，实现了借助海绵理念促进城市发展的目的，并在产业转型过程中激发了城市新的活力。

萍乡在系统化全域推进海绵城市建设过程中，践行生态文明思想，在海绵城市理念指导建设下，河畅岸绿、人水和谐、江南特色的海绵萍乡愿景得以实现，形成了可供中国江南丘陵地区和中等规模城市借鉴的海绵城市建设技术路径和"萍乡经验"。

6.2 北方丘陵型大城市——青岛市案例

青岛是国家计划单列市、副省级城市、山东省经济中心，是一座典型的现代化大都市。城区的高强度开发建设和无序扩张，给青岛带来了水环境、水生态、水安全、水资源等方面的种种问题，人水矛盾也逐渐显现。

2016年4月，青岛成为国家海绵城市建设试点城市，自此拉开了青岛市系统化全域推进海绵城市建设的序幕。针对城市开发强度大、老城区配套基础设施有欠账、城区低洼地易积水、供水严重依赖外部水源等问题，青岛市紧抓海绵城市建设试点契机，坚持老城区问题导向和新建区目标导向的"双导向"原则，因地制宜采用规划设计作引领、体制机制强保障、规范标准作支撑、智慧平台促发展、工程项目重落实"五位一体"模式，将海绵城市建设理念融入城市开发建设和管理的方方面面，实现了试点示范和全域建设"双推进"。

通过四年多的建设，青岛市25.24km²的海绵城市建设国家级试点区已全面建成达标，在2019年12月的国家级试点考核验收中取得了优异成绩，获得了中央1.2亿元奖励资金；"十三五"期间，全市城市建成区25%以上面积达到海绵城市建设要求，超额完成了国家"到2020年底，20%城市建成区达到海绵城市建设要求"的工作任务，并总结形成了"多级规划、多维协调、多元建设、多重保障、多方参与"的海绵城市全面系统推进"青岛经验"，可供国内其他同类城市借鉴参考。

6.2.1 城市特征和涉水问题

青岛市位于山东半岛、黄海之滨、环绕胶州湾，是北方丘陵型城市、区域高开发强度城市、大型或特大型城市的典型代表。在海绵城市建设前，青岛市存在部分水体黑臭、局部积水内涝、水源严重短缺等涉水问题。推进海绵城市建设，既是青岛市准确把握绿色发展理念的重要途径，也是青岛市解决涉水"城市病"、重构人水和谐城市格局的客观需要。

6.2.1.1 主要城市特征

青岛，又称琴岛，是中国历史文化名城，也是我国沿海重要的中心城市和滨海度假旅游城市、国际性港口城市，因其美丽的"红瓦绿树、碧海蓝天"海滨风景享誉中外。从自然地形地貌、城市规模和发展程度等方面来看，青岛市具有北方丘陵地形地貌、区域高开发强度、大型或特大型城市3个显著代表性特征。

1. 北方丘陵型城市的典型代表

青岛市地处山东半岛南部，东、南濒临黄海，整体地势东高西低，南北两侧隆起，中间低凹，山地和丘陵约占全市总面积的17.6%，洼地占21.7%，因独特的地理位置和地形地势，青岛市形成了具有"山海城一体"特征的北方丘陵型城市特色。

青岛市气候兼具温带季风性气候和海洋性气候特点，降雨时空分布不均。根据1984～2013年青岛站降雨数据，青岛市多年平均降雨量为709mm，最大年降水量是最小年降水量的3倍多；年内降雨多集中于6～9月的汛期（约占全年降水量的70.5%～75.4%），且多集中在7～8月的几次大雨或暴雨之中（图6–43）。

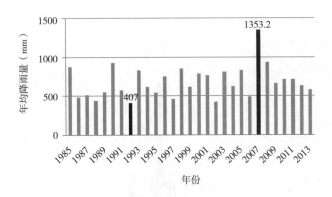

图6-43 青岛市多年平均降雨量

根据对多年降雨量数据的分析，青岛市将2012年确定为降雨典型年，为水环境容量、水资源利用等模型计算提供参数。2012年年降雨量为633mm，降雨量主要集中在7～8月份，约占全年降水量的56.7%（图6-44）。

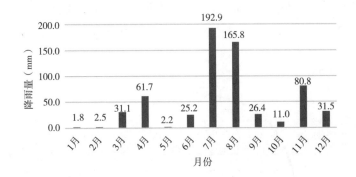

图6-44 青岛市2012年典型年降雨量分布图

采用最新修编的青岛市暴雨强度公式进行降雨情景设置，以芝加哥雨型为基础，利用城市排水管网模拟系统（Digital Water Simulation）生成青岛市1年一遇、2年一遇、3年一遇、5年一遇短历时（降雨历时2h）降雨，雨峰系数 r 为0.2的降雨历时曲线（图6-45）。

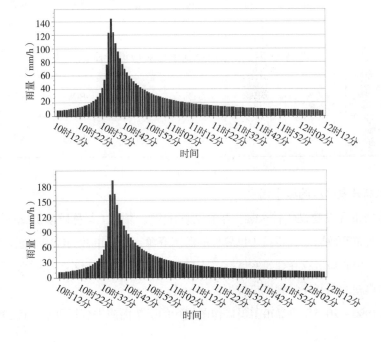

图6-45 2年一遇（左）、5年一遇（右）2h降雨过程线

根据统计青岛市1966～2017年的实际降雨情况，采用同频率法推求长历时（1440min）设计暴雨统计雨型（图6-46）。

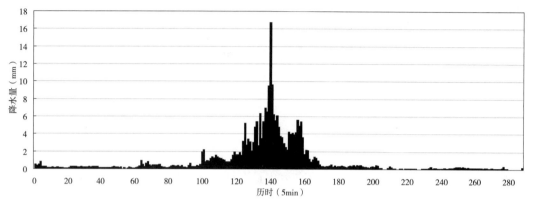

图6-46 50年重现期下5min为单位时段青岛市区1440min降雨时程分配图

根据1961～2013年青岛市逐日降雨量数据，绘制青岛市年径流总量控制率与设计降雨量的对应关系图（图6-47），年径流总量控制率75%对应的设计降雨量为27.4mm（表6-5）。

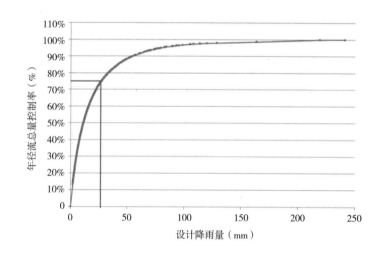

图6-47 青岛市"年径流总量控制率-设计降雨量"曲线

青岛市年径流总量控制率与对应设计降雨量表　　　　表6-5

年径流总量控制率	60%	65%	70%	75%	80%	85%	90%
设计降雨量（mm）	16.2	19.3	23.2	27.4	33.5	41.4	55.0

2. 区域高开发强度的城市代表

青岛市城市开发建设年代久远，早在清朝末年，青岛（昔称胶澳）就已发展成为一个繁华市镇。改革开放以来，得益于世界级的海湾资源，青岛市社会经济飞速发展，城镇化进程不断加速，中心城区存在建筑密度高、人口规模大、环境容量小、公共服务设施不足等现象，是国内典型的高开发强度城市代表。

根据对1990～2015年青岛市卫星影像图进行的下垫面演进分析可知，近20年，青岛市城市建成区迅速扩大，以建筑用地、广场铺装和道路为主的城市不透水地面比例也急速增长。结合卫星影像分析与现场勘查，对青岛市中心城区下垫面进行解析，结果显示青岛市的城市不透水地面面积约占城市建成区总面积的56%。

3. 大型或特大型城市的代表

青岛市是国家计划单列市、副省级城市，山东省经济中心，也是一带一路新亚欧大陆桥经济走廊主要节点城市和海上合作战略支点。青岛下辖7个市辖区（市南区、市北区、李沧区、崂山区、西海岸新区、城阳区、即墨区），代管3个县级市（胶州市、平度市、莱西市），全市总面积11293km²，常住人口1025.67万人。根据相关数据统计，2020年，青岛市全市生产总值12400.56亿元（图6-48），在山东省排名第一，全国排名第13名，是国内典型的大型城市代表。

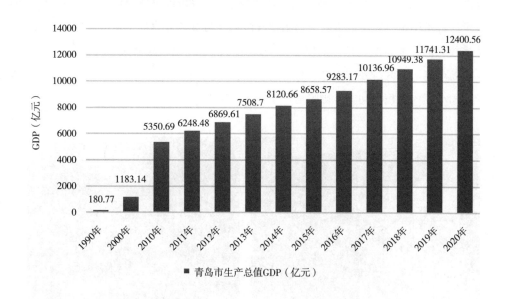

图6-48 青岛市生产总值历年变化图
数据来源：青岛市统计局

6.2.1.2　海绵城市建设的迫切需求

早期高强度的城市开发建设往往缺乏系统性统筹，经济的迅速发展大多是以牺牲生态环境换取的。青岛市老城区基础设施建设存在较多历史欠账，自然生态空间被城市压缩挤占，自然水文循环被破坏，淡水资源也出现了严重短缺，人与水的矛盾逐渐显现。

1. 城市生态功能脆弱

青岛市城市建成区的不透水地面面积约占建成区总面积的56%，这些城市硬化地面严重阻碍了雨水的自然积蓄和下渗，破坏了自然水文循环，引发了生物多样性降低、水土流失等各类水生态问题。

2. 城市水环境被破坏

青岛市有大小河流224条，均为季节性河流，水系统缺乏整体连通性。尤其是沿海诸河多为独立入海的山溪性小河，大多存在缺乏生态基流、长期多处断流的问题。青岛市中心城区有35%的河流存在不同程度的河道渠化或硬质化问题，部分河道在整治前水质持续恶化（图6-49），其中12段河流曾被住房和城乡建设部列入城市黑臭水体清单，总长度18km。

图6-49 整治前青岛市城区部分河道存在黑臭现象

3. 城市局部存在内涝

青岛市老城区的排水系统大多建设年代比较久远，老旧管网普遍存在管网淤积、堵塞、破损及设计容量不足等问题。虽然具有沿海丘陵的地势优势，青岛市城区大部分区域的雨水可自然排放入海，但老城区低洼处仍存在局部内涝积水问题，社会关注度高，舆论压力大；同时，青岛市老旧小区对外部山体、丘陵的客水控制措施不完善，雨季时常发生因山体客水入侵导致的小区内涝积水问题，影响居民出行（图6-50）。

图6-50 整治前青岛部分道路积水（左）、老旧小区存在客水入侵问题（右）

4. 严重依赖外部水源

青岛市是人均水资源量最少的沿海计划单列市，人均占有淡水资源量247m³，仅为全国平均值的11%，淡水资源极其短缺。因水资源开发潜力有限、地下水开发难度较大等原因，青岛市供水水源多为引黄济青、南水北调等外调水源，对外部水源依赖度较高，城市用水供需矛盾突出（图6-51）。

6.2.1.3 海绵城市建设的使命

系统化全域推进海绵城市建设，既是青岛市贯彻落实"创新、协调、绿色、开放、共享"发展理念的重要举措，也是青岛市实现经济社会全面协调可持续发展、建设生态宜居城市的必由之路。

青岛市海绵城市建设的总体目标是将海绵城市建设作为践行生态文明与绿色发展的主要载体、推进新型城镇化发展的有效途径，建设"水生态良好、水安全保障、水环境改善、水

景观优美、水文化丰富"的宜居青岛。具体
分为两个阶段：近期到2020年，按照系统化思
维统筹山、水、林、田、河、湖、草生态格
局，以国家海绵城市建设试点为契机，在高质
量完成国家海绵城市建设试点区的基础上，按
照"海绵+"模式以点带面，全市城市建成区
25 %以上面积达到海绵城市建设要求；远期
到2030年，将海绵城市建设融入城市高质量发

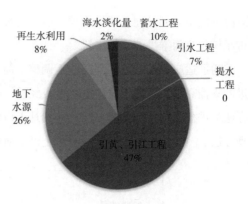

图6-51 青岛
市供水水源分
类图

展各项工作，按照"+海绵"模式全面推进，全市城市建成区80 %以上面积达到海绵城市建
设要求，建成和谐、宜居、美丽的"海绵青岛"。

6.2.2　系统推进的机制体制

6.2.2.1　以专职机构保障长效推进

2016年4月，青岛市紧随国家脚步，印发了《青岛市关于加快推进海绵城市建设的实施
意见》（青政办发〔2016〕8号），成立了市长任组长的青岛市海绵城市建设工作领导小组，
按照指挥部模式，从住建、发改、财政、规划等部门和单位抽调了20余名骨干组建市海绵
办，坚持高位协调、重点突破，强力推进海绵城市试点和全市建设工作。

2018年，为了确保海绵城市建设长效持续推进，进一步加强组织保障，青岛市机构编制
委员会批准在市城乡建设委增设海绵城市建设推进处，增加人员编制，作为海绵城市规划建
设管理专职机构。青岛也是全国最早设立海绵城市建设管理专职行政机构的城市。

2019年，结合机构改革和部门职责分工调整，青岛市将海绵城市建设职能明确落实到市
住房和城乡建设局"三定"方案中，保留海绵城市建设推进处，负责"拟订海绵城市建设规
划计划、规范标准并组织实施"，确保了海绵城市建设长效持续推进。

市级层面设立海绵城市专职管理机构并将海绵城市建设职能落实到具体部门"三定"方
案后，青岛市下辖各区（市）也结合机构改革的实际情况，积极明确海绵城市建设责任部
门。如李沧区将海绵城市建设职能纳入区城市管理局"三定"方案；崂山区在城市管理局下
设海绵城市推进科等。市区两级专职机构的设置对于青岛市进一步加强市区两级海绵城市日
常协调和调度具有重要意义，为海绵城市建设常态化推进提供了有力的组织保障。

6.2.2.2　全流程管控实现全面落实

1.加强整体管控力度

2016年，青岛市围绕规划管控、城市雨水管理、蓝线划定与管理、河湖水系保护、资金
保障、绩效考核、能力建设等海绵城市建设工作要求，由市住建、规划、水利、城管等多部
门联合印发了《青岛市海绵城市规划建设管理暂行办法》（以下简称《暂行办法》），对青岛
市规划区内的各类新建、改建、扩建工程进行海绵规划建设管控。《暂行办法》在青岛市海
绵城市建设初期，尤其是海绵城市试点建设时期，发挥了难以替代的重要作用，但随着青岛
市海绵城市建设在全市域范围的逐步扩展，《暂行办法》因存在有效期、执行依据等问题，

对海绵城市规划管理、建设管理、运行管理等方面约束力不足，不能满足下一步青岛海绵城市系统化全面推进的工作需要。

为了适应机构改革、部门职责调整、简政放权等新工作形势下海绵城市建设全面系统推进的管控需求，青岛市总结前期试点经验，在充分调研、广泛征求意见的基础上，对《暂行办法》进行了修订和升级，2020年10月由市政府办公厅印发了《青岛市海绵城市规划建设管理办法》（青政办发〔2020〕20号）（以下简称《管理办法》，图6-52）。

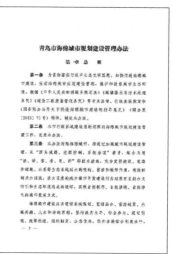

图6-52《青岛市海绵城市规划建设管理办法》

《管理办法》充分考虑青岛市城市管理的实际情况，在不新增管控环节的基础上，强化了规划和设计、建设和质量、运营和维护、评价和激励等"全过程"，新建、改建、扩建等"全类型"，建筑小区、道路广场、河道水系、公园绿地等"全行业"海绵城市建设的综合性管控。

例如在立项许可阶段，考虑到部分改造类项目因规模、性质和"放管服"的政策，不需要办理"两证一书"，但是同样需要落实海绵城市建设要求。《管理办法》提出此类项目的海绵城市建设要求由项目主管部门和建设单位征求海绵城市主管部门意见，根据相关规划确定建设指标。

再如，考虑到逐步取消施工图审查的"放管服"工作要求与海绵城市建设施工图审查管控的矛盾问题，《管理办法》提出建设项目施工图设计文件应包含海绵城市专篇和自评价表，设计单位承诺设计方案可以满足项目海绵城市建设指标，再由主管部门对建设项目海绵城市设施施工图设计进行抽查。

2. 因地制宜细化管控制度

青岛市发改、规划、住建等部门结合自身工作职责，从"定目标、审方案、强建设、验工程、督运维"五个方面，印发了30余项政策文件，将海绵城市建设要求嵌入日常城市管理工作中。此外，青岛市还通过将建设项目分类、审批程序"颗粒化"，实现了新建、改建、扩建项目监管全覆盖。

在简政放权的大背景下，青岛市海绵办在海绵城市规划建设的三个主要管控阶段采用抽查模式，确保海绵城市理念在各环节能够扎扎实实地落到实处。第一阶段是立项许可阶段，抽查"两证一书"等审批文件，确保海绵城市的关键技术指标在项目规划审批时就能够明确和固化；第二阶段是设计阶段，抽查项目设计方案，监督落实设计方案合理性和海绵城市建设指标可达性；第三阶段是施工许可阶段，抽查施工图审查意见书以及项目施工图，督促落实海绵城市建设要求。

同时，青岛市还鼓励和支持各区（市）、经济功能区结合辖区实际，积极探索具有区域特色的建设管控制度。如西海岸新区制订了《海绵项目联合竣工验收管理办法》，即墨区制订了《房地产开发项目海绵城市专项审批及监督管理办法》，胶州市在排水许可阶段实施海绵城市建设指标管控制度等，这些因地制宜的管控制度切实保障了青岛市海绵城市建设在全域范围内有效推进和落实。

3.建立工作联动机制

工作机制上，青岛市建立了"周动态、月通报、定期调度、现场巡查"的工作机制，主任办公会原则上每月召开一次，由市海绵办主任（或副主任）召集，各成员单位分管领导参加；每周发布全市海绵城市建设工作动态，每月发布海绵城市建设情况通报，同时，市海绵办还对各区（市）开展定期现场巡查、工作座谈，协调解决存在的实际问题，指导督促各区（市）建设推进（图6-53）。

图6-53 青岛市海绵城市建设工作调度会（左）和现场巡查（右）

市级各相关部门根据职责分工，加强"横向协调"；市区两级建立信息共享机制，围绕既定工作目标做好"纵向联动"。高效稳定的工作运行机制有效地保障了青岛市海绵城市建设长效推进。

4.强化考评激励机制

2018年，青岛市将海绵城市建设绩效纳入全市综合考核体系，通过印发《青岛市全面推进海绵城市建设实施方案》《青岛市海绵城市建设绩效考评办法》细化海绵城市考评标准。市海绵办通过查阅资料、现场检查等方式，对各区（市）海绵城市项目建设、能力建设、制度创新等多个方面进行综合考核（图6-54）；各区（市）也结合区域实际情况，对下辖街道进行海绵城市绩效考评。通过层层细化地开展海绵城市绩效考评，青岛市提高了各级各部门对海绵城市建设的重视程度，有力地推进了海绵城市建设各项工作，成效显著。

图6-54 青岛市邀请行业专家开展海绵城市绩效考评

5. 规范资金使用

青岛市印发了《海绵城市建设资金管理办法》，规范和加强海绵城市建设资金管理，确保提高财政资金使用效益。同时，聘请了专业机构对海绵城市试点项目方案和资金进行审核，突出海绵设施的功能性、实用性和经济性，将有限的资金用在刀刃上，避免海绵城市建设过度工程化造成的资金浪费。

6.2.2.3　市场化模式吸引多方参与

1. 汇聚民智、倾听民声

青岛市将"尊重民意、汇集民智、凝聚民力、改善民生"贯穿海绵城市建设全过程。在项目规划设计阶段，通过发放民意调查表、与居民面对面交流、方案公示、与居民代表座谈等方式，充分征求百姓的意见和建议，了解他们最关心的问题和最急切的诉求，将老百姓的合理要求充分融入项目的设计方案中（图6-55）。

以李沧区兴华路47号、兴华路51号两个小区的海绵城市改造项目为例，青岛市在改造方案设计过程中对小区居民进行了改造意愿的民意调查，共收回调查问卷434份（两个小区共28栋楼，居住户数约1100户），根据居民的诉求进行有针对性的方案设计；对于小区改造的局部区域意见不统一的，在完成第一轮征集意见后，再进行第二轮方案比选调查问卷；全部设计完成后，还要将设计方案在小区进行公示，确保设计方案能够真正落实居民的意见和建议。

同时，青岛市、区两级主管部门通过接听广播在线电话、电视节目直播、网络在线问答等多种形式，听取群众对于海绵城市规划、建设进度、工程质量等方方面面的意见和建议，

图6-55 青岛市海绵城市建设充分征求百姓意见和建议

并亲自到现场对接解决问题，形成政民良性互动，争取老百姓对海绵城市建设的支持。

2. 鼓励社会资本参与

青岛市按照市场化思维，以制度规范和政策鼓励，引导社会投资项目落实海绵城市管控要求。在海绵城市建设试点区整体采用了"流域打包、按效付费"的PPP模式开展项目建设。不仅如此，为了推动海绵城市建设多方参与，青岛市以公园绿地和公共空间整治项目为突破口，探索政企"共建共管"模式，实现政府节约财政资金、企业获得投资回报、群众提升幸福感"三方共赢"。

以上王埠中心绿地海绵城市改造项目为例，该项目占地约11万m²，青岛市重要的调洪蓄洪设施——上王埠水库也位于该区域。因上游水土流失、城中村无序排水等影响，整治前项目区域内存在水库淤积、水环境质量差、景观环境缺失等问题（图6-56）。

该地块被规划为一处城市开放公园。结合项目南北两侧均为房地产开发地块的实际情

图6-56 "政企合作"的上王埠中心绿地建设前（左）后（右）对比图

况，该项目创新性地采用了政企"共同出资、统一建设、移交管理"的海绵城市建设模式。项目建成后，一是达到控制初期雨水径流、解决源头水体污染问题、增加水库调蓄空间的建设目标；二是增加了公共服务设施和生态产品供给，拓展了市民休闲活动空间；三是带动了区域开发建设、土地增值，为突破传统的城市开发模式探索了新思路（图6-57）。

扫码查看原图

图6-57 整治后的上王埠中心绿地

3. 借助"外脑"科学决策

青岛市通过引入全过程技术咨询团队，充分借助"外脑"，助力海绵城市系统化推进。

在海绵城市建设试点申报时，青岛市就通过政府采购服务形式，率先引入技术团队，全面协助开展专项规划编制和试点申报工作。2016年4月成功申报成为国家级海绵城市建设试点后，青岛市于2017年、2018年先后在试点区、全市层面引入第三方技术服务单位，为海绵城市详细规划和系统化方案编制、技术方案审查、工程质量管控、建设绩效评价、政策制度制订、规范标准编制、监测管控平台搭建、基础课题研究、专业技术培训和宣传等多个方面提供了有力的支持（图6-58）。

图6-58 技术咨询团队在青岛市（左）和试点区（右）开展工作

同时，青岛市选聘了住房和城乡建设部、山东省和本地的49位知名行业专家，建立了市海绵城市建设专家库，为海绵城市提供规划建议、方案评审等方面的专业建议，辅助政府部门科学决策。

4. 争取最广泛的支持

为了让海绵城市理念能够深入人心，青岛市开展了多角度的海绵城市宣传。一是将海绵城市纳入住房和城乡建设系统干部培训，组织青岛市直部门以及各区（市）的管理人员前往包括萍乡、深圳在内的地区进行专题培训，加深领导干部对海绵城市建设要求的理解；二是组织专业论坛，邀请行业专家与青岛市地方技术人员进行专题交流，解读海绵城市建设要求，培养地方技术人才（图6-59）；三是组织开展了海绵城市"进机关、进企业、进社区、进校园"系列宣传活动，使社会各界能够全面了解海绵城市（图6-60）。同时，青岛市联系了包括人民日报、环球网在内的一线主流媒体以及青岛晚报、半岛都市报等地方媒体，通过微博、微信公众号等方式，对青岛市的海绵城市建设成效进行全方位的宣传和报道，使老百姓认识、理解、支持海绵城市建设。

6.2.2.4 智慧化体系推进科学评价

1. 试点区率先实现智慧管控

基于试点监测考核评估要求，青岛市于2018年在试点区率先建设了李沧试点区海绵城市监测评估一体化平台，布设354台监测设备，按照"设施-项目-地块-排水分区-汇水分区-试点区"的层级，对试点项目、地块、管网、排口、河道断面等的水质、水量和异常情况进

图6-59 青岛市海绵城市相关论坛和技术培训

图6-60 青岛市开展海绵城市"进校园"系列活动

行监测和分析，实现了海绵城市数据采集与管理、项目全过程管控、考核指标评估等功能，为试点区整治效果评估、绩效评价、监督管理、PPP"按效付费"等提供了数据支撑。

2. 全市推进"海绵智慧化"

随着青岛市海绵城市逐步走向全面长效推进，各类工程项目也逐渐由设计建设阶段走向运营维护阶段，对于海绵城市建设科学评估和高效管理的要求也日益突出。

2020年，为了全面提升海绵城市建设管理的智慧化水平，青岛市总结推广试点经验，结合实际需求，建设了青岛市海绵城市及排水监测评估考核系统（图6-61），以智慧化助力提升海绵城市建设和管理工作。

（1）一个智能化监管中心

青岛市综合考虑节约资金投入、提升系统利用效率和长效运营管理，采用与青岛水务集团联合建设的模式，在青岛软件园建设了一个包括集中展示、数据管理、运行调度等多功能的智能化监管中心，包括接待区、会议区、监控区，总面积约300m^2。

（2）一个信息化管理平台

基于大数据、互联网、物联网、地理信息、移动应用等先进技术，在充分整合利用城建档案馆、市勘测院调查的地形、管网数据资料的基础上，青岛市搭建了一个全指标、全过程、全覆盖、全方位服务市海绵城市建设的信息化管理平台，实现海绵城市"规划一张图、监测一张网、考核一张表、管控一条线、调度一体化、政民一网通"，推动青岛市海绵城市管理智慧化。

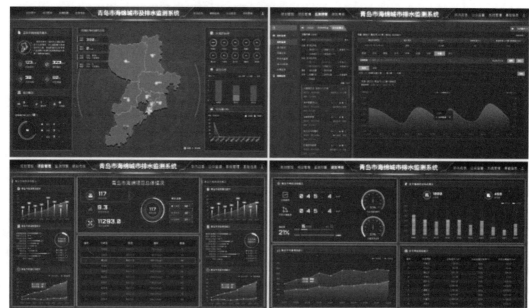

图6-61 青岛市海绵城市及排水监测评估考核系统

图6-62 青岛市海绵城市在线监测设备

（3）一套标准化技术体系

青岛市正在研究制定本地化的《青岛市海绵城市监测技术标准》，指导各区（市）海绵城市监测系统建设及应用，亦可为国家级海绵城市监测评估规范标准的制定提供案例和参考。

（4）一片在线监测示范区

在整合试点区监测数据的基础上，青岛市结合黑臭水体治理、污水处理提质增效等工作要求，又在李村河流域143.5km²范围内布设了214台在线监测设备（图6-62），建立了一个"源头、过程、系统"全覆盖的区域海绵城市在线监测示范体系，既为李村河流域海绵城市系统化建设提供数据支撑，也为其他区（市）建设区级监测网络提供示范和参考。

6.2.3 科学合理的顶层设计

为了系统指导全市的海绵城市建设，青岛市在国内首次创新性编制了《青岛市海绵城市详细规划编制大纲》和《青岛市海绵城市系统化实施方案编制大纲》，用于提高规划和方案编制的规范性，并在此基础上构建了全市统一标准的"专项规划定格局、详细规划定指标、系统化方案定项目"多级海绵城市顶层设计体系（图6-63），是国内最早一批实现"海绵城市专项规划、详细规划全市域覆盖"的城市。完善的规划设计体系有效地指导了青岛市海绵城市建设系统化推进。

6.2.3.1 专项规划全覆盖统筹全市建设

为了加强规划的引领作用，青岛市于2016年4月编制了《青岛市海绵城市专项规划

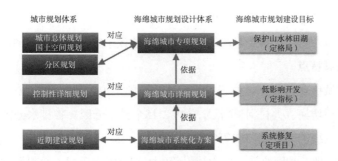

图6-63 青岛市海绵城市规划设计体系示意图

（2016～2030）》，同步组织西海岸新区、即墨区、胶州市、平度市、莱西市等编制辖区海绵城市专项规划，2018年实现了"海绵城市专项规划全覆盖"。

随着对海绵城市理念的理解不断深入，青岛市又结合国家级试点经验、监测数据、基础研究成果和国家最新要求，总结青岛市海绵城市三年多的实践经验，突出"优先保护天然海绵体，充分衔接老城风貌保护，加强相关规划统筹协调"的特色，对原专项规划进行了修编，形成了"青岛市海绵城市专项规划2.0版"。

"青岛市海绵城市专项规划2.0版"加强了海绵城市专项规划与中心城区各主要规划之间的衔接，对新一轮总体规划、专项规划修编提出关于海绵城市建设的积极反馈，强化了年径流总量控制率、雨水资源利用率等水环境、水安全、水生态、水资源相关的核心指标，加强规划的指标指导意义。

同时，针对原规划内容偏重源头指标、系统性不足的问题，在修编过程中突出了对于全市系统性指标的要求，加强了生态格局方面的分析；并且结合青岛市老城区面积占比大的城市特点，突出以问题为导向，增加了老城区建设情况、黑臭水体分布、降雨规律研究等相关内容，在水资源、水环境等方面深化了相关规划内容，将海绵城市建设与治黑防涝充分结合，系统性提出控源截污、内源治理、生态修复、活水保质的水环境治理综合技术措施，体现了青岛市海绵城市建设特色。

6.2.3.2　详细规划全覆盖确定地块指标

按照海绵城市规划环节管控要求，结合区域控规修编调整，青岛市组织各区（市）按照《青岛市海绵城市详细规划编制大纲》，编制海绵城市详细规划，所有规划由青岛市海绵办组织专家评审。在评审过程中，市海绵办邀请住房和城乡建设部海绵城市专家委员会专家、山东省和本地专家共同对规划的系统性进行把关，并广泛征求市自然资源和规划局、市园林和林业局、市水务管理局等相关部门的意见，确保海绵城市详细规划确定的指标可以真正落到实处。

2020年，青岛市完成了"海绵城市详细规划全覆盖"，为各地块落实管控指标、规划部门发放"两证一书"等工作提供强有力的依据。

6.2.3.3　系统化方案指导重点区域建设

同时，青岛市组织各区（市）参照《青岛市海绵城市系统化实施方案编制大纲》，编制近期重点建设区域的海绵城市系统化方案，建立"源头减排–过程控制–系统治理"的工程体系，因地制宜地确定建设目标和工程项目，提高海绵城市建设系统性。下文以国家级试点区系统化方案编制为例，简要介绍青岛市海绵城市建设系统化方案编制的主要思路。

1. 试点区区域特点

青岛市海绵城市建设试点区位于中心城区之一的李沧区西北部老城区，面积25.24km²，分为楼山河、板桥坊河、大村河3个汇水分区、15个排水分区，各排水分区均按照"源头减排、过程控制、系统治理"思路统筹安排试点项目，试点区计划实施建筑小区、公园绿地、道路广场、河道治理、管网改造、能力建设等8大类共190个项目，总投资约48.7亿元。

结合自然本底条件、区域城镇化发展程度等多方面，试点区是具有较强典型性和代表性的区域，能够为青岛市、山东省乃至全国类似城市和区域提供借鉴和参考。

（1）老城更新代表区

试点区是典型的青岛市老城区、老工业区，区域内存在居住用地建筑密度高、环境质量差，基础设施、公共服务设施整体不足，城市功能结构不合理，布局凌乱且南北失衡等诸多问题，还有众多尚未开发的城中村分布于此。《青岛市城市总体规划（2011～2020年）》将这片区域确定为未来发展核心区域，集中了"老工业区改造、城中村改造、老城区更新"等多重任务于一身，是典型的老城更新区代表。

（2）丘陵地市代表区

试点区属于半丘陵半山地区域，整体地势东北高西南低，区域内有老虎山、牛毛山、坊子街山、楼山、烟墩山等山体，靠近老虎山处地势变化较大，坡度基本在5%以上，其他区域地势较平坦，坡度基本在1%～5%之间（图6-64），老旧小区存在青岛市常见的山体客水入侵等局部内涝问题。

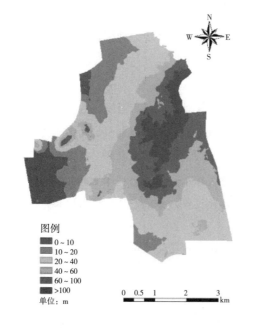
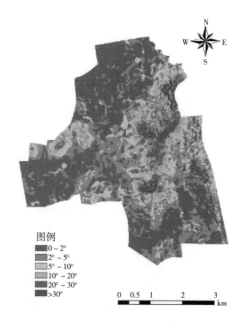

图6-64 试点区地形分析图（左：高程分析图 右：坡度分析图）

（3）问题和需求双导向

试点区存在诸多涉水问题：一是试点区的硬化面积占比约70%，城市高强度的开发导致自然水文循环系统被破坏，雨水径流不能自然下渗；二是区域内存在河道、水库等水体黑臭现象，其中楼山河（重庆路-入海口段）被住房和城乡建设部列为重度黑臭水体，总长度约为3.3km（图6-65）；三是水资源严重短缺，雨水资源涵养利用不足；四是在极端天气下，试点区内有3个老旧小区存在因周边山体或丘陵客水入侵导致的严重积水问题，影响居民出行（图6-66）；五是试点区的居民对他们居住的这片老城区有比较强烈的改造意愿和十分迫切的改造需求。

图6-65 整治前楼山河（重庆路-入海口段）黑臭水体

图6-66 试点区内的老旧小区在改造前存在积水问题

2.试点区系统化方案编制重点

（1）重点分析源头可改造性

试点区全部位于老城区的特点决定了这片区域与居民的日常生活息息相关，并且老城区各类问题较多，整体改造难度较大。针对这一特点，青岛市在编制试点区海绵城市建设系统化方案时，重点进行了源头可改造性分析。

首先结合源头地块情况，将地块按照建设时序分为目标管控类和规划改造类，目标管控类主要是新建区域或规划拆迁的区域，通过上位规划进行目标管控；针对规划改造类，需要结合现场调研情况，综合考虑可实施性、紧迫性、需求迫切程度、改造难度、投资效益等分为近期可改造、远期改造、暂不改造三类（图6-67）。

扫码查看原图

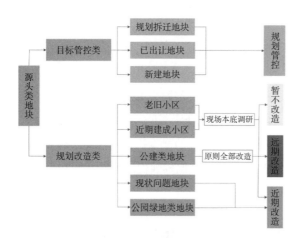

图6-67 试点区源头可改造性分析技术路线图（左）和分析结果（右）

（2）整体采用"海绵+"模式

一方面，试点区海绵城市建设首先要解决的是现状存在的积水内涝、雨污混流、管道淤塞、水质污染等问题；另一方面，为最大限度地获得居民的支持，试点区的海绵城市建设采用"海绵+"模式，以海绵城市建设为契机，从景观优化、停车位增加、外立面刷新、休闲设施增设等方面系统提升城市品质和人居环境（图6-68、图6-69）。

图6-68 整治后的楼山河"水清岸绿"

图6-69 整治后的老旧小区"清新明亮"

（3）综合统筹工程措施

海绵城市建设注重系统化，在安排每一个工程措施时，都需要从水生态、水环境、水安全、水资源等各个方面综合考虑，避免项目碎片化和过度工程化。青岛市海绵城市建设试点区按照"问题导向、因地制宜"的原则，系统统筹建设每一个设施、每一个项目，最终实现雨水径流科学组织和排放（图6-70）。

以大村河汇水分区为例，该汇水分区位于试点区东南部，北邻老虎山，是试点区三大汇水分区之一，大村河也是李村河的重要支流，流域面积约9.5km²，其主要支流有晓翁村河、西流庄河。根据自然流域和排水管网情况，大村河汇水分区又细分为4个排水分区。海绵城市建设和改造之前，大村河汇水分区存在雨污水混接、硬化铺装率高、地块面源污染、暗河溢流污染、公共休闲设施少等问题。

该汇水分区以老旧小区海绵城市建设改造为特色，采用PPP、政府投资、企业自筹加财政补贴等多种建设运营模式，系统安排了海绵城市建设改造项目58项，其中，小区海绵化改造38项、道路广场3项、公园绿地8项、管网建设6项、河道水系治理3项（图6-71），经过海绵城市建设改造，实现大村河汇水分区雨水年径流总量控制率79%，水生态、水环境、水安全、水资源4项指标全部达标（图6-72、图6-73）。

图例
■ 建筑与小区项目
□ 公园与绿地项目
■ 道路与广场项目
■ 水系整治项目
■ 其他类型项目

图6-70 青岛市海绵城市建设试点区项目服务范围分布图

图例
□ 流域范围
■ 水系
— 其他类型项目
■ 水系生态项目
■ 建筑与小区项目
■ 公园与绿地项目
□ 道路与广场项目

图6-71 大村河汇水分区项目服务范围分布图

图6-72 大村河上游改造前

图6-73 大村河上游改造后

6.2.4 立足本地的技术支撑

6.2.4.1 一套技术标准体系

青岛市通过建立一套具有本地特色的海绵城市技术标准体系，提高了海绵城市设计、建设、验收、运维的标准化程度和工作效率。

青岛市印发了《青岛市海绵城市建设规划设计导则》，这项技术导则为地区海绵城市系统化推进明确了总体技术要求：一方面，向上融合，对国家和省级技术标准和工作要求进行本土化的细化和落实；另一方面，向下管理，指导青岛全市的海绵城市规划、设计工作。同时，青岛市按照海绵型建筑与小区、城市道路、河道综合整治、城市园林绿化、植物选型、雨水控制与利用等不同类型项目分别编制了7项技术导则，明确了海绵城市建设要求。其中，青岛市针对棕壤条件下海绵设施的植物选择开展了专题研究，并将研究成果转化为《青岛市海绵城市建设植物选型技术导则》，为设施植物的选择与配置提供明确的指引（表6-6）。

不仅如此，青岛市总结降雨规律、典型下垫面污染规律等研究成果和试点区实践经验，以地方标准的形式印发了《青岛市海绵城市建设——低影响开发雨水工程设计标准图集》，为城市道路、建筑小区、公园绿地三方面雨水系统设计，以及断接设施、收集设施、初期雨水净化设施、传输设施、渗透设施、生物滞留设施、调蓄设施、溢流设施、护坡九大类海绵城市通用设施统一了本地化的标准图。

青岛市海绵城市建设技术标准体系一览表　　　　　表6-6

序号	文件名	管控环节
1	《青岛市海绵城市建设规划设计导则》	规划、设计
2	《青岛市市区公共服务设施配套标准及规划导则（试行稿）》	规划、设计
3	《青岛市城市园林绿化技术导则》	规划、设计、施工、养护
4	《青岛市海绵型建筑与小区建设技术指南》	设计、施工、养护
5	《青岛市城区河道综合整治及管理维护技术导则》	规划、设计、施工、养护
6	《青岛市雨水控制与利用工程施工与质量验收技术导则》	施工、验收
7	《青岛市海绵城市设施运行维护导则》	养护
8	《青岛市海绵城市建设——低影响开发雨水工程设计标准图集》	规划、设计
9	《青岛市海绵城市建设植物选型技术导则》	规划、设计

6.2.4.2　精细化的设施运维标准

海绵城市"三分建七分管",为了统一全市海绵设施运维管理规范和技术要求,青岛市制订了《青岛市城区河道综合整治及管理维护技术导则》《青岛市城市园林绿化技术导则》《青岛市海绵城市设施运行维护导则》等,将海绵设施运维管理技术体系本土化、精细化。

同时,为了充分保障海绵设施运维资金,节约政府资金的同时还能确保企业合理效益,鼓励社会企业参与海绵城市建设管养,青岛市在国家级试点区进行了创新性的探索,编制了全国第一个明确各类海绵设施运维费用单价的标准——《青岛市海绵城市试点区海绵项目运营维护管理办法》,将项目分为三大类,其中PPP项目由PPP公司负责,按效付费;有物业的封闭小区交由小区物业单位负责管养;开放式小区或公共空间项目纳入城市维护范畴,委托国有公司运维管理(图6-74)。

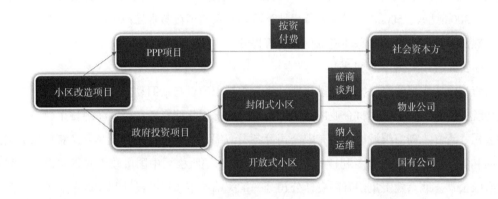

图6-74 青岛市海绵城市建设试点区小区改造类项目维护管理责任示意图

6.2.5　建设成效

青岛市各级各部门充分认识到海绵城市是适应新时代城市转型发展的新理念、新方式,全面系统推进海绵城市建设过程中充分体现了五个"有利于":一是有利于推进生态文明建设和绿色发展,增加生态产品供给;二是有利于推动城市发展方式转型,促进新旧动能转换;三是有利于推进供给侧结构性改革,补齐基础设施短板;四是有利于提升城市基础设施建设系统性,提升城市形象;五是有利于增强百姓获得感和幸福感,解决民生问题。

2019年底,青岛市顺利通过国家级试点验收,实现了试点示范和全域建设"双推进","十三五"期间,全市累计建设海绵城市达标面积223km²,占城市建成区面积26%,超额完成国家"到2020年底,20%城市建成区达到海绵城市建设要求"的工作任务。

6.2.5.1　增加生态产品供给

通过海绵城市建设综合工程措施,青岛市完成了城区12条黑臭水体整治,其中李村河、大村河、四清水库等基本实现了水清岸绿。以李村河为例,整治前李村河作为城市河道基本"无水可观",通过采用"控源截污、内源治理、生态修复、活水保质"的系统化流域治理方式,李村河恢复生态岸线,增加河道绿化面积170hm²,下游实现生态补水15万m³,形成了蓝绿交织的生态空间(图6-75)。

扫码查看原图

图6-75 李村河沿河生态空间景观　　　　图6-76 海绵改造后的小麦岛公园

青岛市将海绵城市建设与老城区街头绿地、山体公园改造充分结合，打造了楼山公园、李沧文化公园、上王埠中心绿地、小麦岛公园（图6-76）等一批高品质的城市公园，基本实现"300m见绿、500m见园"。公园绿地整治和水系治理覆盖青岛市中心城区，有效缓解了城区热岛效应，城市的生态环境也得到显著提升。

6.2.5.2　推动相关产业发展

青岛市牢牢抓住海绵城市建设机遇，将海绵城市建设与新旧动能转换有效结合，带动本地传统的陶瓷、管道等建材企业成功转型。目前，已孵化培育青岛德润海绵城市建设工程有限公司、青岛青新海绵城市配套有限公司等各类海绵城市建设相关企业36家，获得相关国家发明和实用新型专利成果专利17项（图6-77），同时还吸引了中国市政工程华北设计研究总院有限公司、北京建工集团有限责任公司等一批海绵城市领域的设计和建设企业子公司落户青岛，极大地推动了青岛市海绵城市相关产业发展，有效带动了城市发展转型升级。

图6-77 青岛市培育本地海绵城市创新企业

6.2.5.3 提升城市影响力

青岛市海绵城市建设受到社会各界的高度关注，青岛日报、青岛晚报、半岛都市报等地方新闻媒体相继报道50余次，人民网、环球网、人民日报等国内主流媒体也在重要版面对青岛市海绵城市建设经验进行了报道（图6-78）。青岛市海绵城市建设的显著成效，也吸引了广州市、武汉市、邯郸市等国内"兄弟城市"，以及澳大利亚、英国等国外城市代表来青学习（图6-79），就海绵城市规划建设思路、政策制度和工作机制、设施运营维护、监测平台建设等海绵城市建设经验进行交流和探讨，进一步提升了青岛市的城市形象和吸引力。

图6-78 媒体报道青岛市海绵城市建设成效

图6-79 各地代表学习青岛市海绵城市建设经验

6.2.5.4 增强百姓幸福感

青岛市采用"海绵+"模式，结合海绵城市建设对老旧小区、公共建筑、背街小巷等进行基础设施改造，在解决老城区涉水问题的同时，最大限度地结合老百姓的实际需求（图6-80），同步解决停车泊位短缺、排水管网不完善、绿化景观缺失、公共休闲设施不足等非海绵化问题，将海绵城市建设作为民生建设的重点工作之一（图6-81）。

图6-80 亲水河岸为居民提供休闲新去处

通过系统性开展海绵化改造，青岛市老旧小区焕然一新，工程建设单位不断收到百姓送来的锦旗，还有居民赋诗赞赏建设改造后的"海绵小区"。原本未列入海绵化改造的小区居民，纷纷主动提出进行海绵化改造，海绵城市建设使城市居民幸福感满满（图6-82）。

扫码

图6-81 老旧小区"海绵+"模式同步解决民生问题　　图6-82 海绵城市建设改造后的老城区

6.2.6　经验总结

6.2.6.1　系统化全域推进的"青岛模式"

青岛市按照"体制机制强保障、规划设计为引领、规范标准作支撑、智慧平台促发展、工程项目重落实"的思路，系统化全域推进海绵城市建设，总结形成了海绵城市建设推进的"青岛模式"（图6-83）。

[延伸阅读1]

图6-83 青岛市海绵城市建设"五位一体"推进模式示意图

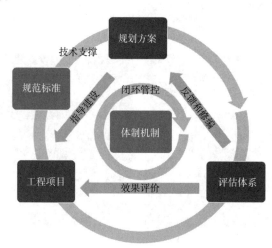

[延伸阅读2]

[延伸阅读3]

1. 体制机制强保障

海绵城市建设是一项系统性工程，也是近年来新型的城市开发理念。从城市管理的角度，必须要建立一套适应青岛市本地特色的体制机制，将海绵城市理念落实到青岛市城市开发建设的全流程，才能真正地、有效地、系统地推动海绵城市建设。

2. 规划设计为引领

规划是海绵城市建设的基础，尤其是对于青岛市这样的大型或特大型城市来说，将海绵城市的工作要求通过规划的形式层层细化，一方面能够在总体管控上保障海绵城市建设的系统性，另一方面能够为具体项目建设提供系统性的科学指导。

3. 规范标准作支撑

海绵城市具有较强的专业性和系统性，对设计、建设、运维的精细化程度要求也比较高，一套本地化的、完整的技术标准体系能够有效支撑青岛市海绵城市建设系统化全面推进。

4. 智慧平台促发展

海绵城市建设的效果评估涉及河道水质、降雨量、管网流量、项目进度、能力建设情况等方面面，数据量大、数据类型多，需要通过应用大数据、互联网、物联网等先进技术手段，建设一套智慧化的评估体系，科学系统评估建设成效。

5. 工程项目重落实

为确保海绵城市建设的系统性，同时避免过度工程化，青岛市采用老城区问题导向、新建区目标导向的"双导向"原则，各类工程项目在设计和建设过程中，注重落实海绵城市低影响开发、灰绿结合、绿色优先等理念，有序推动海绵城市建设。

[延伸阅读4]

6.2.6.2　海绵城市建设的"青岛经验"

青岛市通过不断探索优化体制机制，完善规划设计体系、政策制度体系和规范标准体系，创新投资建设运营模式，按照"五位一体"的"青岛模式"，实现了海绵城市系统化、全市域、有序推进，总结形成了"多级规划、多维协调、多元建设、多重保障、多方参与"的海绵城市建设"青岛经验"。

1. "多级规划"确保系统建设

青岛市在国内首次创新性编制印发了《青岛市海绵城市详细规划编制大纲》和《青岛市海绵城市系统化实施方案编制大纲》，建立了全市统一标准的"专项规划定格局、详细规划定指标、系统化方案定项目"多级海绵城市顶层设计体系，强化规划引领，保障全市海绵城市建设系统性。

[延伸阅读5]

2. "多维协调"推动高效落实

一是设置常态化的专职机构。青岛市在国内率先成立了海绵城市建设专职管理机构，并将海绵城市建设职责纳入市住房和城乡建设局"三定"方案，对明确责任分工、避免推诿扯皮、调动基层积极性具有极大的促进作用。

二是建立"多维联动"的工作机制。从横向上讲，青岛市建立了海绵城市跨部门协调的横向工作机制，市住建、发改、财政、自然资源和规划、水务、园林绿化等各部门加强分工协作，全面落实海绵城市建设要求；从纵向上讲，青岛市建立了"市、区、街道、社区"多级联动的纵向工作机制，市级强化监督指导、区级加强协调管理、街道加强上下衔接、社区加强与群众沟通，共同推动海绵城市建设高效实施。

[延伸阅读6]

3. "多元建设"突破传统思路

青岛市通过采用"流域打包、按效付费"的PPP模式，积极引入社会资本参与海绵城市设计、建设和运维管理工作，在公共空间建设方面探索"政企共建"模式，推动实现政府节约资金、企业获得经济效益、老百姓提升幸福感"三方共赢"，为突破传统城市开发模式探索了新思路。

4. "多重保障"落实全面管控

在管控体系方面，青岛市从"定目标、审方案、强建设、验工程、督运维"五个方面强化海绵城市规划建设管控，在项目立项、规划审批、图审、质监、安监和验收备案管理等各阶段严格落实海绵城市建设要求，实现了海绵城市全过程、全行业闭环管控。

在标准体系方面，青岛市建立了一整套本地特色鲜明的地方规范标准体系，并结合实践经验和基础研究成果优化了青岛市本地设计参数，有效支撑了海绵城市建设系统化全域推进。特别是针对北方气候特点、植物特性、老城区居民生活习惯等，研究制订了精细化的海绵城市设施运维管理方案和标准，在全国首次明确了各类海绵项目运营维护费用标准，保障已建成的海绵城市区域效益最大化。

在绩效考评方面，青岛市通过善用考评，有效提升了各区（市）对海绵城市建设的重视程度，为市区两级分离的大型、特大型城市落实海绵城市建设提供了可参考的经验。

在智慧化方面，青岛市是国内最早一批建设市级海绵城市监测评估考核系统的城市之一，通过建设"一个智能化监管中心、一个信息化管理平台、一套标准化技术体系、一片在线监测示范区"，实现了海绵城市从规划、设计、施工到运营、考评全生命周期"用数据说话、用数据决策、用数据管理、用数据创新"，既为类似城市构建海绵城市监测评估考核系统建设提供了宝贵经验，也为国家级海绵城市监测评估规范标准的制定提供了实践案例。

5."多方参与"争取广泛支持

青岛市采用"海绵+"模式，通过海绵城市建设解决小区雨污混接、水质黑臭、小区内涝等涉水问题的同时，同步解决老百姓最关心的老城区停车泊位短缺、公共休闲设施偏少、城市绿化景观较差等突出问题，最大限度满足民生需求，将海绵城市建设与城市功能提升相融合，切实争取广大群众的拥护和支持，把好事办好。

6.3 平原河网型城市——宁波市案例

宁波市位于浙江省东部沿海区域，是一座因水而生、因水而兴的城市。滨江临海、平原河网密布的区位与地理特征，造就了宁波市"三江六塘河、一湖居其中"的空间格局。

宁波的城市发展总是与治水息息相关。河姆渡文化、它山堰、海上丝绸之路等水利活动，印证了古人"古法治水"的智慧；现代先行建设的"水敏感"城市建设区，更是开创了"古为今用、洋为中用"的新型城市建设方式。2016年，宁波市成功入选第二批国家级海绵城市建设试点，迎来了新一轮的治水机遇。针对城区内涝严重、河网水系水质差等问题，宁波市坚持以规划引领为根本，系统构建了"中心城市专项规划-试点区详细规划-试点区系统化方案"的多层级规划体系，因地制宜地探索了古城区、新城区、老城区、生态区等多种海绵城市建设模式，结合本地实际情况，构建了涵盖规划、设计、施工、竣工验收、运行维护等环节的机制体制，并在《宁波市城市排水和再生水利用条例》的修编内容中纳入了海绵城市的建设要求，于2021年7月1日起正式实施，将海绵城市建设上升至法律层面，实现常态化管理。

宁波市在圆满完成试点建设任务的同时，系统总结了"多层级规划、多模式共存、多目标共建"的"宁波经验"，并将工作重心从试点区扩大至全市域范围，依托健全的管控机制以及成功的试点建设经验，宁波市所辖的象山县、镇海区、海曙区、余姚市、慈溪市5个区（县、市）入选了浙江省级优秀海绵城市示范区。目前，根据住房和城乡建设部、浙江省住房和城乡建设厅以及宁波市"十四五"规划的总体要求，宁波市明确了在"十四五"期间完成中心城区55%以上建成区面积、其他县（市）50%以上建成区面积达到海绵城市建设要求的总体目标，并力争完成"到2030年，全市80%以上建成区面积达到海绵城市要求"的远期建设目标。

6.3.1　城市特征和涉水问题

6.3.1.1　城市特征

宁波市地处我国华东地区、东南沿海，大陆海岸线中段，长江三角洲南翼，东有舟山群岛为天然屏障，属于典型的江南水乡兼海港城市，是京杭大运河南端出海口、"海上丝绸之路"东方始发港。宁波全市下辖6个区、2个县、代管2个县级市，总面积9816km²。

1. 地形地貌

宁波市中心城区东北部临海，西北及西南部为四明山低山丘陵，海拔200~800m，东南部为沿海丘陵，海拔一般小于500m。平原区为浙北堆积平原中的湖沼堆积平原，河网密集，平均高程2~3m（图6-84、表6-7）。

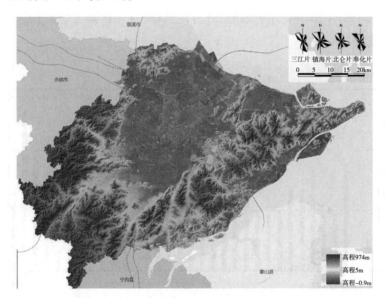

图6-84 宁波市城市竖向分析图

宁波市中心城区平原区下垫面竖向分析表（m）　　　　表6-7

平原区	平均竖向	硬化面平均竖向	硬化面		绿化面竖向	绿化面
			高层建筑区	底层建筑区		耕地
海曙平原	2.75	2.97	3.09	2.91	2.52	2.28
鄞州平原	2.74	2.93	3.12	2.83	2.41	2.20
江北-镇海平原	2.42	2.71	3.05	2.59	2.21	1.93
北仑平原	2.52	2.68	2.81	2.58	2.34	2.05
汇总	2.57	2.83	3.05	2.73	2.36	2.14

2.降雨特征

宁波市位于东海之滨，多年平均降雨量为1568mm。由于其常受冷暖气团交汇影响，加之倚山靠海，特定的自然环境和地理位置使宁波市降水量年际变化十分明显，枯水年容易出现严重的旱灾，导致农作物减产，部分地区饮水困难，给宁波市带来较大的损失；丰水年梅雨期长，短历时降雨强度大，频率高，易受洪涝潮的三重影响。

经过对宁波市1981~2014年的平均降雨量对比分析发现，宁波市年降雨量年际分布十分不均匀，降雨量高的年份达2104mm（2012年），降雨量低的年份仅1015.2mm（2003年），降雨量相差一倍。年降水量的不平稳造成了宁波市干湿分布不均，洪涝与干旱频发。

宁波市属亚热带季风气候区，降雨量多集中在梅雨和台风季节，其中5~9月总降雨量约占年降水量的65.6%。全市多年平均降雨量的年内分配为：非汛期1~3月、10~12月最少，汛期4~9月最大。年初、年末6个月的降雨量仅占年降雨量的29.8%，而4~9月则占全年降雨量的70.2%，汛期降雨量为非汛期降雨量的2.35倍。在汛期，雨量的分布呈现两高一低的现象，两个峰分别出现在6月的梅雨期和8~9月的台汛期，分别由梅雨和台风暴雨所致，一个低谷出现在7月的高温伏旱期。

根据鄞州站1981~2014年的降雨统计分析，宁波市主城区降水量大于或等于50mm的天数呈增加的趋势（图6-85）。

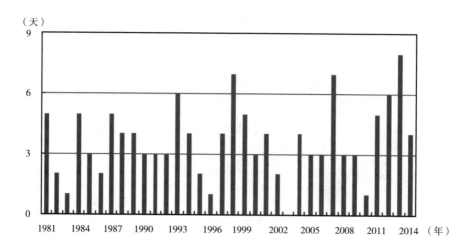

图6-85 1981~2014年降水量大于或等于50mm的天数

（1）短历时降雨

短历时降雨数据采用鄞州气象站实测数据，该气象站为国家基本气象站，气象观测资料完整，投入使用年代较长，在宁波市三江片（海曙、江东、江北）暴雨强度公式编辑时，选择以该站为代表进行资料统计分析。

从现状实测数据来看，各短历时降雨在1981~2014年鄞州站11个历时年最大降水量（5、10、15、20、30、45、60、90、120、150、180min）均呈增加趋势。

1981~2014年期间，鄞州站各年代11个历时均以2001~2014年最大，1991~2000年次之，1981~1990年最小，降水资料较好地反映了城市受城镇化进程的影响。

从30多年统计数据来看，180min最大降雨量约120mm。

短历时降雨的设计多应用于市政排水管网，宁波市中心城区雨水管网排放最普遍的形式为重力流就近排入河道。

根据暴雨强度计算，各重现期180min降雨量如下（表6-8）。

各重现期180min设计降雨量　　　　　　　　　表6-8

重现期	P=2	P=3	P=5	P=10	P=20	P=30	P=50
降雨量（mm）	52.3	62.2	75.2	87.8	101.6	110.5	120.8

对比现状降雨统计样本，暴雨强度计算P=50的180min降雨量最接近于现状实测最大降雨量。

雨型是降雨量随时间变化的过程，短历时降雨雨型采用暴雨强度公式转芝加哥降雨模型（以下简称芝加哥雨型），各重现期180min降雨雨型如下（图6-86）。

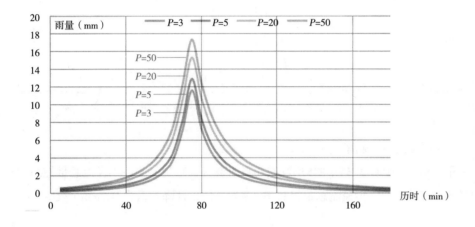

图6-86 短历时降雨年雨型图（3/5/20/50）

（2）长历时降雨

长历时降雨数据采用中心城姚江大闸站数据进行分析。根据姚江大闸站1981～2012年的降雨统计资料，日降雨量年最大值范围为70～158mm，均值约为102mm，日降雨量呈增加的趋势。

长历时降雨主要应用于水利防洪排涝的设计。根据《甬江流域防洪排涝规划》，甬江流域20年一遇24h降雨量为200mm（P=20），50年一遇降雨量为252mm；参照《浙江省短历时暴雨》图集，20年一遇降雨量为281mm，50年一遇降雨量为356mm。雨型参照《浙江省短历时暴雨》图集推荐方法，20年一遇和50年一遇24h雨型详见下图（图6-87）。

（3）台风等极端降雨

从宁波市近几年的暴雨统计资料来看，2013年对宁波市造成影响最大的"菲特"台风，当年10月8日，全甬江流域雨量达到1953年有气象记录以来的最大值，其中余姚张公岭站测得雨量为809mm，为各站之首。经过对"菲特"台风暴雨72h降雨过程分析，台风期间1h最大降雨量为52.8mm；2h最大降雨量为68.6mm，相当于2～3年一遇短历时降雨（图6-88）。

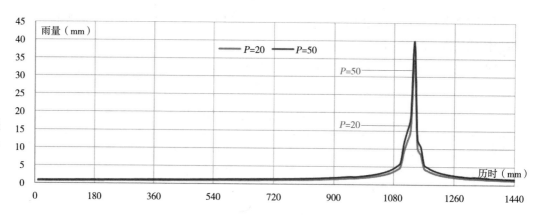

图6-87 长历时降雨20、50年雨型图

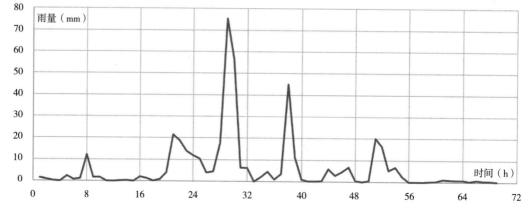

图6-88 "菲特"台风72小时降雨量统计分布图

（4）年径流总量控制率

采用1981～2015年共35年的5367场24h降雨资料，绘制宁波市年径流总量控制率与设计降雨量的对应关系图，年径流总量控制率80%对应的设计降雨量为24.7mm（表6-9）。

宁波市年径流总量控制率与设计降雨量对应关系　　　　表6-9

年径流总量控制率（%）	50	55	60	65	70	75	80	85	90	95
降雨量（mm）	9.5	11.1	13.0	15.1	17.6	20.7	24.7	30.3	38.6	54.2

3. 水系特征

宁波是典型的江南水乡城市，平原区内河纵横交错，水系分布密集。中心城区平原区内部受外江（姚江、甬江、奉化江）分割，平原内部水系相互独立成系统，河道总长度约2747km，水面面积总计62.0km²，水面率5.61%，线密度（单位面积的河道长度）为2.48km/km²。四大平原水系中，鄞州平原水面率最高为7.15%，海曙平原次之为5.68%，江北–镇海平原为4.80%，北仑平原最小为3.52%；鄞州平原线密度最高为2.90km/km²，海曙平原次之为2.76km/km²，江北–镇海平原为2.10km/km²，北仑平原最小为2.05km/km²（表6-10、图6-89）。

宁波市中心城区各平原区现状水系统计汇总表　　　　表6-10

区域	河道长度 （km）	水面面积 （km²）	区域总面积 （km²）	水面率 （%）	线密度 （km/km²）
海曙平原	680	13.3	234	5.68	2.76
鄞州平原	1013	26.2	367	7.15	2.90
江北-镇海平原	774	17.7	369	4.80	2.10
北仑平原	280	4.8	137	3.52	2.05
总计	2747	62.0	1106	5.61	2.48

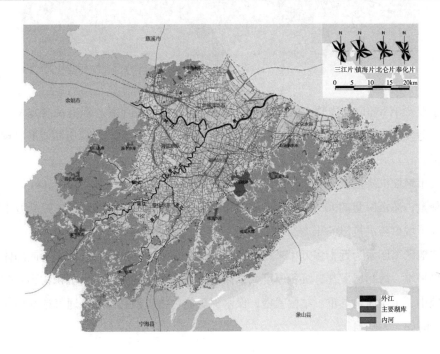

图6-89 宁波市中心城区现状水系分布图

4. 岸线特征

宁波市现状河道根据河道形态大致可分为三类：第一类为自然河道，多位于城市非建设区，该类河道两侧用地一般未经开发，水生态系统保持相对完整；第二类为硬质护岸河道，该类河道多位于城市建成区，河道两侧基本以居住小区为主，水生态系统相对单一；第三类为人工生态河道，随着宁波市对河道生态建设的重视，近年来部分河道整治、建设均采用生态护岸，多邻于城市公园，水生态系统逐步得到修复。

宁波市平原区岸线总长度约5350km，其中硬质岸线长度约3269km（图6-90），占总岸线长度的61.1%；生态岸线长度约312km，自然岸线长度约1769km，自然岸线及生态岸线占总岸线比例为38.9%。

5. 土壤特征

宁波市工程地质层以淤泥质粉质黏土和淤泥质黏土为主，宁波市地基浅层属于泻湖相沉积土，下层属于海相沉积土，淤泥、淤泥质土层很厚，有些场地厚达30m，由于人为工程经

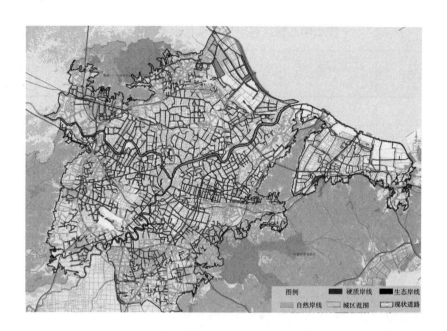

图6-90 宁波市中心城区现状岸线分布图

济活动主要影响30m以上浅软土层，这一深度软土层属于海相沉积，具有高含水率、高压缩性、低抗剪性、高灵敏度等特点，日益剧烈的工程建设活动导致软土层压缩变形出现工程性地面沉降。

宁波市地面沉降监测中心监测数据显示，自2009年以来，第一软土层（20m以上浅软土层）沉降量占总沉降量的90%以上。地面沉降危害市政基础设施正常运行，降低城市竖向高程，加重了城市防洪抗汛的压力。

宁波地区第四系为近十多万年来的沉积产物，分为平原区和沟谷区两个不同的体系，平原区地势平坦、海相层发育，沉积厚度大；而沟谷区主要是陆相沉积，沉积物颗粒较粗，沉积厚度较小，土壤质地黏重，结构紧密，保水保肥能力强，但孔隙小，通气透水性能差，湿时粘，干时硬（表6-11）。

宁波市工程地质层的划分与评价
表6-11

序号	名称	特点	天然含水量W（%）
1	填土	该层容许承载力一般为5~9t/m²。厚度变化大而无规律，多为1~3m，易产生不均匀沉降	44.1
2	淤泥	局部有粉细砂透镜体，厚度不一，平均为4m，最厚为18m，压缩性高、强度低，处于欠固结状态，不宜作为天然地基	34.2
3	黏土1	黄色、褐黄色（又称硬壳层、氧化层），被较多的铁质渲染，具中高压缩性，强度中等，为本区的第一个持力层，容许承载力约10t/m²，可作一般建筑物的天然地基，但其厚度仅1m左右，基础应浅埋并需做下卧层的强度验算	84.1
4	泥炭质土	流塑状态，强度低，压缩性很高，土质不均匀，一般厚度为0.2~0.5m，最厚为0.8m。不宜作天然地基，此层埋藏深度不大，可用换土法进行地基处理	45.2

续表

序号	名称	特点	天然含水量W（%）
5	淤泥质黏土	压缩性高、强度低。本层遍布全区，厚度为7~12m。一般是天然地基建筑物的主要压缩层，也是影响边坡稳定的主要地层	30.6
6	轻粉质黏土	灰带绿色夹粉细砂薄层或透镜体，具中等压缩性，容许承载力为25t/m²。用江两岸及北部厚为6~14m，其他地段为2~5m。此层可作为短桩持力层，开挖时部分地段会产生流砂，并有振动液化现象	38.4
7	淤泥质粉质黏土	压缩性较高、强度低，分布不稳定。厚度为3~8m，最厚可达18m	43.5
8	黏土2	灰黑、灰褐色，常见炭化植物残体，具高压缩性，强度较低，零星分布在低洼处，厚3~10m，容许承载力为13t/m²。本层分布区的下部往往缺失黄色硬土层，所以也可作为灌注桩的持力层	29.0
9	粉质黏土1	褐黄色，可塑状态铁锰质渲染强烈，常见铁锰质结核及形同姜石的泥钙质结核。具中等压缩性，强度较高，土质均匀，通常黄色硬土层，容许承载力为40t/m²，是本区主要桩基持力层，地下工程也建在其中，一般为8~15m	34.1
10	粉质黏土2	压缩性中等偏高，是深部的软弱土层，在黄色硬土层较薄处，是桩基的软弱下卧层。分布较普遍，厚度一般为8~14m	26.3

6.排水系统

（1）排水体制

根据宁波市管网普查资料，宁波市中心城区除镇海老城区、慈城古城及市区局部待改造区域仍以雨、污合流制为主外，三江片、北仑片、镇海、奉化的新建区域均建立了以雨、污分流制为主的排水体系。

中心城区合流制区域面积约为24.18km²，其中，鼓楼街道孝闻路泵站服务区、江厦街道宁中泵站服务区以及江东大河、姚隘路区域分流制和合流制并存，即市政管道部分合流、部分分流，小区内排水系统和市政排水系统采用不同的排水体制，且存在不同程度的雨污混接情况。除合流区以外的其他城镇现状建成区，排水体制为分流制，面积587.7km²（表6-12、图6-91）。

中心城区现状排水体制情况表　　　　表6-12

分区	序号	名称	排水方式	面积（hm²）
海曙片区	1	月湖街道、南门街道、江厦街道、鼓楼街道	合流	1128
	2	高桥镇	分流	529
	3	望春街道、白云街道、段塘街道、西门街道	分流	2465
	4	石碶街镇	分流	1778

续表

分区	序号	名称	排水方式	面积（hm²）
海曙片区	5	集士港镇、古林镇	分流	1528
	6	横街镇	分流	221
鄞州片区	7	江东大河、姚隘路区域	合流	206
	8	鄞州其他区域	分流	18054
	9	小港街道区域	分流	5280
江北-镇海片区	10	江北慈城古城	合流	270
	11	镇海老城区（招宝山街道）	合流	748
	12	江北湾头区域	分流	497
	13	江北区其他区域	分流	10677
	14	镇海区其他区域	分流	3333
	15	澥浦镇部分区域	分流	1980
北仑片区	16	新碶街道、大碶街道、霞浦街道和柴桥街道	分流	12500

图6-91 宁波市中心城区现状排水体制分布图

图例
分流区
合流区

（2）污水管网

宁波市中心城区内城市建成区污水主干管已基本成系统，部分乡镇如古林镇、石碶街道、洞桥镇以及鄞江多为农田或用地开发强度不高，无污水管网。通过对污水普查数据整理，污水管网总长度1334.26km，其中雨污合流管长度43.9km，管径在100～2200mm之间，其中，56%的管径集中在500mm以下，管径在800mm以上的管线占总管线的28.2%（表6-13、图6-92）。

中心城区现状污水管网统计表　　　　表6-13

分区	管径（mm）	[100,300]	(300,500]	(500,800]	(800,1200]	(1200,2200]	合计
海曙平原	合流管（km）	1.75	1.49	0.78	1.67	0.46	6.15
	污水管（km）	100.79	73.62	50.94	36.55	18.58	280.48
鄞州平原	合流管（km）	0.4	0.86	2.03	0.68	0.91	4.88
	污水管（km）	75.76	158.25	68.88	79.21	50.67	432.77
江北-镇海平原	合流管（km）	9.45	10.28	7.95	2.06	3.13	32.87
	污水管（km）	135.75	107.58	55.07	82.41	46.01	426.82
北仑平原	污水管（km）	15.4	80.9	31.5	46.69	19.7	194.19
总计（km）		339.3	432.98	217.15	249.27	139.46	1378.16
比例		24.62%	31.42%	15.75%	18.09%	10.12%	100%

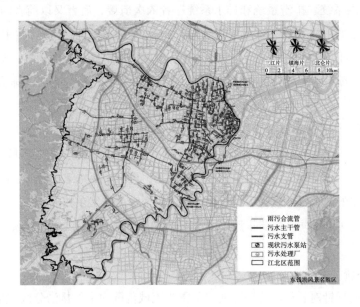

图6-92 宁波市中心城区现状污水管网分布图（以海曙区为例）

（3）雨水设施

1）系统概况

宁波市城市建设主要在以三江口为中心的平原区，城市外围为山脉和丘陵，地势西南高、东北低。城市雨洪管理包含防（排）洪系统、排涝系统和排水系统三大部分。其中，防（排）洪系统由外江和上游山区水库进行承担，排涝系统由内河和外围蓄滞空间进行承担，排水系统则主要由管网进行承担。下图为宁波市城市雨洪管理系统概化图（图6-93）。

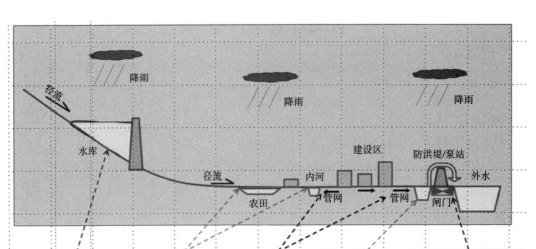

图6-93 宁波市城市雨洪管理系统概化图

在主要为平原区的城市建设区域，防（排）洪、排涝和排水三大水安全管理系统分别由外江、内河和管网进行主要承担。其中，奉化江和姚江排至甬江，再流入东海属于城市防（排）洪系统，内河排至外江属于城市排涝系统，两者之间通过防洪堤和碶闸的设置进行管理，外江成为城市排涝系统的边界条件；在排水系统中，雨水管网一般重力流排入内河，内河为排水系统的末端，内河又成为城市排水系统的边界条件。

防（排）洪系统、排涝系统和排水系统三者依次衔接，后者又以前者的安全管理为条件，即城市排水的正常发挥须以城市排涝创造的安全为前提条件，同样城市排涝的正常发挥也要以城市防（排）洪创造的安全为前提条件。因此，在平原城市的雨洪管理中，三个系统主要功能清晰，就其对于城市的重要性来讲，防（排）洪系统最为重要，排涝系统次之，排水系统再次之。

2）防（排）洪系统

城市防（排）洪针对长历时降雨，研究范围为整个流域范围（宏观区域）。降雨在山区水库调蓄后，多余径流随山区河道流经平原建设区，再由平原主干排涝河道排入外江。外江除承担沿江两岸的雨水之外，还承担流域上游来的客水。外江在城市防（排）洪系统中发挥着主要作用，通过建设防洪堤防止流域洪水进入城内，再让流域洪水能够顺利排至下游，最终入海。

3）排涝系统

城市排涝同样针对长历时降雨，研究范围为流域范围内中的排涝分区（中观区域）。城市内河为排涝的主要通道，重点是将圩区内涝水快速排至外江。降雨导致内河达到一定水位高程后，可利用内河与外江水位差开启沿江闸门，重力流排至外江，当受限于潮位顶托时启动泵站排水。主要目的为控制内河水位以利排水系统能顺利外排或不发生倒灌现象（图6-94）。

4）排水系统

城市排水系统针对短历时强降雨，重点是将服务区域内的雨水收集后迅速排入河道。在

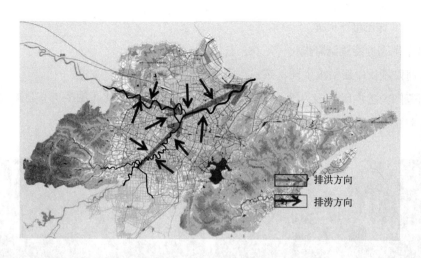

图6-94 宁波市城市洪涝管理示意图

平原区，雨水排放包括重力流排放和泵站强排两类，以重力流自排为主，一段自排雨水管一般长度几百米，服务周边几公顷用地，形成一个独立的排放系统。在道路下穿区域，或临近外江区域，由于排水末端水位易高于管网竖向，则一般采用泵站强排模式进行排水。城市排水系统由成千上万独立的重力流排放系统和少量强排系统共同组成。

（4）水利设施

宁波市中心城区沿江强排泵站13座，应急强排能力9.58万m³/h，包括海曙平原5座（4.64万m³/h）、鄞州平原5座（1.32万m³/h）以及江北-镇海平原3座（3.62万m³/h）（表6-14）。

中心城区沿江强排泵站汇总表　　　　　表6-14

序号	泵站名称	位置	泵站排水能力（m³/h）	应急排放
1	解放桥沿江强排	解放桥南侧	13000	姚江
2	宁中泵站	兴宁桥西侧	14385	奉化江
3	孝闻泵站	孝闻街永丰路口	9936	姚江
4	环南泵站	环城南路北侧	6020	奉化江
5	文教泵站	环城北路与永丰北路路口	3000	姚江
6	中兴北路	中兴北路桑家	2000	甬江
7	五洞闸	兴宁桥下	1600	奉化江
8	大河路	中山东路——三医院对面	9590	甬江
9	姚江大桥沿江强排	环城北路与永丰北路路口	12500	姚江
10	保丰碶沿江强排	保丰桥北侧	2400	姚江
11	江北大河	环城北路	7440	甬江
12	人民路	人民路	4300	甬江
13	槐树	槐树路	9590	姚江
区域沿江强排泵站应急排放能力合计（m³/h）			95761	

6.3.1.2　城市涉水问题

1. 城市生态性能逐渐降低

（1）河段硬质岸线呆板生硬，亲水空间不足

规划范围内建成区域多为硬质岸线，部分河段岸线过度渠化（图6-95），岸上空间与水空间没有关联，亲水空间不足，资源利用率低。

图6-95 河道硬质岸线现状图

（2）部分河段自然岸线景观破败，建成区人工生态岸线比例低

中心城区范围内部分河段自然岸线的植物生长较为杂乱（图6-96），岸线坍塌，景观较差，人工生态岸线的占比较低，在一定程度上也造成了水体污染。

图6-96 河道自然岸线现状图

（3）河道旁垃圾堆放现象明显

规划范围内部分靠近村庄的河段，由于缺乏整治与有效的管理手段，河道旁垃圾堆放较多（图6-97），严重影响周边环境，同时加重水环境污染。

（4）水面率不断下降

通过对宁波市平原区三江口周边区域不同年份（1987年、1994年、2005年、2014年）影像图的分析发现：随着城市化建设过程，大量的填河取地，导致河道长度锐减，水面率快速下降。近30年间，河流长度减少了93km，缩短约63%；2000年前后，河道衰退最快，城市化对河道的影响最显著；2005～2014年，河道长度缩短，但水面率略有升高（图6-98），与河道整治有关。

图6-97 现状岸线垃圾堆放现象

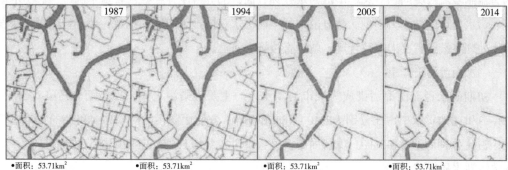

1987	1994	2005	2014

- 面积：53.71km²
- 水体面积：6.86km²
- 建成区面积：24.702km²
- 河流总长度：146.91km
- 水面率：12.8%
- 河网密度：2.74km/km²

- 面积：53.71km²
- 水体面积：6.39km²
- 建成区面积：31.62km²
- 河流总长度：123.99km
- 水面率：11.9%
- 河网密度：2.31km/km²

- 面积：53.71km²
- 水体面积：5.24km²
- 建成区面积：42.99km²
- 河流总长度：61.55km
- 水面率：9.8%
- 河网密度：1.15km/km²

- 面积：53.71km²
- 水体面积：5.29km²
- 建成区面积：44.07km²
- 河流总长度：54.11km
- 水面率：9.8%
- 河网密度：1.01km/km²

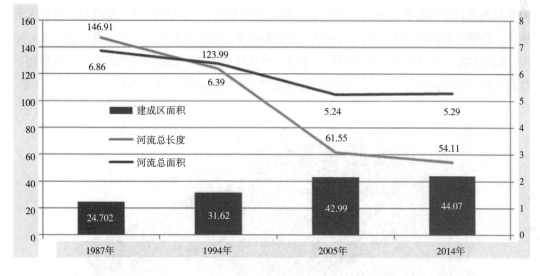

图6-98 宁波市平原区水面率变化图

2．污染物排放与水环境容量的矛盾日益突出

（1）现状水环境容量不足，离目标仍有一定差距

虽然中心城区整体水质不低于V类，但离水环境目标还有一定差距。现状中心城区COD、NH₃-N、TP排放量分别为水环境容量的1.16倍、1.33倍和1.37倍（表6-15），水环境容量不足，入河污染物超过水环境容量，导致河道水质差。

中心城区水环境与污染负荷分析计算表 表6-15

内容	COD	NH$_3$-N	TP
水环境容量（t/a）	59191.84	2301.90	460.38
污染负荷（t/a）	68466.17	3052.97	630.35
污染负荷/水环境容量	1.16	1.33	1.37

（2）管网建设不完善，农村污水处理能力不足

江北以及海曙部分区域管网建设不完善，存在雨污（废）混接直排入河，以及慈城古城的合流制溢流污染问题。农村生活污水处理方面，部分村庄存在截污管道不到位、截污不彻底、污水处理终端能力不足、部分散户的生活污水直接排入河道的现象；部分村庄尚未建设污水处理终端或者接入市政管网，就近直接排入河道。

（3）面源污染严重

初期雨水径流面源污染成为城市河湖水系的主要污染源之一，城市面源污染对COD、NH$_3$-N和TP的贡献率占比分别为88%、48%和46%；农业面源污染对NH$_3$-N和TP的贡献率较大，占比分别为24%和35%。现状面源污染大部分未经过任何控制削减措施直接进入水体，导致河湖水质较差。

3. "风、暴、潮、洪"多碰头引起城市内涝

宁波市属于典型的亚热带季风气候，地处东海之滨，极易遭受自然灾害侵袭，尤其以梅雨季节和台风引起的洪涝灾害（图6-99）所造成的经济损失最为严重，是典型的洪涝灾害地区。根据对近些年历史积水点的调研，中心城内涝积水点主要分布于部分低洼老小区、外围乡镇区和部分下穿道路。以2013年"菲特"台风降雨为例，共造成老城区小区、道路和下穿立交积水等共262处，其中海曙96处、江东125处、江北41处（图6-100）。

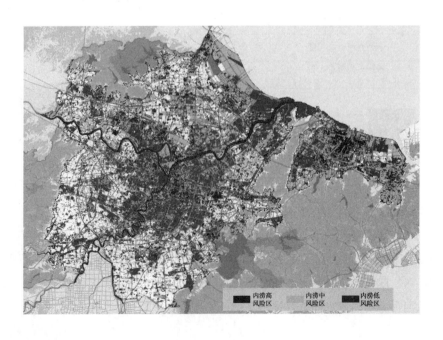

图6-99 宁波市中心城区建成区内涝风险划分图

图6-100 宁波市中心城区现状积水小区分布图

4. 水资源的供给与利用矛盾突出

（1）单位面积水资源量一般，人均拥有水资源量偏少

宁波市多年平均水资源总量为75.31亿m^3，单位面积水资源量为85.24万m^3/km^2，在全省居第六位，中游水平。人均拥有水资源量大大低于全省、全国平均水平。

（2）年内分配不均匀

宁波市属于典型的季风气候区，降雨的季节变化十分明显，主要集中在梅雨期和台汛期，连续最大降水量约占全年降水量的50%，由于降水集中，且多以暴雨形式出现，易造成洪涝与干旱。

（3）河流源短流急，入海河流感潮段长，不利于水资源的利用

由于河流源短，枯水期径流量少，多数河流在枯水期可供水量较少。又因全市地处沿海，入海河流的感潮段长，也影响了淡水资源的有效利用。

（4）水污染加重了水资源的供需矛盾

20世纪80年代前期，全市河网水体尚能保持天然水质，但80年代中期后，工农业迅速发展，废污水未能同步治理，直接导致了河流水体污染加重。水体的污染降低了水的使用功能，使水资源的供需矛盾更为突出。

6.3.2　系统推进的机制体制

海绵城市建设涉及规划、设计、建设、运行维护等诸多环节，为了确保每一个环节都能有效落实海绵城市建设理念，宁波市海绵城市建设制度历经三年多的探索和纠偏过程，经历了从试点区的先行先试，到全市域管控的发展过程，同时结合《宁波市城市排水和再生水利用条例》的修订，融入海绵城市的建设要求，将海绵城市建设提升至法律法规的层面，作为长期实施海绵城市建设的有效抓手。

6.3.2.1 规划设计管控

1. 规划管控

2016年10月，宁波市人民政府印发《宁波市海绵城市建设管理办法（试行）》（甬政发〔2016〕111号），明确宁波市中心城区范围内新建、改建、扩建海绵城市建设项目的详细规划、立项、土地出让、选址（规划条件）、设计招标、方案设计和审查、建设工程规划许可、施工图审查、竣工验收备案等环节适用本办法。

文件规定，由宁波市人民政府负责统筹全市海绵城市建设工作，市建设行政主管部门负责具体协调，市发改、财政、规划、国土、城管、水利、环保、气象等部门负责海绵城市建设管理的相关工作，各区人民政府负责统筹本区海绵城市建设工作。文件还对海绵城市项目前期管理、建设管理、竣工验收和移交、运营管理等全过程提出了总体要求，要求规划、国土部门将海绵城市有关刚性指标落实到选址意见书和土地出让条件，建设单位将海绵城市具体要求落实到设计招标、施工图审查、竣工验收和运营管理。

由于2016年宁波市海绵城市建设尚处于起步阶段，全市海绵城市规划体系尚未成型，因此该文件并未得到有效实施。

2016年宁波市的海绵城市建设，除尽快编制中心城区海绵城市专项规划、试点区海绵城市详细规划外，还需在试点区内建设海绵城市样板项目。因此，宁波市海绵办出台了《关于明确宁波市海绵城市试点区建设项目海绵规划技术条件管控流程的通知》（甬海绵发〔2016〕12号），该文件规定，在试点区海绵城市详细规划发布之前，试点区内的项目建设指标参考《宁波市海绵城市规划设计导则》的相关要求，分类落实海绵城市建设指标。

2017年，宁波市海绵办印发《关于进一步推进全域海绵城市建设的相关意见》（甬海绵发〔2017〕11号），明确了全域推进海绵建设的工作目标、具体任务、责任单位等相关内容，要求规划部门完善规划体系，将海绵城市指标落实到"两证一书"并加强规划方案审查。

但该文件发布后，并未得到有效落实，究其原因可大概归结为两点：一是2017年宁波市各县（市、区）的海绵城市专项规划尚未编制完成，顶层设计体系不健全；二是该文件由市海绵办发文，影响力与执行力均相对较弱。

可以说，2016～2017年，宁波市海绵城市建设在规划管控环节未得到较好的管控，除了国家级试点区以外的区域，海绵城市建设并未得到全面推行。直至2018年，宁波市住房和城乡建设委员会联合市规划局出台了《关于印发宁波市海绵城市建设规划设计管理办法的通知》（甬建发〔2018〕47号），并明确宁波市中心城区及各区县（市）城市规划区范围内新建建设项目适用本办法。

文件指出，规划部门应当将年径流总量控制率等海绵城市建设相关要求纳入"一书两证"等规划管理。以划拨或出让方式提供国有土地使用权的建设项目，在划拨或出让时必须附市规划部门核发的含海绵城市要求的规划条件，将海绵城市建设要求纳入土地划拨或出让条件；未将海绵城市建设要求纳入规划条件的地块，不得划拨或出让国有土地使用权。所有建设项目年径流总量控制率应按控制性详细规划的要求执行。控制性详细规划中未覆盖的，按照中心城区及各区县（市）海绵城市专项规划的年径流总量控制率要求执行，中心城区及各区县（市）海绵城市专项规划未明确的，按照《宁波市海绵城市规划设计导则》执行，保持雨水径流特征在城市开发前后的大体一致。

该文件自2018年4月15日起开始执行，是宁波市海绵城市建设管控制度中里程碑式的文件。该文件发布实施后，宁波市全域范围内新建项目的规划管控得到了真正意义上的落实。

2. 设计管控

（1）方案管控

2016年，宁波市海绵城市建设主要在国家级试点区范围内，为了把控试点区项目的建设质量，试点区先行先试，由市海绵办出台了《宁波市海绵城市试点区建设项目海绵方案审查流程及要点》（甬海绵发〔2016〕10号），该文件具体规定了审查内容、审查流程以及建筑小区、道路、绿地与广场、水系等不同类型项目的审查要点。并由市海绵办委托第三方技术服务单位，按照该文件的要求，对试点区内的项目进行审查，审查通过后，由市海绵办出具方案审查告知书，并下发至建设单位。未审查通过的，由审查单位出具具体审查意见，相关设计人员按照审查意见逐条修改并进行回复后，再次提交方案复审，直至通过。该文件对国家试点区内的建设项目设计方案进行了较好的管控。

2018年，为了进一步推广全域海绵城市建设，把控全市范围内的设计方案质量，宁波市在总结试点区海绵城市项目方案审查经验的基础上，出台了《关于加强海绵城市建设项目设计和施工图审查工作的通知》（甬建发〔2018〕155号）。文件明确规定了宁波市海绵城市规划设计方案审查意见的形式，主要分为以下两类：

1）国家级试点区内的项目由宁波市海绵办核发方案审查告知书，《宁波市海绵城市试点区建设项目海绵方案审查流程及要点》（甬海绵发〔2016〕10号）规定的审查形式保持不变；

2）各区县（市）试点区内的项目由各区县（市）海绵办核发方案审查告知书；非试点区内的项目，由海绵城市专家库专家出具方案评审意见书。方案审查告知书（试点区内项目）或方案评审意见书（试点区外项目）中需明确本项目年径流总量控制率。

海绵城市专家库成立之前，由建设单位组织城建方面专家进行方案评审并形成审查意见；海绵城市专家库成立之后，建设单位组织方案评审的专家应从专家库中抽取或要求。

同时，文件对方案审查的要点也进行了相应的规定：一是审查规划设计方案设计内容是否齐全；二是建设目标是否满足要求；三是汇水分区划分是否合理，各汇水分区年径流总量等指标计算是否正确；四是设施平面布置及场地径流组织是否科学；五是水文水力计算是否科学准确，海绵设施设计参数是否完整及合理等。

（2）施工图管控

宁波市海绵城市施工图审查也经历了一系列的完善过程。2017年，宁波市住房和城乡建设委员会印发了《宁波市海绵城市施工图设计审查要点（试行）》，明确了宁波市海绵城市建设项目施工图审查的适用范围、资料要求、深度要求和审查要点等。

但在早期的施工图设计中，海绵设施的设计图纸是与绿化工程的设计图纸相融合的，并无海绵城市的专篇设计图纸，审图机构在出具审查意见时，相应地也不会出具海绵城市的施工图专篇审查意见，导致宁波市海绵城市的施工图审查把控不严，海绵城市施工图设计质量良莠不齐。

为了进一步规范海绵城市施工图设计与审查质量，宁波市2018年出台的《关于加强海绵城市建设项目设计和施工图审查工作的通知》（甬建发〔2018〕155号）文件中，对海绵城市施工图设计专篇及审查要求进行了进一步的规定，具体如下：

1）项目施工图设计应包括海绵城市设计专篇，海绵城市设计专篇应提交审图机构进行审查。

2）施工图设计专篇的设计深度要求

①施工图设计专篇包括设计说明书、设计图纸、计算书三部分，年径流总量控制率等刚性指标应在总设计说明中进行明确。

②施工图设计专篇说明书至少应包含现状条件和问题阐述、与上位规划或系统化方案的关系、设计依据、设计目标、设施选择与工艺流程、水文水力计算、植物配置、海绵设施运维要点、工程量与投资等。

③施工图主要图纸包括场地竖向设计图，雨水管网布置与排水分区图，海绵设施平面布置与径流组织分布图（包括地下车库出入口分布），地表、地下设施竖向衔接平面图，超标雨水径流行泄通道图，海绵设施构造大样图，平面放线图，植物种植图。

施工图设计图纸应达到国家相关工程设计文件编制深度规定。

④计算书包括海绵设施计算参数表、计算表（包括年径流总量控制率及场地综合径流系数计算表，计算表中保留计算公式）。

3）施工图设计专篇的审查要求

①材料完整性。提交施工图审图机构的材料须包括海绵城市规划设计方案审查告知书或方案审查意见、规划设计方案海绵设施总平面图、施工图设计说明书、施工图图纸、施工图设计计算书等材料，材料不完整的不予审查。

②施工图设计与方案设计的一致性。主要审查施工图海绵设施总平面图是否与规划设计方案海绵设施总平面图基本保持一致。

③海绵城市设计专篇设计深度是否满足要求。

④年径流总量控制率及相应的设计降雨量是否满足规划和规范要求。

⑤竖向标高控制是否合理，地表径流是否有效组织，汇水分区划分是否科学。

⑥海绵设施的设计是否符合相关技术规范、标准要求。

⑦年径流控制率、场地综合径流系数计算及选用的相关参数是否符合相关技术规定、标准要求。

⑧其他审查要点落实《宁波市海绵城市施工图设计审查要点（试行）》要求。

6.3.2.2 建设管控

2018年，宁波市海绵城市试点区步入全面建设的阶段，为了抓好试点区的项目建设质量，宁波市海绵办联合江北区海绵办、技术服务团队等，成立了现场指挥部，指挥部设在江北区，深入前线，靠前指挥。

现场指挥部成立后，指挥部成员每周排定项目巡检计划，逐一对试点区内的各建设项目进行现场督察，及时发现项目存在的问题，下发项目整改通知单。项目整改完毕后，再对项目进行现场复核，确保项目符合相关建设标准。同时，每周形成工作周报，作为市海绵办领导决策的依据。

经过几个月的现场指挥部成员的督察和指导，项目参建单位对海绵城市理念有了更深入的认识，项目经过整改后，基本符合海绵城市建设的相关要求。在项目建设质量有所提升的情况下，市海绵办决定每月抽取项目进行评选，由专家组进行现场评价、打分、排名，对排名相对落后的项目，进行进一步的督促和巡查，尽快提升项目建设成效。

6.3.2.3　竣工验收

随着项目建设的开展，部分项目已步入竣工验收的阶段。2018年，为了做好全市海绵城市建设项目的验收工作，宁波市在总结常规项目的验收工作流程和方式的基础上，制定出台了《宁波市海绵设施竣工验收管理办法》（甬建发〔2018〕76号），对海绵设施的验收的流程、形式、人员要求、验收要点等进行了明确规定，具体如下：

（1）海绵城市建设项目的竣工验收活动由建设单位组织设计、施工、工程监理等单位进行。参加海绵设施工程施工质量验收的各方人员应是具备海绵城市建设相关专业知识的工程技术负责人。

（2）海绵城市建设项目的工程质量验收活动可按照单位（子单位）工程组织实施，可单位验收或作为主体工程项目的单位工程验收。海绵设施的验收可按照分部（分项）工程验收组织实施。

（3）海绵设施施工质量应符合国家、浙江省及宁波市相关海绵城市建设的技术标准规范的规定。海绵设施验收合格方能交付使用。

（4）雨水渗透设施、生物滞留设施、雨水调蓄设施、雨水管渠等隐蔽工程在隐蔽前应由施工单位通知监理单位进行验收，并应形成验收文件。

（5）针对海绵城市建设项目的特点，竣工验收时要重点对海绵设施布局、规模、竖向、进水口、溢流排水口、地表导流设施、绿化种植等关键部位验收。

（6）海绵设施及海绵城市建设项目的验收活动按以下程序组织进行：

1）海绵设施的工程质量验收均应在施工单位自检合格的基础上进行。海绵设施完工后，施工单位应组织有关人员进行自检，存在施工质量问题时，由施工单位及时进行整改；

2）海绵设施由总监理工程师（或建设单位项目负责人）组织施工单位项目负责人和技术、质量负责人等进行验收；

3）海绵城市建设项目完工后，由施工单位组织人员进行检查评定，并向建设单位提交工程验收报告；

4）建设单位收到工程验收报告后，由建设单位项目负责人组织监理、施工、设计、勘察、养护接管等单位项目负责人进行海绵城市建设工程项目的验收；

5）建设行政主管部门或受其委托的建设工程质量监督机构对验收程序进行监督。

（7）海绵城市建设项目工程质量验收合格后，建设单位应在规定时间内将工程竣工验收报告和有关文件报建设行政管理部门备案。

同时，该文件还对国家级海绵城市试点区的项目提出了更为严格的要求。

首先，试点区内的建设项目必须达到设计要求的水环境、水生态、水安全、雨水资源利用等建设目标，年径流总量控制率要满足海绵城市建设要求，海绵城市至少要有效运行一个雨季，并保持较好的运行效果。

其次，试点区内的海绵城市建设项目竣工验收前，建设单位必须对海绵城市建设效果进行评价并形成评价报告，可采用模型评估、数据监测、现场查验等手段对海绵设施经过预计运行的效果进行评价。不提交评价报告的或建设效果达不到设计要求的或海绵设施运行效果不好的，建设单位不得组织竣工验收。

由于试点区内的建设项目面临国家部委的考核评估，为了进一步抓好试点区项目的建设质量，市海绵办在甬建发〔2018〕76号文件的基础上，又出台了《关于加强海绵城市国家试点区项目建设竣工验收工作的通知》（甬海绵发〔2018〕17号），明确了试点区项目在竣工验收前，需开展海绵城市建设效果评价，分为现场核实和建设效果评价报告审查会议等环节。同时，对建设效果评价报告的编制提出了基本要求：

（1）项目海绵城市建设效果必须达到设计要求的水环境、水生态、水安全、雨水资源利用等建设目标，建设目标要符合试点区系统化方案要求，符合国家级试点考核要求。

（2）项目海绵城市建设效果评价报告必须具有专业的、定量的、真实的、准确的材料支撑。

（3）年径流总量控制率及径流体积控制应采用设施径流体积控制规模核算、数据监测、模型模拟与现场检查相结合的方法进行评价。

（4）相关支撑图纸主要包括场地竖向设计图、雨水管网布置与排水分区图、海绵设施平面布置与径流组织分布图、地表及地下设施竖向衔接平面图。图纸应标明雨落管断接点、雨废改造点、管网改造、雨水花园、透水铺装、植草沟、绿色屋顶、生物滞留设施、调蓄设施等已实施的海绵城市设施。

按照上述两个文件的相关要求，宁波市海绵办逐步对试点区内的建设项目开展海绵城市建设效果评价，由技术团队对自评报告进行审查，并出具审查意见，审查通过后，由市海绵办邀请专家进行现场复核，通过后由市海绵办出具建设项目效果评价告知书，实现了对试点区内建设项目的建设效果把控。

6.3.2.4 运营维护

2018年，宁波市海绵办印发《宁波市海绵设施运行维护实施细则（试行）》（甬海绵发〔2018〕6号），明确了宁波市海绵设施运行维护的工作范围、工作职责、技术标准、责任单位、资金保障等相关内容，完善了宁波市海绵城市建设项目运行维护的实施细则。具体如下：

（1）在海绵设施验收合格后，按国家相关法律法规规定，保修期内由建设单位负责海绵设施的运行维护管理。

（2）海绵城市建设项目建设及管理应遵循与主体工程"同步建设、同步移交、同步管理"的原则。

（3）政府投资建设的城市公园与绿地、道路与广场、河道水系、水利防洪等城市基础设施建设项目，按照宁波市现有的城市基础设施建设项目移交管理办法，移交给相应的行业管理部门负责养护管理，海绵设施一并移交。

（4）政府投资建设的公共服务、社会服务等公共建筑建设项目，海绵设施随项目一并移交给项目主管单位，并负责设施的运行维护管理。

（5）由政府投资实施的综合整治和改造提升类建设项目，在海绵设施验收合格后，原则上由原项目设施养护管理单位负责海绵设施的运行维护。

（6）社会投资开发建设的项目，海绵设施运行维护管理由建设单位或物业管理单位负责，并制定海绵设施运行维护制度和操作流程。

（7）政府与社会资本合作建设的海绵城市建设项目（PPP项目）按合同约定由项目公司（SPV）负责管理。

（8）海绵设施运行维护单位不明确的，按照"谁建设，谁管理"的原则，由该设施的所有人或其委托的养护管理单位编制运行维护制度和操作规程，并负责设施的具体运行维护管理工作。

（9）政府投资的城市基础设施、公共建筑等海绵城市建设项目的海绵设施运行维护管理资金，由各级财政根据城市基础设施养护管理相关文件规定分别予以保障。

（10）新建的住宅小区、商业地产等社会投资开发建设项目的海绵设施由开发建设单位或物业管理单位负责运行维护，运行维护资金由运维单位负责解决。

（11）鼓励海绵设施所有人委托专业海绵设施运行维护管理单位对海绵设施进行运行维护管理，设施运行维护管理资金由委托方按照合同支付给专业海绵设施运行维护单位。

（12）由政府投资结合老旧小区改造的海绵项目，按国家相关法律法规规定，保修期内由建设单位保障海绵设施等各类设施日常维护经费。保修期后，参照老小区综合整治"共同缔造"的原则共建、共享、共管、共治。

6.3.2.5　海绵城市立法

为进一步长期推进海绵城市建设，宁波市启动了海绵城市立法工作。根据立法程序和计划，2017年宁波市十五届人大常委会将《宁波市海绵城市条例》列入了五年立法规划项目库（第一类项目），2018年宁波市住房和城乡建设委员会会同有关部门及专业机构完成了立法调研报告，2019年开展《宁波市海绵城市条例》（立法建议稿）起草工作。

同时，《宁波市城市排水和再生水利用条例》修订过程中，纳入了海绵城市有关要求，提出"城市排水行政主管部门在编制相关专项规划时应将雨水年径流总量控制率作为刚性控制指标落实到规划当中"。

2021年3月26日，《宁波市城市排水和再生水利用条例》经浙江省第十三届人民代表大会常务会员会第二十八次会议通过，自2021年7月1日起施行。将海绵城市建设要求通过法律形式固化下来，使之成为全社会的共同行为遵循，意义重大，经验可在全省乃至全国推广借鉴，其有关要求如下：

一是市、县（市）住房和城乡建设部门应当会同同级自然资源和规划、水利、综合行政执法等部门，组织编制海绵城市专项规划，明确雨水源头减排的空间布局、要求和控制指标，并报本级人民政府批准。

二是市、县（市）自然资源和规划及相关部门编制国土空间详细规划以及生态空间、道路等专项规划时，应当落实雨水源头减排建设要求和控制指标。

三是自然资源和规划部门应当将海绵城市专项规划确定的雨水源头减排建设要求和控制指标纳入相关建设项目的规划条件。

四是城市开发建设和更新改造应当按照排水和再生水利用专项规划、海绵城市专项规划的要求，同步配套建设排水设施和海绵设施。排水设施和海绵设施应当与主体工程同时设计、同时施工、同时投入使用；排水设施和海绵设施未经竣工验收或者竣工验收不合格的，主体工程不得投入使用。

6.3.2.6 绩效考核

为推进全域海绵城市建设，宁波市对各区县（市）及相关部门下发了目标责任书，结合《宁波市加快构筑现代都市战略目标责任考核》《各区县（市）目标管理考核"社会建设"大类考核——城市品质提升目标责任考核》等相关考核，出台具体考核细则，对机制体制、规划建设管控、建设成效等内容进行考核。考核结果纳入优秀部门、先进个人评选。

宁波市各区县（市）目标管理考核"社会建设"大类考核，是宁波市目标管理考核领导小组的年度重要考核之一，考核对象涵盖各县区（市）政府及市级有关部门，考核结果作为部门评优和绩效奖励的重要依据，考核项目包含城市品质提升、"城乡规划实施"等14大类。其中，海绵城市建设被纳入城市品质提升大类，采用百分制考核，海绵城市建设分值为5~10分，考核内容主要包含机制体制、工作实绩、日常管理、规划建设管控、建设成效等，考核结果由市人民政府按年度进行公布。

6.3.3 科学合理的顶层设计

宁波市在海绵城市的推进过程中，构建了"城市总体规划-中心城区海绵城市专项规划-试点区海绵城市详细规划"的多层级海绵城市规划体系（图6-101）。

2016年，宁波市根据《海绵城市专项规划编制暂行规定》等相关要求，编制了《宁波市中心城区海绵城市专项规划（2016~2020）》，初步建立了中心城区的海绵城市指标体系，并于2016年4月经宁波市人民政府批复实施。

随着我国海绵城市试点工作的不断推进，对海绵城市理念的认知也逐步深入，已完成编制的海绵城市专项规划的引领作用逐渐减弱。2018年，宁波市根据《关于做好第二批国家海绵城市建设试点工作专项督导意见整改的通知》（建城海函〔2018〕7号），按照专家意见及相关要求对中心城区海绵城市专项规划进行了修编，并多次组织召开专家咨询会，结合《宁波市国土空间总体规划（2020~2035年）》编制，同步将雨水径流总量控制、生态空间保护等内容纳入总体规划。各县区（市）海绵城市专项规划也已完成编制并批复实施，实现了海绵城市专项规划在全市范围的全覆盖。

同时，为有效指导试点区的近期建设，在编制试点区海绵城市详细规划的基础上，宁波市编制了试点区海绵城市系统化方案，确保试点建设目标可达。

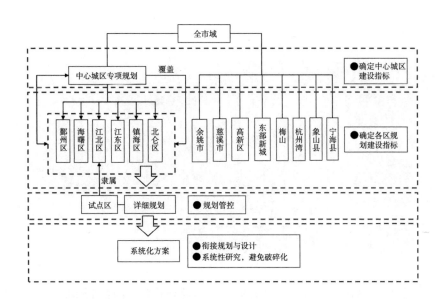

图6-101 宁波市海绵城市规划体系

6.3.3.1 海绵城市专项规划

为有效指导宁波市海绵城市建设，科学保障2020年和2030年海绵城市建设目标，宁波市编制了《宁波市中心城区海绵城市专项规划（2018~2030）》（以下简称《规划》）。

一是针对宁波市平原为主、河网密布的特点，结合生态敏感性分析和城市建设用地分析，《规划》提出了宁波市"生态空间格局保护及建设区指引"，将中心城区划分为生态保护和修复区、蓝绿空间建设区、城市建成区和城市新建区（图6-102、表6-16）。并对中心城区122条主要河道划定了蓝绿保护范围，提高对城市生态空间的保护。

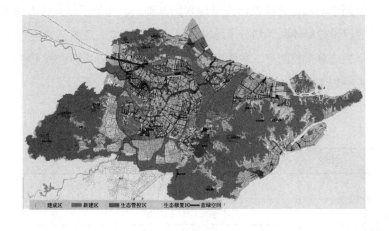

图6-102 宁波市中心城区海绵城市空间格局

宁波市中心城区海绵城市空间格局一览表　　　　表6-16

序号	分区划分	具体内容
1	生态保护和修复区	包括城市外围的山林区域、城市建设用地以外的农田、乡镇及农村区域
2	蓝绿空间建设区	中心城区及组团城市建设用地范围的平原河网及沿河绿带
3	城市建成区	一是规划期限内予以保留的现状已建成区域；二是规划期限内予以拆迁改造的改建区域
4	城市新建区	建设用地范围内确定的，即将开发或在开发建设的区域

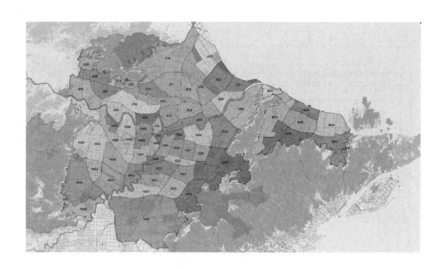

图6-103 宁波市中心城区海绵城市管控单元划分情况

二是根据中心城区排水分区，结合城市用地规划管理，《规划》划定了65个管控分区（图6-103），以管控城市开发前后对城市水文的影响为核心，科学确定管控分区目标和指标，并在水系管控、建设用地管控、非建设区管控等方面提出了详细的规划指引。

三是结合现状问题和规划目标，《规划》统筹提出了水环境治理和提升、水安全防治、水生态保护和修复、水资源综合利用等规划方案，对雨水径流控制、初期雨水污染削减、溢流污染控制、内涝积水防治、雨水资源利用等问题提出系统解决方案，保障规划目标和管控要求的有效落实。

6.3.3.2 海绵城市系统化方案

宁波市在编制中心城区海绵城市专项规划的基础上，编制了试点区海绵城市详细规划，建立了试点区的建设指标体系，划分了慈城古城、慈城新城、慈城新城生态区等10个管控单元，同时，将年径流总量控制率、水面率、生态岸线率等核心指标进行了科学分解，并提出了建设指引（表6-17）。

宁波市海绵城市试点区建设指标体系 表6-17

分类	序号	核心指标	
水生态	1	年径流总量控制率	80%
	2	水系生态岸线比例	40%
	3	天然水域面积保持程度	5.86%
	4	地下水埋深变化	不做要求
	5	热岛效应	热岛强度得到缓解
水环境	6	地表水水质达标率	90%
	7	初雨污染控制率（以TSS计）	60%
	8	城市污水处理率	≥98%
水资源	9	雨水资源利用率	5%

续表

分类	序号	核心指标	
水灾害治理	10	防洪标准	100年一遇
	11	防洪堤达标率	100%
	12	排涝标准	20年一遇
	13	排水设计标准	2~5年一遇
	14	内涝防治标准	50年一遇
机制建设	15	规划建设管控制度	出台
	16	技术规范与标准建设	出台
	17	投融资机制建设	出台
	18	绩效考核机制	出台
显示度	19	连片示范效应和居民认知度	70%

　　但是，由于宁波市海绵城市试点区用地类型多样，存在大量未开发的农田和农村区域（图6-104），在三年试点期内无法全部落实试点区海绵城市详细规划确定的规划建设方案。为有效完成国家部委下达的试点建设任务，宁波市启动了海绵城市试点区系统化方案的编制工作，将系统化方案作为指导试点区近期建设的顶层设计文件。

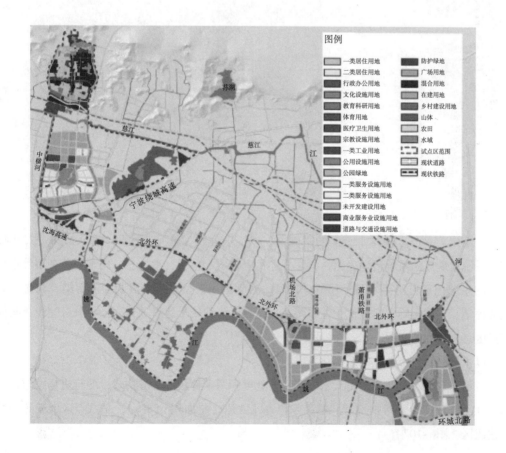

图6-104 宁波市海绵城市试点区现状用地分布图

1. 系统化方案的定位

（1）衔接试点区海绵城市详细规划的规划方案，落实详细规划中的管控要求。系统化方案与《宁波市海绵城市试点区详细规划》进行有效衔接，包括源头地块和道路低影响开发系统、水生态系统、水环境系统、水安全系统等规划方案。源头新建和改造海绵设施建设方案严格落实详细规划中对地块和道路的海绵城市建设目标及管控要求，水系综合整治方案落实详细规划对水生态岸线率以及水质的管控要求，内涝整治方案充分结合水安全系统规划方案。

（2）科学分析现状存在的问题，制定系统解决方案。通过有针对性地识别试点区内现状存在的问题，科学评估建设需求，并按照源头-过程-末端的体系对建设方案进行梳理，注重海绵设施、海绵项目之间的衔接关系，避免出现项目方案破碎化、不成体系的现象。

（3）合理确定近期可实施项目，保障海绵城市建设试点区目标的可达性。结合国家级海绵城市试点区建设目标要求，制定可操作性强的解决方案，充分考虑近期项目的可实施性，合理确定试点区工程项目，并通过模型进行科学评估，保障海绵城市建设试点区目标的可达性。

2. 系统化方案的实施路径

宁波市海绵城市系统化方案编制遵循"新区目标导向、老区问题导向"的路线，以试点区本底条件为基础，结合地形地貌、河流水系及市政管网，科学划分了8个汇水分区、14个排水分区（图6-105），合理确定各分区目标。

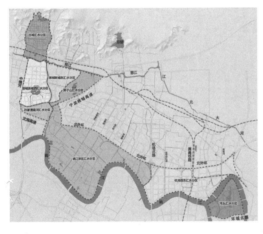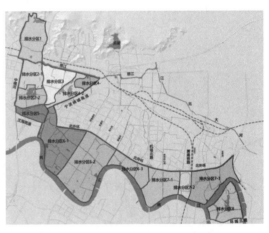

图6-105 宁波市试点区汇水分区（左）与排水分区（右）划分情况

在划定汇水分区和排水分区的基础上，以汇水分区为单元，按照"源头减排、过程控制、系统治理"的系统治理思路，科学构建水安全、水环境、水生态、雨水资源利用等目标实现的系统化实施路径（图6-106）。同时，科学运用模型进行合流制溢流污染、内涝等方面的评估，支撑实施方案的优化，系统梳理试点区海绵城市建设项目，指导分区建设，确保试点区总体目标的实现。

以机场路东汇水分区的系统化方案为例。

机场路东汇水分区主要由天水家园以北地段和谢家地块两部分构成，西至机场路与孙家河，北至北环高架，南临姚江北侧，东至九龙大道，总面积6.55km²，是试点区内成熟的城市建成区（图6-107）。

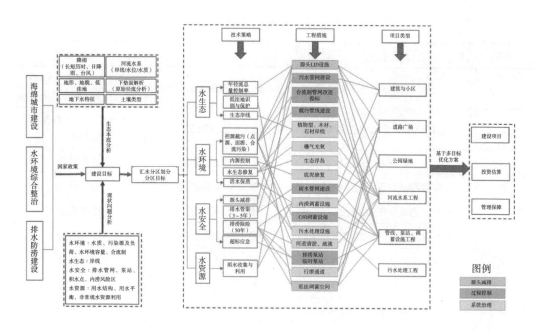

图6-106 宁波市试点区系统化方案技术路线图

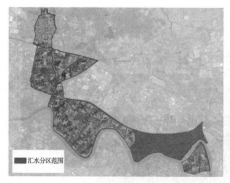

图6-107 机场路东汇水分区区位图

该区域建设前存在的主要问题为城区河道水质差、内涝积水等。

具体来说，通过模型分析，机场路东汇水分区现状雨水管网约70%满足3年一遇以上的标准，内部管网能力基本充足。当发生50年一遇降雨时，机场路东汇水分区以内涝中、高风险为主，低风险面积13.8hm^2，中风险面积28.3hm^2，高风险面积60.9hm^2。该区域存在10个典型易涝点，大部分因地势低洼导致（图6-108、图6-109、表6-18）。

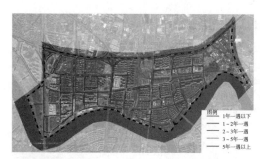

图6-108 机场路东汇水分区管网能力评估图

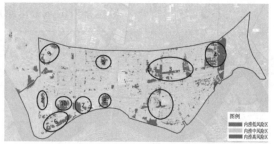

图6-109 机场路东汇水分区积水点分布图

机场路东汇水分区积水点情况及原因一览表   表6-18

序号	位置	积水程度	积水原因
1	康庄南路与丽江路交叉口	最大积水深度0.375m	管道能力不足，地势低洼，河道顶托
2	机场北路宁波大学附属学校旁	最大积水深度0.747m	地势低洼，下游管段能力不足
3	云飞路康庄南路	最大积水深度0.78m	地势低洼
4	李家路及李家西路未利用地	最大积水深度0.51m	地势低洼
5	江北大道北环高架南侧未利用地	最大积水深度0.2m	地势低洼
6	机场北路丽江西路北侧未利用地	最大积水深度0.54m	地势低洼
7	洪大路丽江西路东北侧未利用地	最大积水深度0.5m	地势低洼
8	宁深地块	最大积水深度0.75m	地势低洼
9	潺浦河西侧、机场路东侧	最大积水深度0.6m	地势低洼
10	滨江实验中学东侧地块	最大积水深度0.5m	地势低洼

根据2015~2016年的水质监测数据，洋市中心河水质污染严重，尤其是NH_3-N指标，超过90%的监测数据为劣V类；TP指标约30%的监测数据为劣V类，40%的数据为地表水V类标准（图6-110、表6-19）。

图6-110 机场路东汇水分区水质监测点位分布图

机场路东汇水分区水质监测情况一览表   表6-19

月份	COD_{Mn} (mg/L)	水质类别	NH_3-N (mg/L)	水质类别	TP (mg/L)	水质类别
1月	7.6	IV类	6.06	劣V类	0.62	劣V类
2月	6.2	IV类	3.34	劣V类	0.34	V类
3月	5.3	III类	3.45	劣V类	0.35	V类
4月	8.2	IV类	3.56	劣V类	0.43	劣V类

续表

月份	COD$_{Mn}$（mg/L）	水质类别	NH$_3$-N（mg/L）	水质类别	TP（mg/L）	水质类别
5月	4.4	Ⅲ类	2.12	劣Ⅴ类	0.2	Ⅳ类
6月	6.9	Ⅳ类	5.23	劣Ⅴ类	0.4	劣Ⅴ类
7月	5.7	Ⅲ类	3.08	劣Ⅴ类	0.32	Ⅴ类
8月	8.3	Ⅳ类	4.45	劣Ⅴ类	0.34	Ⅴ类
9月	5.1	Ⅲ类	6.66	劣Ⅴ类	0.35	Ⅴ类
10月	5.1	Ⅲ类	3.58	劣Ⅴ类	0.29	Ⅳ类
11月	6.5	Ⅳ类	3.9	劣Ⅴ类	0.4	劣Ⅴ类
12月	6.3	Ⅳ类	1.57	Ⅴ类	0.24	Ⅳ类

在水环境提升和水生态改善方面，机场路东汇水分区的排水体制为雨污分流制，局部小区管网存在混、错接的问题。因此，在水环境提升与水生态改善方面，该区域的治理方案重点在源头减排和系统治理。

（1）源头减排

源头减排主要是通过小区道路的海绵城市建设，对径流雨水进行削减。根据可行性分析，结合控制性详细规划目标，确定地块及道路建设改造项目65个，其中地块39个，道路26个（图6-111、图6-112），未开发区域（规划）随着地块和道路的开发，根据控制性详细规划指标落实海绵城市理念。

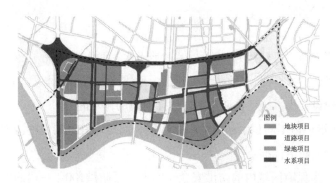

图6-111 机场路东汇水分区改造建设项目分布示意图

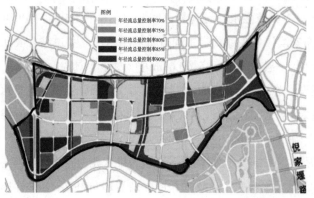

图6-112 机场路东汇水分区指标分解图

（2）系统治理

机场路东汇水分区河道综合整治包括自然岸线修整、河道清淤、沉水植物、生态浮床+碳素纤维水草以及曝气等方式。根据现状及存在的问题，结合宁波市剿灭劣V类工程，梳理得到该分区需整治河道12条，主要建设内容包括生态驳岸建设、曝气设施建设、河道清淤、水生植物种植等（图6-113、图6-114）。

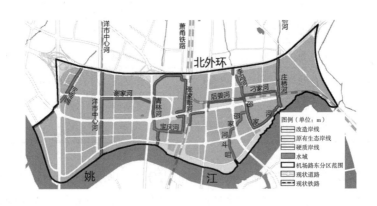

图6-113 机场路东汇水分区河道岸线改造示意图

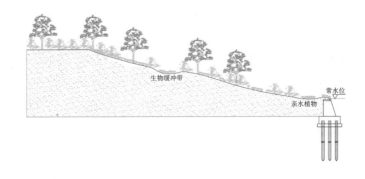

图6-114 机场路东汇水分区河道岸线改造断面示意图（后姜河）

在水安全保障方面，可概括为"防洪水""治涝水"两大部分。

"防洪水"是指完善姚江沿岸的防洪堤建设，形成完整的防洪体系，满足100年一遇的防洪标准。同时，建设强排系统、连通水系，增强河道的排水能力。

"治涝水"是指根据不同积水区域的积水原因，因地制宜地制定整治方案，实现小雨不积水、大雨不内涝的防治标准。

防洪堤建设。为保障区域内的防洪安全，实现片区防洪100年一遇的设防标准，建设倪家堰段堤防工程，自李碶渡翻水站至规划环城北路，全长1.5km，100年一遇，堤顶标高按3.63m进行设计；谢家滨江景观绿化带工程自机场路至江北大道结合滨江公园设计设置防洪堤，全长1.4km，100年一遇，堤顶标高按3.63m进行设计（图6-115）。

泵站及闸门建设。为提高区域的防洪排涝能力，增强张家畈河的排水能力，新建张家畈河排涝泵站，设计2台水泵，1用1备，每台流量为1.5m³/s。同时，在后姜河立新桥东侧新建机械闸门1座，用以调控后姜河与相交内河的河水流通。

水系连通为加强水系之间的连通，增强河道的排水能力，将后姜河与张家畈河、刁家河通过铁路下穿进行连通（图6-116），连通长度分别为100m和50m，共计150m。

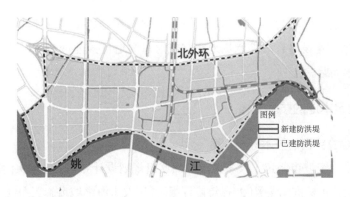

图6-115 机场路东汇水分区防洪堤建设位置示意图

图6-116 机场路东汇水分区水系连通工程平面位置示意图

　　内涝积水点整治。机场路东汇水分区现状共10处模拟内涝积水点，其中1个积水点为真实积水点，其余9个积水点为地势较低的未开发区域，根据各个积水点的原因分析，分近期、远期针对性地制定整治措施。

　　近期整治方案：积水点1主要积水原因是管道能力不足、地势偏低、河道顶托。对积水点处天成家园出户管径由500mm扩至800mm，其出户管接入市政管线位置为起点，扩径并改变排向南边的姚江，沿线管径扩至1500～1800mm，并在姚江排口新建泵站4m³/s（图6-117）。但该积水点正在进行地铁施工，因此在地铁建设完成后，再对该积水点进行治理。

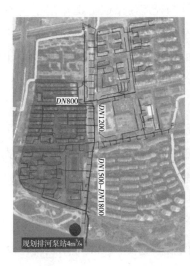

图6-117 积水点整治方案图及泵站选址位置图

远期管控方案：积水点2～10基本都是未利用地或绿地因地势低洼造成的积水。可通过控制性详细规划，建设时合理控制场地竖向或通过绿地自身进行调蓄，竖向控制在3.2m以上，以缓解积水问题。

6.3.4　立足本地的技术支撑

6.3.4.1　建立完善的技术标准体系

2015年以来，宁波市制定了《宁波市海绵城市规划设计导则》（2019年修订版）、《宁波市海绵城市建设技术标准图集》（2018年修订版）、《宁波市海绵城市施工图设计审查要点（试行）》、《宁波市屋面雨水收集回用实施细则》、《宁波市老小区、城中村截污纳管改造技术要求及验收标准》、《宁波市海绵城市建设工程施工与质量验收技术导则》、《宁波市海绵城市建设工程设施运行与维护技术导则》等一系列技术标准、规范和导则，对海绵城市规划、设计、施工、验收、养护等环节进行管控和指导，并在全市范围内新建、改建、扩建项目中执行。

以《宁波市海绵城市建设技术标准图集》（2018年修订版）为例，该图集以国家、省、市相关标准规范为依据，充分吸收宁波市海绵试点经验，结合宁波市当地特色，针对宁波市不同类型项目和典型设施制定了具体要求、标准做法和设计参数。

该图集主要分两个方面：一是对建筑与小区、城市道路、绿地公园和广场、城市水系等不同类型项目的总体布局、排水分区、设施布置、径流组织、溢流排放、指标计算等内容制定了具体要求和示例；二是对渗透结构、透水铺装、绿色屋顶、雨水花园、生物滞留设施、植草沟、树池、雨水管断接、雨水收集口等通用设施制定了相关要求和示例。其中，针对绿色屋顶、雨水花园、生物滞留设施、透水铺装、雨水收集口等设施，图集还结合宁波市实际气候特点和建设经验，补充了防渍、防堵等特色措施，优化了设计参数，深化了细部做法，使图集更加规范化、标准化和特色化。

6.3.4.2　探索本地设计参数

宁波市通过《宁波市海绵型道路规划设计研究》《雨水花园填料本土化开发及结构层参数优化对径流污染控制效果研究》《不同透水砖渗透特性与径流污染控制效果研究》《不同降雨条件下典型生物滞留设施对径流污染控制的研究》等课题研究，对雨水花园、透水铺装、生物滞留设施等海绵设施的运行参数和规律进行监测和研究，多项研究成果为规划设计导则和标准图集的修订提供了参考依据。

6.3.4.3　构建智慧管控平台

宁波市通过建立海绵城市管控考核平台，实现了视频系统、监测评估系统、模型评估系统的统一管理和展示，可对项目建设情况、分区建设成效以及积水内涝风险等不同情景进行展示，同时可辅助海绵城市相关设施运维调度、规划建设审批、方案比选、指标计算、决策支持等功能。

管控平台主要包含以下建设内容和功能：

（1）管控平台：包括试点区综合数据库建设、数据服务建设、PC端应用系统建设、移动端应用系统建设和试点区域无人机影像采集。

（2）视频监控：通过安装视频监控设备，对部分区域试点建设情况进行视频监控，提供直观的试点区建设效果展示。

（3）动态监测：包括对海绵城市改造后雨水径流量、合流制溢流量、面源污染（SS）产生量、内涝积水等方面的动态监测，为考核评估和设施管理提供支持。

（4）模型评估：通过试点区综合数据库、动态监测数据与模型软件的耦合，对项目和分区的建设成效以及雨水径流控制、面源污染削减、溢流频次、内涝风险等指标进行模型评估。

6.3.5　建设成效

6.3.5.1　构建了蓝绿交织的滞蓄体系

宁波市在海绵城市试点建设过程中，系统打造提升了双古渡公园、新三江口公园、谢家滨江公园、姚江启动段滨江公园等一批高品质滨江景观公园，面积超过43.69万m^2，城市居民休闲游憩空间大幅增加，城市变得更加生态宜居。试点区新增慈城新城生态区人工湿地和湿塘、姚江保留区田园湿地、市委党校的镜湖等，水域面积增加至2.09km^2，水面率由5.46%提高到6.76%；生态岸线率由63.3%提高到67.7%；新增城市绿地45.8hm^2，绿地率由25.7%提高到27.1%，形成了蓝绿交织的雨洪蓄滞体系（图6-118）。

（a）双古渡公园

（b）东升河

（c）慈城生态区

（d）慈城新城中心湖

图6-118 试点区蓝绿交织的雨洪蓄滞体系

6.3.5.2　持续改善河道水质

在海绵城市建设过程中，宁波市对河道进行了持续性监测，试点区内监测断面共有59个。根据监测结果，试点区内河道无黑臭水体，朱家河、前王河等河道水质持续改善，由海绵建设前劣 V 类水质提升为Ⅳ类、V 类水质。以试点区内裘市大河（双红桥监测断面）为例，海绵城市建设实施以来，裘市大河双红桥监测断面水质呈好转趋势，COD指标2019年均值比2016年均值下降25%，NH_3-N指标2019年均值比2016年均值下降79%（图6-119），TP指标2019年均值比2016年均值下降79.5%，水环境质量有明显好转。

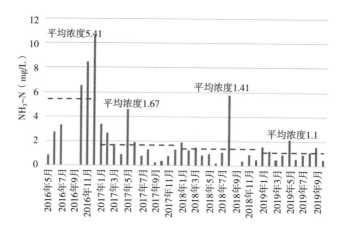

图6-119 裘市大河（双红桥断面）2016～2019年NH_3-N监测数据

6.3.5.3　有效缓解城市内涝

试点前，试点区内的慈城古城、裘市村、机场路东多个老旧小区存在内涝积水现象，区域受灾人数超过2万人。根据不同区域的积水原因，宁波市海绵城市建设过程中采取"一点一策"的治理思路，目前试点区内内涝积水情况大幅改善，改造后各小区经受住2019年"利奇马""米娜"等几轮台风暴雨考验，海绵建设成效显著（图6-120）。

图6-120 老旧小区海绵化改造前后积水改善情况对比图

6.3.5.4　建成一批精品项目

宁波市在海绵城市建设推进过程中，不断总结项目建设得失经验，打造了一系列精品项目。

试点区中的天水谢家片区6km²，覆盖77个项目，涉及老旧小区20个，采用了"海绵+"综合整治理念，以问题为导向，天水谢家的三和嘉园、春晖家园、宁馨园等老旧小区推行停车位改造、环境整治、景观提升的"海绵+"综合施策，实现景观与功能的双提升（图6-121）。

宁波技师学院、E商小镇、市委党校、奥体中心等公建类项目开展海绵城市建设，提升环境品质（图6-122）。

榭嘉路、洪大路、康桥南路等道路项目探索道路面源污染控制，与片区内其余公建、小区海绵化建设形成连片效应（图6-123）。

扫码查看原图

扫码查看原图

图6-121 老旧小区海绵化改造建设成效（三和嘉园）

扫码查看原图

图6-122 市委党校（左）、奥体中心（右）海绵化改造建设成效

扫码查看原图

扫码查看原图

图6-123 洋市路、慈城新城路网海绵化改造建设成效

双古渡公园、机场路以东绿地、谢家地块滨江景观绿带等公园绿地类项目增加市民绿色活动空间，提升城市品质（图6-124）。

东升河、慈湖、中心湖、姜湖等河道湖泊开展水环境综合整治，打造了水系生态廊道（图6-125）。

扫码查看原图

扫码查看原图

图6-124 机场路中心绿地、慈城生态区海绵化改造建设成效

扫码查看原图

图6-125 慈城新城中心湖建设成效

6.3.6 经验总结

1. 领导高度重视，理念才能有效落实

海绵城市建设是城市发展的一种方式，组织保障是海绵城市有序推进的重要基础。试点建设期间，宁波市逐步构建了较为完善的组织领导机制。

首先是建立组织领导机构。成立以市委主要领导牵头负责，各相关职能部门配合的海绵城市建设领导小组；设立办公室和专职团队，负责统筹协调海绵城市建设各项工作；设立现场指挥部，负责制定计划、管理进度、监督质量。

其次是建立工作机制。建立海绵领导小组会议、海绵办工作例会等议事制度，研究解决

海绵城市建设过程中的重大事项和日常事务。建立季报、月报、重大事项专报等信息报告制度，及时掌握海绵城市建设动态。建立巡查督办和年度考核制度，确保各级部门、每项任务扎实推进。

最后是落实专项职能。将海绵城市建设职能落实到"三定"方案，负责统筹全市海绵城市建设工作，保障海绵城市建设管理工作长期有效推进。

2. 项目建设流程全管控，才能保障理念落地生根

宁波市在海绵城市建设管控方面经过了多次探索。试点初期，市人民政府下发了《宁波市海绵城市建设管理办法（试行）》，虽然明确了项目建设过程中将海绵城市理念融入，但执行情况不太理想。2018年，市住房和城乡建设委员会、市规划局联合印发了《宁波市海绵城市建设规划设计管理办法》，进一步明确海绵城市建设的规划管控，但执行初期，"一书两证"中落实海绵城市理念仅为定性的表达，没有定量的指标。后面市住房和城乡建设委员会又下发了《关于加强海绵城市建设项目设计和施工图审查工作的通知》，将海绵设计方案和施工图专篇的内容和要求进一步明确，并纳入施工图审查之中。至此，宁波市真正实现了规划、设计"两头抓"，使得海绵城市建设理念真正落地生根。

3. 技术标准体系完善，才能有效保障设计质量

海绵城市建设改变了传统的排水方式，新的方法、新的设计需要相应技术的支撑。宁波市在试点初期由于时间紧、任务重，当时也缺少相应技术标准的指导，海绵城市建设工作举步维艰。随着理念的深入理解和对海绵城市认识的深入，宁波市逐步建立了适合本地区的标准图集和规划设计导则，有效推进了海绵城市项目的建设。

4. 人才队伍壮大，才能保障项目出精品

试点初期，宁波市从事相关规划设计工作的单位有30余家，每家设计质量参差不齐，落地的项目各类问题层出不穷。随着现场指挥部工作的推进，宁波市对出现问题的项目多次进行巡查和下发整改通知书，并逐步出台相应的方案设计和规划设计技术指引，同步加强理念的宣传与教育。截至目前，宁波市整体设计单位的海绵城市建设方案设计水平得到了较大的提升，并踊跃出一批不同类型的示范项目。

5. 百姓支持，才能保障项目有序推进

海绵城市建设，尤其是老旧小区改造+海绵，在试点初期，百姓诉求很多，小区海绵化改造很难满足众多业主的需求，经过市区海绵办多次给业主讲解海绵城市理念，百姓对海绵城市理念有了较深的认识。随着海绵化改造进程的推进，效果逐步凸显，百姓越来越支持海绵城市建设，有的自发组成队伍，对海绵设施进行自主维护，实现了共建共享。

6. 相关排水标准同步修编，才能实现有效衔接

海绵城市建设涉及要素较多，包括竖向、道路、小区、绿地、水系等多种要素。海绵城市能够有效落实到各类项目中，需要相关设计标准同步修编。这里举一个特别明显的例子，就是建筑给水排水设计方面，目前大部分新建小区雨落管为了景观需要，都内包在墙体中，很难实现雨落管末端断接，但在施工图审查时，也没有强调规定，所以很多开发单位以此为理由不进行断接，这直接影响了海绵城市理念的融入。类似这样的设计要求，在相关设计标

准中必须明确，才能实现有效衔接。

7.适当增加新的指标管控

目前海绵城市建设中，年径流总量控制率是一个重要的指标，但这个指标的实现需要综合的计算方法和过程，再加上目前《海绵城市建设评价标准》GB/T 51345—2018里有入渗体积的考虑，所以很多项目在设计参考时都是为了计算指标而设计，而不是真正理解海绵城市建设的方向。建议在此基础上，增加雨落管断接比例（比如不低于95%）、硬化面积控制最小降雨量等，便于设计执行，也便于操作。

8.探索具有宁波特色的海绵城市建设模式

在推进海绵城市建设过程中，宁波市积极探索海绵城市试点建设模式。

坚持系统治理的技术路线。宁波市海绵城市试点区建设坚持规划引领、系统统筹的思路，在《宁波市中心城区海绵城市专项规划》引领下，按照"源头减排、过程控制、系统治理"的思路编制试点区系统化实施方案。方案坚持问题和目标导向，紧扣国家批复的16项海绵城市试点目标，结合地形、水系、管网等，划分慈城古城、慈城新城西、慈城新城东、狮子山、孙家漕直河、姚江新区、机场路东、湾头8个汇水分区。8个汇水分区分别制定系统化实施方案，每个汇水分区方案在批复指标基础上，结合本底条件、问题和需求，形成汇水分区建设目标和指标。

探索不同区域特点的海绵城市建设模式。宁波市国家级海绵城市试点区特点鲜明，包括慈城古城合流制溢流污染控制模式、慈城新城海绵化建设模式、慈城生态区生态保护和海绵建设模式、机场路东老旧小区海绵化改造模式、城市建设拓展区（姚江保留区）海绵化建设模式、海绵城市+美丽乡村建设模式等。其中慈城古城汇水分区注重古城"半街半水"特色保护，立足现状雨污合流问题，主打溢流污染控制与水安全提升；慈城新区汇水分区在借鉴澳大利亚水敏感城市设计理念的基础上，整体规划、区域开发、分块建设，积极打造海绵城市建设新城模式；慈城生态区（狮子山和孙家漕直河汇水分区）积极探索山体修复、湖泊河道生态整治、农业面源污染控制、农村综合环境治理等为重点的"海绵乡村"建设新路径；天水–谢家（机场路东汇水分区）6km²建成区开展"海绵+"综合整治改造，以问题为导向，通过小区内涝整治、雨污分流、停车位改造和小区环境品质提升等，一揽子解决老旧小区民生痛点顽疾。

坚持项目建设与绩效目标紧密联系。试点区海绵城市建设和项目安排，以分区实施效果和整体达标为最终目标，按照"源头减排、过程控制、系统治理"的技术路线，对分区项目进行统筹安排。每个分区的建设任务和项目库，主要根据分区目标和问题进行确定，因地制宜各有侧重，确保试点建设项目的落地性和有效性。同时针对水环境质量、内涝点消除、雨水径流控制等海绵城市建设目标，以分区为单位，通过监测和模型评估等手段进行评估，保障分区建设效果。

坚持"流域打包、全生命周期、按效付费"的PPP模式。试点区项目建设积极引入PPP模式，促进投资主体多元化，破解项目建设融资难题，有效减轻政府财政压力。试点区项目建设坚持按流域打包，项目类型以水环境提升和水生态改善为主，边界清晰，目标明确。

PPP项目社会资本的遴选依法依规、充分竞争、公平择优。同时制定PPP项目绩效考核管理办法，在项目全生命周期内根据考核结果按效付费。

9. 严格执行绩效考核，同时财政要大力支持海绵城市建设

宁波市在全域推进海绵城市建设过程中，进度相对缓慢，工作开展不够系统，财政支持力度很弱。后续将大力加强全域海绵城市工作的推进力度，同时积极和财政沟通，努力争取相应资金支持。

6.4 南方河口盆地型大城市——福州市案例

福州市是福建省省会，位于福建省中部东端。地貌属典型的河口盆地，三面环山，一面临海，城内50多座山体星罗棋布，闽江横贯市区东流入海，市区水系纵横、河网密布，山、水、城交相辉映。自古以来，福州就是一座城水和谐、生态宜居的城市。

随着城市的快速发展，由于基础设施的滞后，福州市也出现了城市黑臭水体和内涝灾害等水环境、水安全问题。海绵城市建设"小雨不积水、大雨不内涝、水体不黑臭、热岛有缓解"的总体目标，契合了近年来福州城市高质量发展与"建设有福之州、打造幸福之城"的内在需求。用海绵城市建设的理念来治理城市涉水问题，消除黑臭水体，解决内涝积水成为福州市推进海绵城市建设的初心和目标。

福州市把握"环山、盆地、临江、滨海"的地域特征，以优先解决与群众生活密切相关的问题为导向，从全市域与试点区域两个层面分别发力，各有侧重，全方位、全系统加以推进。经过几年的系统推进建设，将海绵城市建设理念不断融入城市开发建设中，取得了初步成效，并总结完善了一批技术规范和管理机制，形成了系统推进海绵城市建设的"福州实践案例"。

6.4.1 城市特征和涉水问题

6.4.1.1 城市特征

1. 区位分析

福州市位于福建省东部沿海，闽江下游，东临东海和台湾海峡，介于北纬25°16′~26°39′，东经118°23′~120°31′之间。福州市简称榕，辖鼓楼、台江、仓山、晋安、马尾、长乐6个区，闽侯、连江、罗源、闽清、永泰、平潭6个县及福清市，总面积11968km²。

2016年5月，福州市入选国家第二批海绵城市建设试点城市，选取了老城区鹤林片区和新城区三江口片区作为海绵城市建设试点区域（图6-126）。

图6-126 福州市海绵城市建设试点区区位图

2. 地形地貌

福州市地处闽中大山带的东坡，西部为戴云山脉北段和鹫峰山脉南段的主干，海拔高度大多在700~1100m之间，不少山峰海拔超过1200m。福州盆地是一山间断陷盆地，城区在盆心，城区河网密布，闽江和乌龙江穿城而过。区内地貌类型主要包括山地地貌（构造侵蚀中低山、低山）、丘陵地貌（侵蚀高丘、侵蚀低丘、剥蚀残丘）、堆积平原地貌（冲积平原、冲洪积平原、冲海积平原、风积平原）以及河谷地貌。

3. 气候特征

福州市属亚热带季风气候，气候温暖，雨量充沛，雨热同期。福州地区随着地势从东南向西北逐渐升高，年降水量也随之增加。沿海岛屿年降雨量仅900~1200mm，平原、台地为1200~1400mm，低中山区均在1600mm以上，局部可达2000mm以上。季节以5~9月的梅雨和台风雷雨季降雨量最多，占全年总雨量的47%~83%。

6.4.1.2 主要涉水问题

1. 城市水体黑臭

随着城市化和工业化进程加快，福州市基础设施存在滞后现象，内河环境逐渐遭到破坏，水体黑臭问题日益凸显。2016年，中心城区107条内河中有44条黑臭水体（图6-127），城区内河环境不断恶化。

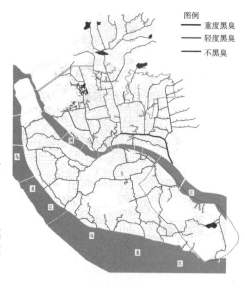

图例
━━ 重度黑臭
━━ 轻度黑臭
━━ 不黑臭

扫码查看原图

图6-127 福州市中心城区内河分布图

扫码查看原图

图6-128 福州市中心城区易涝点分布图

图例
• 易涝点
▢ 试点区范围

2. 城市内涝频发

除了水体黑臭问题，福州市还面临内涝频发的城市问题，尤其在夏季台风来临时，带来较为集中降雨，加剧了福州市内涝风险。因福州市中心城区为盆地地形，易遭受上游山洪入侵；而城市基础设施配套不足，城区内河排水不畅、管网能力不足，加之下游受到闽江顶托，在局部地势低洼地方易出现内涝积水。2016年，中心城区易涝积水点有47处（图6-128），影响了居民的出行和安全。

城区水体普遍黑臭、内涝频发，严重影响了人民日常生活和城市高质量发展。"十二五"以来，福州市综合采用驳岸整修、截污、清淤、景观建设等措施开展内河综合整治工作。虽然取得了初步成效，但依然存在内涝频发、内河黑臭、部分河道沿河环境脏、乱、差等问题。尤其每年夏季屡屡遭受台风影响，城市排水设施建设承受着极大考验。

2016年5月，福州市入选国家第二批海绵城市建设试点城市，在试点建设及全域海绵推进过程中，福州市贯彻落实海绵城市建设理念，通过"建章立制、规划引领、技术支撑"三大方面工作，将海绵城市融入各级政府工作和城市发展建设中。经过几年的建设，福州市已建立较为完善的长效管理机制，取得了良好的建设效果，同时也总结了南方复杂水环境地区系统推进建设经验，形成可复制、可推广的解决水安全、水环境、水生态问题的路径示范。

6.4.2 系统推进的机制体制

6.4.2.1 搭建工作组织架构

在试点建设初期，福州市成立了海绵城市试点建设领导小组，研究解决海绵城市建设中的重大问题；为全面推进《福州市海绵城市试点建设行动计划》，落实福州市海绵试点建设的各项工作任务，成立了福州市海绵城市建设指挥部，为试点建设提供有力保障；另外在开展内涝治理和黑臭水体治理过程中，福州市根据实际需求，成立了城区水系综合治理工作领导小组，统筹推进海绵城市建设、内涝治理及黑臭水体治理。

为长效推进福州市海绵城市建设，福州市将海绵城市建设职能落实到具体部门的"三定"方案中，在2017年4月成立的市联排联调中心设置海绵城市专门处室，负责具体的海绵城市建设工作。

1. 成立海绵城市试点建设领导小组

鉴于海绵城市建设的系统性及综合性，且其涉及多个专业配合、多个部门审批，为高效推进试点建设，集中探索经验，形成与福州市现有机构相适应的组织机制，福州市充分发挥市政府的统筹协调作用，成立了市委书记任组长、市长任副组长的海绵城市试点建设领导小组，保证协调力度。领导小组由多部门和县区组成，分层级的架构保证了沟通顺畅。

2. 成立福州市海绵城市建设指挥部

福州市获评国家级试点城市后，于2016年8月成立了海绵城市建设指挥部，由分管副市长任指挥长，构建了"市级主导-部门统筹-国企挑重担"的工作模式。指挥部办公室设在市建设局，每月由副市长主持召开专题会议，保障各项工作顺利推进。指挥部办公室充分发挥部门间联系协调的平台作用，及时协调试点项目立项、设计、施工中遇到的问题，排除业主遇到的各种实际困难。

指挥部成员包括市建设局、市水利局、市财政局、市发改委、市自然资源和规划局、市生态环境局、市城管委、市园林中心、市林业局、市气象局等市直部门及仓山区、晋安区政府与福州新区开发投资集团、福州城乡建总两个平台公司的分管领导，并从市水利局、市园林中心等部门抽调业务骨干集中办公，为试点建设提供有力的组织保障。

3. 在市联排联调中心设置海绵城市处

为解决建设、水利、城管等部门多头治水、边界不清的问题，福州市于2017年4月专门成立了市政府直属事业单位——城区水系联排联调中心。该中心对城区的水库、内河、闸站等进行统一调度与管理，并在中心设置海绵城市处，作为海绵城市建设长效管理机构，将海绵城市处职责与分工落实到部门的"三定方案"中。海绵城市处负责具体实施海绵城市建设工作，参与编制海绵城市建设发展规划和制定考核评价标准，承担海绵城市建设运行管理及考核具体工作。

6.4.2.2　建立绩效考核制度

福州市将海绵城市建设的要求纳入政府年度绩效考核体系，每年对各相关单位的海绵城市建设工作情况进行绩效评分，直接影响年度业务工作实绩，有力提高了各相关单位的工作主动性和责任感。

绩效考核工作由市效能办牵头，市海绵城市建设指挥部办公室（市海绵办）配合，制订考核办法，确定县（市）区与市直部门职责，把海绵城市建设成效纳入市政府对县（市）区政府、市直部门年度绩效考核。通过效能部门强化督查问效，确保各级各部门围绕责任清单切实履职尽责。

市效能办每年度发布的《绩效管理指标解释及计算方法》中明确规定了海绵城市建设工作由市建设局根据《福州市海绵城市建设绩效考评办法》要求按年度组织考核，进行考核计分，工作目标牵头单位及指标数据采集责任单位为市建设局。市建设局将海绵城市建设情况的考核结果报市效能办，在单位年度"业务工作实绩"指标中进行扣分：优秀、良好档次不扣分，合格档次扣0~1分，不合格档次扣0~3分。

福州市政府印发的《福州市海绵城市建设绩效考评办法》包括考评程序和方法，市直部门、县（市）区政府在海绵城市建设方面的考评内容、方法及细则，考评的纪律与监督等相关内容。

1. 考核实施主体及对象

由市海绵办组成以海绵城市建设专业评委为主的考评工作小组，负责绩效考评工作。

考核对象主要分为市直部门（含国有企业）和各县（市）区政府等相关部门及单位。其中，市直部门（含国有企业）包括市建设局、市发改委、市城管委、市国资委、市自然资源和规划局、市财政局、市园林中心、市房管局、市水利局、市生态环境局、福州新区开发投资集团、福州城乡建总、福州建设发展集团、市水务公司等相关部门及单位。各县（市）区政府包含鼓楼区、台江区、仓山区、晋安区、马尾区、长乐区、福清市、闽侯县、连江县、闽清县、罗源县、永泰县。

2. 考核流程及标准

（1）考核流程

①任务制定。市海绵办年初制定下发年度建设目标。各单位完成年度项目库填报工作，并报市海绵办备案。

②部门自查。每年12月底前，各单位完成本年度建设目标和任务完成情况自查报告和相关支撑材料，报市海绵办备案。

③实地考评。市海绵办组织成立考评工作组，通过文件查看、现场核查、重点抽查等方式，对各单位建设目标和任务完成情况以及工作质量进行考评。

④综合评价。考评工作组根据部门自查情况、实地考评情况形成初步考评报告。

⑤抽查复检。根据工作需要，市海绵办可组织对海绵城市建设目标和任务落实情况进行抽查复检。

⑥在初步考评报告的基础上，市海绵办组织进行统计分析，并综合抽查复检情况，形成最终考评结果。

（2）考评标准

考评包含年度重点任务完成度考评和日常考评，采取定性和定量相结合的方式。年度重点任务完成度考评包括标准政策制定、规划编制、项目库编报及项目推进情况等。日常考评主要为各单位组织分工的落实情况。

考评按百分制计分，分为4个等级，分别为：优秀（90分及以上）、良好（80～89分）、合格（60～79分）、不合格（60分以下）。

考核结果报市效能办，在单位年度"业务工作实绩"指标中进行扣分：优秀、良好档次不扣分，合格档次扣0～1分，不合格档次扣0～3分。

6.4.2.3　全程管控制度

针对全市域的海绵城市建设，福州市政府出台了《福州市海绵城市建设项目规划建设管理暂行办法》，明确了立项与规划管理、设计管理、建设管理、维护管理等海绵城市全生命周期各个阶段相应的要求，以及各个部门的职责。为解决海绵城市试点建设时间紧、任务重等相关问题，加快推进从试点片区到全市范围的海绵城市建设，规范海绵城市建设项目管理，试点期内福州市从市政府到各相关部门出台了一系列规划管控制度相关文件，对海绵城市建设形成了规划、设计、施工、验收、运维全生命周期的管控，并将管控制度落实到了全市范围的海绵城市建设中（图6-129）。

1. 各部门管控职责

各部门结合自身职责、工作任务、内部机构设置，编制了本部门的内部工作流程和工作实施方案，将海绵城市建设融入本部门管理。

为加快落实试点任务，推进全域海绵化，市发改委出台了《关于推进建设工程项目海绵城市管控审批服务工作的实施方案》，结合福州市项目审批服务工作实际，从实施范围和审

图6-129 福州市海绵城市建设项目审批要点流程图

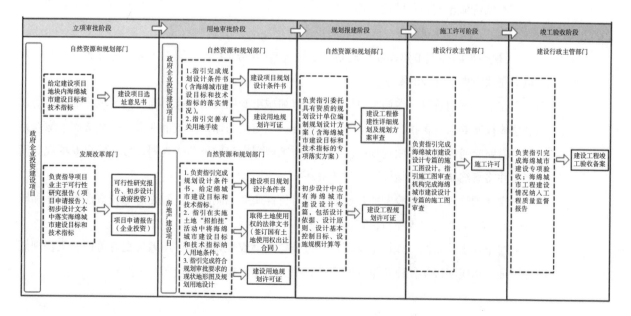

批权限、主要任务、工作措施三大方面提出推进建设工程项目海绵城市管控审批服务工作的实施方案。

为使新建项目落实海绵城市相关建设指标要求，市自然资源和规划局出台了《新建项目海绵城市规划阶段管控流程的办法》，要求在"两证一书"中落实年径流总量控制率相关指标。在建设项目核发规划设计条件阶段对年径流总量控制率指标提出明确控制要求。在核发《建设项目用地规划许可证》阶段，在"其他要求"中备注该项目有关规划要求及规划指标应满足审批的该项目规划设计条件函的要求。

为落实新建、在建各类公园、绿地建设项目的海绵城市管控措施，市园林中心出台了《福州市新建海绵城市园林绿化项目规划阶段管控流程（试行稿）》，明确要求在设计审查方面，新建、改造提升的园林绿化项目应包括海绵专篇设计。

为加强市政道路改造项目海绵城市建设设计、施工、监理及竣工验收环节管理，市城管委出台了《落实和推进海绵城市建设工作的实施方案》《市政道路改造项目海绵城市建设管控实施意见》及《海绵城市建设项目涉及的临时占道、破路审批简化流程》，明确了委内职责分工，简化了海绵城市建设项目涉及的临时占道、破路审批的流程。

为推动福州市海绵城市的科学建设，指导海绵城市建设的施工图审查工作，明确审查内容，统一审查标准，市建设局出台了《福州市海绵城市技术措施施工图审查要点（试行）》，针对建筑与小区、市政道路、城市绿地与广场等几个类别的海绵项目以及海绵城市单项技术措施明确了审查要点；出台了《关于加强福州市建设项目海绵城市设施竣工验收管理工作的通知》，明确了竣工验收主体单位职责、竣工验收的组织程序等方面内容。

在完善全市域规划建设管控制度基础上，为加快试点片区的海绵城市建设，福州市还专门出台了《福州市海绵城市试点区建设项目技术审查流程（试行）》《福州市海绵城市试点区建设项目现场巡查流程（试行）》《关于试点片区源头减排项目审批服务"绿色通道"的实施方案》等相关文件，极大促进了试点片区海绵城市的建设。

2.海绵城市建设各阶段管理

（1）立项与规划阶段

《福州市海绵城市建设项目规划建设管理暂行办法》第二章"立项与规划管理"明确规定了立项与规划阶段的要求。

在规划编制阶段，在城市总体规划、海绵城市专项规划中应明确规划区域海绵城市的建设总体控制要求，将相关要求纳入"多规合一"与生态保护、城市水系、排水防涝、绿地系统、道路交通等相关专项规划中。控制性详细规划应与城市总体规划、海绵城市专项规划衔接，并将海绵城市控制指标落实到地块。

在立项阶段，政府投资的建设项目在可行性研究编制阶段应明确海绵城市建设目标和措施，并将相关费用纳入项目估算。

在土地出让阶段，建设工程项目的选址意见书或规划条件、用地规划许可证、工程规划许可证中均应明确年径流总量控制率等海绵城市建设控制指标。

（2）设计阶段

在设计阶段要求新建项目海绵城市设施必须与主体建设工程同时规划设计、同时建设、同时交付使用；既有建筑及市政设施项目应结合环境整治、道路改造、屋顶绿化等工作，按照海绵城市建设专项规划及试点建设要求逐步实施提升改造。

建设项目应根据专项规划的要求和"一书两证"中的规划条件制定地块海绵城市设计目标，在建设工程项目的方案设计、初步设计、施工图设计等设计阶段，设计单位应编制海绵城市设计专篇。设计文件应包含设施的种类、平面布局、规模、竖向设计与构造，及其与城市雨水管渠系统和超标雨水径流排放系统的衔接关系等内容。

施工图审查机构应对建设工程海绵城市技术措施设计进行审查，对于未达到选址意见书或规划条件中控制指标的设计文件不予核发施工图审查合格书。

在试点建设期间，由市海绵城市建设指挥部会同技术服务单位承担试点片区内建设项目的海绵城市专项方案和专项施工图审查等技术工作。市海绵办发布了《福州市海绵城市试点区建设项目技术审查流程（试行）》《福州市海绵城市技术措施施工图审查要点（试行）》等文件，提出了适合福州市本地实际的施工图审查相关制度，明确了相应的审查流程、审核要求及审查部门等（图6-130）。

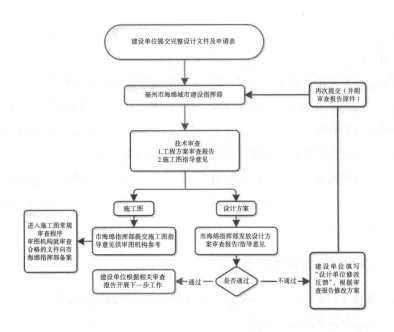

图6-130 福州市海绵城市试点区建设项目技术审查流程（试行）示意

针对试点片区外海绵城市建设项目的审查，福州市采取海绵城市建设项目同绿色建筑项目共同审查的方式，并出台了《绿色建筑与海绵城市建设相关条文及施工图审查具体要求》，明确了新建绿色建筑必须满足国家及福州市对海绵城市建设的相关要求。

（3）施工阶段

市建设行政主管部门负责施工过程中的日常监管，要求施工单位在海绵城市设施所用的原材料、半成品、构配件、设备等产品进入施工现场时必须按照相关要求进行现场验收。

在试点建设期间，依据《福州市海绵城市试点区建设项目现场巡查流程（试行）》开展项目施工现场巡查工作，由福州市海绵城市建设指挥部、技术服务单位组成巡查小组成员，定期到试点区项目施工现场巡查，在现场及时沟通施工问题；巡查后由技术服务单位编写巡查报告并及时反馈给建设单位，由建设单位督促施工单位进行整改提升。

（4）验收阶段

福州市要求建设工程主体单位将海绵城市设施作为工程竣工验收的重要内容之一，同主体工程内容同步申报验收移交，并在竣工验收报告中写明海绵城市建设相关落实情况，提交相关备案机关。

福州市发布了《关于加强福州市建设项目海绵城市设施竣工验收管理工作的通知》，明确了竣工验收的责任主体及职责、验收的组织程序等相关内容。建设项目海绵城市设施的竣工验收活动由建设单位组织勘察、设计、施工、工程监理等单位进行，建设行政主管部门或受其委托的建设工程质量监督机构对验收程序进行监督。

福州市于2019年6月开始执行《福建省绿色建筑工程验收标准》，该标准第4.3.5节明确提出：场地内生态滞留设施、透水铺装、立体绿化、雨水利用系统、生态水景等海绵城市技术措施应符合设计要求。

验收方法：对照雨水综合利用方案、雨水专项规划设计或给水排水设计图纸、海绵城市专项设计等相关设计文件，核查海绵城市技术措施形式、位置、面积，现场核查海绵技术措施的落实情况。

（5）运维阶段

针对海绵城市建设项目的运维管理，《福州市海绵城市建设项目规划建设管理暂行办法》明确了各类项目的运维责任单位和资金来源。政府投资的公园、城市道路、河道等建设项目的海绵城市设施维护管理，分别由市园林、城管等相应行政主管部门及区政府确定的行政主管部门负责。维护管理费用列入专项养护资金，由财政统筹安排。

房屋建筑项目海绵城市设施由市住建行政主管部门与属地政府共同开展维护监管。公共建筑的海绵城市设施由产权单位负责维护管理；住宅小区等房地产开发项目的海绵城市设施由其物业管理单位负责维护管理。

6.4.3 科学合理的顶层设计

为有效推进海绵城市建设，需要从规划层次进行谋划，确定海绵城市理念的引领地位和建设目标，科学指导各层级工作推进。

福州市在2016年便将海绵城市建设纳入福州市"十三五"社会经济发展总体规划中，明确了海绵城市理念的基础作用和引领地位。其次，构建了"专项规划–控制性详细规划–系统化实施方案"的三层级海绵城市规划体系。各层级海绵规划与法定规划层层衔接，真正落到实处。

6.4.3.1 纳入福州市"十三五"社会经济发展总体规划

福州市"十三五"社会经济发展总体规划中明确提出要推进海绵城市建设，最大限度保护原有河湖、湿地、坑塘、沟渠等"海绵体"不受开发活动影响，实施横屿片区牛岗山公园、温泉公园一期、奥体片区等海绵城市项目建设，提高城市防汛排涝能力，到2020年市区建成区20%以上面积达到年径流总量控制率70%的目标要求。

6.4.3.2 专项规划统筹引领

福州市2015年按照住房和城乡建设部《海绵城市专项规划编制暂行规定》的要求，组织编制了《福州市海绵城市建设专项规划》，作为全市范围内海绵城市建设的统筹引领，为规划管控制度的建设提供了技术支撑，该规划于2016年3月由市政府批复实施，有效指导了海绵城市建设工作。

福州市在总结建设过程中的问题和经验基础上，按照海绵城市新理念、新要求和福州市的新条件，及时修编了《福州市海绵城市建设专项规划》，修编后的规划于2019年3月由市政府批复实施。规划明确了海绵城市空间格局，划定了河道蓝线，分解了源头雨水径流管控指标，并从系统角度提出水安全保障和水环境提升的落实方案，确定了2020年和2030年海绵城市建设范围及建设路径。

一是整合水源保护区、自然保护区、风景名胜区、湿地、林地等各类保护边界，在全市域范围内划定生态控制线11050km^2，分为两级进行差异化管控，建立健全底线保护和建设管控的机制。

二是针对全市域，通过划定包含生态底线区及生态限建区在内的生态控制线，构建"一区五带四湾、六廊多楔"的山海生态格局，合理规划通风廊道，构建"环山、面海、两江、多廊道"的规划区绿地空间结构，多方面构建海绵城市空间格局。

针对福州市各类城乡规划中明确需要控制、独立占地的河湖地表水域，包含河道、灌排渠、引水渠、排洪沟、截洪沟、湖泊、人工湿地、蓄滞洪区、水库，以及建设项目用地内有特定历史文化、雨洪调蓄和景观价值的水域，明确河道蓝线控制管理范围。

三是在专项规划中确定各管控分区强制性和引导性指标要求，提出总体方案，并与其他规划进行衔接管控。

根据福州城市自然地形、雨污水管网及河湖水系分布、排水分区分布、路网及地块格局等资料，并结合海绵城市要求，将福州市划分为70个海绵城市建设管控分区。结合用地特点、分区特色、建设时序及对水安全保障和水环境提升等方面的需求，综合确定各管控分区年径流总量控制率指标（图6-131）、城市面源污染控制率指标及相应的指引性指标。基于翔实的基础资料、全面的问题分析、正确的技术路线、完整的内容、系统落地的方案，确保专项规划的科学性、系统性、可行性。

三年的海绵城市试点建设实践证明，专项规划对福州市海绵城市建设和长期推进具有良好的指导作用。同时，福州市启动的城市总体规划修编和国土空间规划编制工作中，已经纳入了海绵

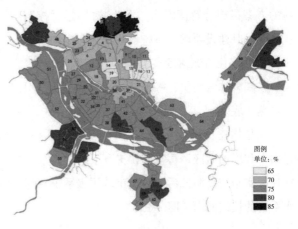

图例
单位：%

65
70
75
80
85

图6-131 福州市管控分区径流控制率分布图

城市相关指标及内容，为长效推进海绵城市建设提供有力保障：纳入年径流总量控制率、内涝防治标准、雨水管渠设计标准、城市面源污染控制率、地表水体水质达标率等海绵城市相关指标；专项规划中划定的河湖水系蓝线及海绵城市空间格局纳入总体规划和国土空间规划中的蓝线范围、生态功能区划及环境功能区划等空间中进行管控；专项规划中提出的水安全及水环境相关大型基础设施，包含山洪调控措施、蓄滞空间，纳入国土空间规划的排水工程规划、防洪工程规划等专篇规划中。

6.4.3.3 详细规划做好衔接

福州市2016年编制了鹤林试点片区和三江口试点片区的海绵城市控制性详细规划，明确试点区内每个地块的强制性指标和引导性指标，统筹衔接建筑、道路、绿地水系等空间布局（图6-132）。

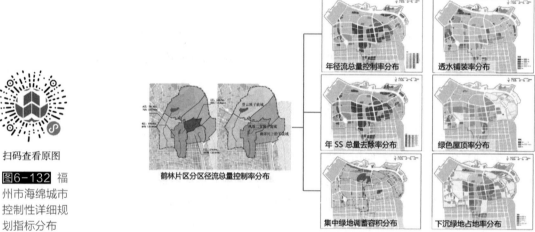

扫码查看原图

图6-132 福州市海绵城市控制性详细规划指标分布

6.4.3.4 系统化方案落地实施

为防止工程建设无序化和碎片化，福州市在2017年试点初期编制了系统化实施方案，科学指导试点区海绵城市建设。

《福州市海绵城市试点区域系统化设计方案》以福州现状水环境问题和水安全问题为导向，综合考虑水生态和水资源，从流域范围出发，以汇水分区为单元，将四方面涉水问题对应的方案措施分解落实为"源头减排-过程控制-系统治理"的工程体系，生成建设项目清单，明确其建设要求，系统解决水体黑臭和内涝的核心问题。

1. 系统化方案落地实施

以鹤林片区为例，一是从流域尺度出发，识别并保护现状汇流路径、低洼地、蓝绿空间等自然本底。

二是构建"上截-中疏（蓄）-下排"的外部蓄排平衡体系，通过上游山洪的拦截、疏通内河和增加城区调蓄空间，提升下游排涝泵站的排涝能力等。在水环境方案中，为保证鹤林片区实施的控源截污工程与市政污水系统顺利接驳，还需论证片区污水的截流量与市政污水系统的接纳能力（图6-133）。

三是制定分区治理方案。以自然属性为特征，根据地形地貌等高线划分汇水分区，再以汇水分区为单元识别各分区涉水问题，制定分区的水安全提升、水环境改善、源头减排方案（图6-134）。

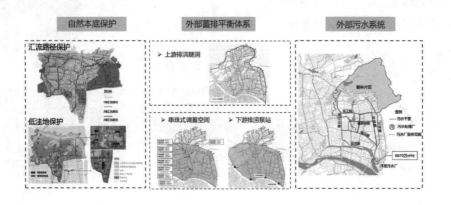

扫码查看原图

图6-133 鹤林片区自然本底、外部蓄排平衡体系和外部污水系统

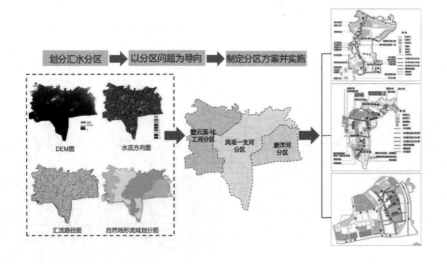

扫码查看原图

图6-134 鹤林片区治理方案编制思路

2. 分区治理实施

以登云溪-化工河分区为例介绍如何以分区为单元开展治理工程。登云溪-化工河分区主要问题是竹屿河为黑臭水体，登云溪、化工河水质不达标，存在两处内涝积水点。通过现场调研、数据统计分析等对水环境问题和水安全问题成因进行解析。登云溪-化工河分区内雨污混接、沿河直排口多、雨污合流范围比较大；通过污染源解析，主要污染源为分流制混接排口。此外，片区内河道多年淤积，且河道没有稳定水源补给，流动性较差，导致水环境容量较低，加之入河污染物负荷存在严重超标，最终导致水质恶化。在水安全问题方面，上游山洪入侵、内河排水受阻、管网淤堵、下游闽江顶托影响等增加内涝风险，同时管网系统不合理、局部地势低洼等造成两处内涝积水点（图6-135）。

登云溪-化工河分区水环境方案主要包括削减污染物和提升水环境容量两方面。通过源头雨污混接改造、地块海绵化改造、沿河截污、合流制溢流调蓄池等措施削减污染负荷，通过底泥清淤、河道垃圾收集处理来削减内源污染负荷，通过生态修复和生态补水措施来提升水环境容量，改善水环境（图6-136）。

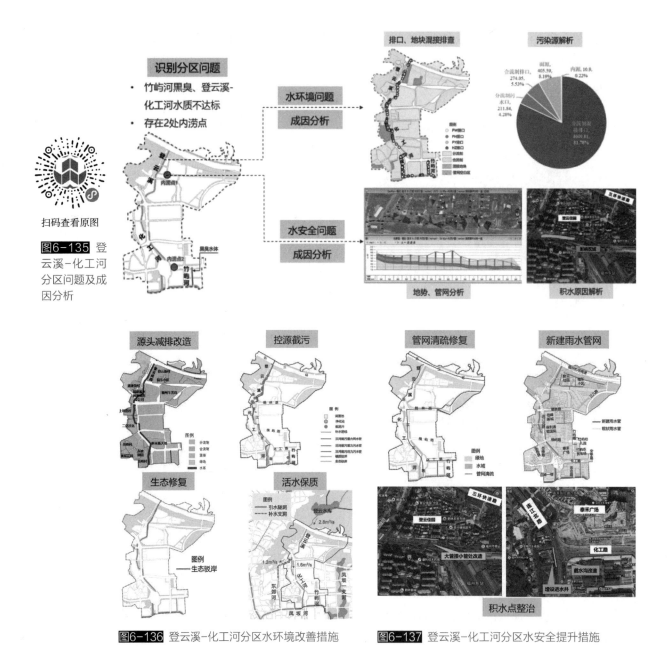

扫码查看原图

图6-135 登云溪-化工河分区问题及成因分析

图6-136 登云溪-化工河分区水环境改善措施　　图6-137 登云溪-化工河分区水安全提升措施

　　在水安全提升方案中，根据模型模拟评估，构建完善蓄排平衡体系，提高区域防洪排涝能力；通过管网清疏修复和完善管网系统，降低区域内涝风险。但分区内积水点是由局部管网能力不足或局部地势低洼造成，还需采取管网改造、截水沟改造等针对性措施解决（图6-137）。

　　在综合考虑水环境、水安全治理的需求下，编制源头减排方案，重点分为新建项目和改造项目两类。新建项目严格落实规划设计条件中的年径流总量控制率和径流污染控制率指标，按照海绵城市要求进行建设。改造项目在现状建设条件的基础上，根据现场调研的技术可行性和必要性分析，因地制宜进行海绵化改造（图6-138）。

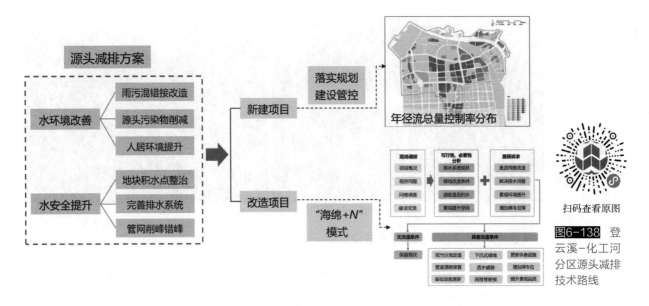

图6-138 登云溪-化工河分区源头减排技术路线

扫码查看原图

在源头减排项目中，重点对各小区、学校、企事业单位等开展改造，内容包括雨污水管分流改造，断接雨落管，重构合理的排水竖向标高，并增加雨水花园和生物滞留设施控制面源污染。以某小区设计为例，首先重点解决建筑与小区内部排水系统问题，通过改造雨污混接、完善雨污水管线、断接雨落管、调整地面竖向标高等措施优化雨水汇流路径，实现源头减排。其次通过灰绿设施结合、改造破损路面、改善卫生条件、增加休闲场地等措施综合提升小区环境品质（图6-139）。

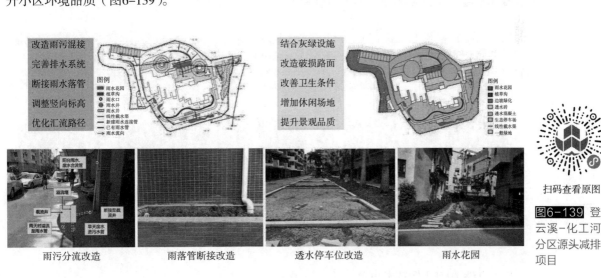

雨污分流改造　　雨落管断接改造　　透水停车位改造　　雨水花园

图6-139 登云溪-化工河分区源头减排项目

扫码查看原图

过程控制工程的重点是全面修复市政雨污水管网和雨污分流改造，改"管随路走"的建设思路为"路随管走"，及时弥补市政管网未覆盖城市排水区域。

系统治理工程的重点是建设沿河截污及调蓄系统。构筑河道污染防治第二道防线，对河道实施彻底清淤疏浚，消除内源污染，打造生态驳岸和河床，为河道整体生态恢复打下良好基础（图6-140）。

图6-140 登云溪-化工河分区系统治理工程

截污管建设　调蓄池建设　干塘清淤

6.4.4 立足本地的技术支撑

项目推进过程中，不仅需要科学合理的顶层设计做指导，还需要立足本地的配套技术做支撑，以不断提高项目质量。

6.4.4.1 依托技术服务单位，强化技术服务支持

福州市在试点建设初期就聘请了行业内的专业团队作为第三方技术服务机构，为试点建设提供专业的技术咨询和服务。全过程技术服务主要包括前期项目调研、项目设计方案和施工图技术审查、项目实施前期手续、施工前进场协调、施工时定期现场巡查以及协助完成国家迎检验收考核。技术服务单位要对试点区内项目开展全过程跟踪服务，重点是方案和施工图技术审查、现场巡查两个阶段（图6-141）。

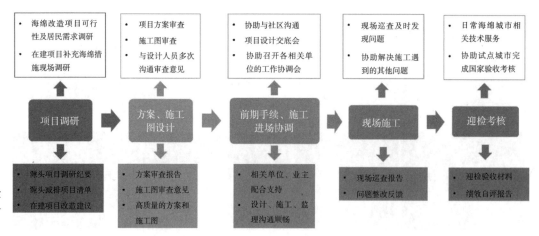

图6-141 全过程跟踪服务内容

1. 方案和施工图技术审查

试点片区新建项目和改造项目业主单位将设计方案和施工图报送至市海绵办，由技术服务团队进行技术审查。审查要点包括竖向设计、设施布置、排水路径组织、LID设施与雨水管网衔接、是否对场地排水系统问题提出针对性解决措施、指标达标计算分析等。

2. 现场巡查

项目施工过程中，技术服务团队每月定期到项目施工现场开展巡查，将巡查发现的问题写成巡查报告，在报告中提出问题整改建议，及时向业主单位反馈。

6.4.4.2　组织技术研究

为探索本地海绵城市建设的新方法、新技术、新工艺，福州市在推进过程中，根据相关实验及工程数据积累，先后组织开展了8项专题研究（表6-20），包括低影响开发适用技术及效果、土壤配比、BIM技术在海绵城市中的应用等方面，为各项标准规范的制定打下了坚实支撑基础。同时还申报了4项发明专利和2项实用新型专利。

福州市海绵城市建设专题研究一览表　　　　　　　　　表6-20

序号	研究课题名称
1	福州市绿色生态低影响开发适用技术研究
2	海绵城市理念下福州生态植草沟专项研究
3	城市透水铺装系统成套技术研究
4	福州地区海绵城市不同类型设施面源污染净化效果研究
5	福州市海绵城市设施适宜土壤配比及适用植物研究
6	福州市不同类型透水铺装长效性能对比研究
7	福州市海绵城市绿色设施建设对比研究
8	BIM技术在海绵城市规划建设中的应用研究

6.4.4.3　开展技术总结

在相关专题研究的基础上，福州市积极总结本地工程实践经验，编制了《福州市海绵城市规划审查要点》《福州市城区海绵城市建设（低影响开发雨水系统）技术导则》《福州市海绵城市建设技术标准图集（修编）》等技术标准和技术导则共15项（表6-21），涵盖了规划、设计、施工、验收、运维等不同阶段，形成了"南方地区复杂水环境条件下海绵城市建设技术系列标准及导则"。为全市范围内的新建、改建、扩建工程的海绵城市建设提供了指导，极大推进了全域海绵城市的建设。

南方地区复杂水环境条件下海绵城市建设技术系列标准及导则　表6-21

序号	名称	主要指导的建设阶段
1	《福州市海绵城市规划审查要点》	规划
2	《福州市城区海绵城市建设（低影响开发雨水系统）技术导则》	规划、设计、运维
3	《福州市海绵城市建设技术标准图集（修编）》	设计
4	《福州市道路改造项目海绵城市标准图集》	设计
5	《福州市市政道路海绵城市建设导则》	设计、施工、验收、运维
6	《福州市老旧小区海绵化改造技术导则》	设计
7	《福州市老旧小区改造技术导则》	设计

续表

序号	名称	主要指导的建设阶段
8	《福州市海绵城市绿地设计导则》	设计、施工、运维
9	《福州市黑臭水体整治导则》	设计
10	《福州市黑臭水体整治导则说明书》	设计
11	《福州市绿色建筑与海绵城市建设相关条文审查要点》	设计、审查
12	《福州市海绵城市技术措施施工图审查要点》	设计、审查
13	《福州市海绵城市建设——低影响开发雨水工程施工与验收导则（试行）》	施工、验收
14	《福州市海绵城市设施运行维护导则（试行）》	运维
15	《福州市道路改造项目海绵城市建设施工与维护导则（试行）》	验收、运维

6.4.4.4 创新管理平台

为贯彻住房和城乡建设部"规划一张图、建设一盘棋、管理一张网"的要求，福州市在管控平台方面做了多方面的探索和实践，极大推进了海绵城市的科学建设及管理。

福州市从2017年起便启动建设城区水系科学调度智慧平台，发挥水安全及水环境相关工程措施作用，提升城区防涝能力，形成水安全及水环境的长效管理机制。在试点建设期间搭建的海绵城市管控系统并入水系调度智慧平台统一管理，实现了海绵城市从规划、设计、建设、验收、运维全生命周期流程的跟踪把控。在此基础上，福州市还做了进一步探索和研究，以三江口片区为研究对象，创建海绵BIM管控平台，探索BIM技术在海绵城市领域的应用。

1. 城区水系科学调度系统

2017年启动建设的福州市城区水系科学调度系统，第一次将神经网络、大数据、NB-IoT网络、无人机巡航等先进技术系统性应用于水系治理上，建立了气象、水务、交通、建设、公安等多部门联动机制，整合各行业的基础数据，促进内涝信息资源的整合、共享和效能的发挥，实现各项治理措施的预判，形成水环境长效管理机制（图6-142）。

汛期，通过事前预警预报，进行提前布防；通过事中辅助决策，实现统一指挥；通过事后灾后评估，实现系统优化；进而充分发挥各水工设施的截、蓄、滞、排、分的工程效益，提高排水防涝调度水平。通过实时汇集监测信息、设备运行工况、应急力量调度执行情况及

图6-142 福州市城区水系联排联调智慧平台

城区道路积水视频监控等要素，打造排水防涝"一张图作战"的指挥体系，实现智慧排涝。

非汛期，通过对"厂-网-河"各类设施进行信息化、自动化、智慧化改造，实现"厂-网-河"的一体化管理，并利用信息化平台实现"厂-网-河"的网格化与动态管理，确保污水不入河、河水不倒灌；同时最大限度地利用闽江潮汐，把水引进来，实现城区内河的"活水功能"，构建水生态，打造水景观，实现智慧水系。

2.福州市海绵城市管控平台

福州市海绵城市管控平台在业务上通过"一张图"，实现海绵城市从规划、设计、建设、验收、运维的全生命周期流程的跟踪与把控。平台综合运用监测与模型等先进技术手段，为海绵建设效果的评估及建设成效长期运维提供信息化支撑。平台主要分为规划管理、建设管理、制度建设、考核验收、数据管理几大模块（图6-143）。

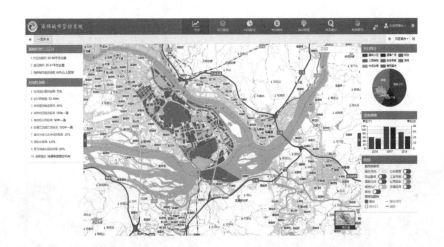

图6-143 福州市海绵城市管控平台

3.海绵BIM管控试点平台

福州市以三江口片区为具体研究对象，搭建了可操作性强的海绵BIM管控试点平台，该平台具备海绵模型、海绵项目、规划管控、方案审查、建设管理、验收审查、监测预警等十一项功能，可支持试点效果考核、设施运行调度和辅助政府审批三方面工作（图6-144、图6-145）。

图6-144 海绵BIM平台的规划管控模块

图6-145 海绵BIM平台的方案审查模块

6.4.5 建设成效

6.4.5.1 城市水环境质量大幅改善

经过几年的系统治理，福州市建成区44条黑臭水体全部消除，超过100条河道已完成治理，河长制及各项管养措施落实到位，基本实现长"制"久清。沿河两岸新建了400多公里滨河绿道和近3000亩沿河串珠式绿地（图6-146），河道两岸形成了集风廊、水道、绿带为一体的城市海绵空间。

图6-146 治理后的城市内河

6.4.5.2 城市抵御内涝能力不断提升

通过综合治理，福州市排涝能力由5年一遇提高到近20年一遇。2017年的"纳沙""海棠"双台风过境，市区累计雨量277mm；2018年的"玛利亚"台风过境，24h雨量196mm，城区均未出现明显积涝情况。

顺应自然规律增加城市滞蓄空间。福州市结合城市各片区地形地貌，在相对低洼处拿出大量宝贵的开发用地，新建井店湖、义井溪湖等8个城市滞蓄湖体公园（图6-147），并建成单体蓄水量达16万 m^3 的斗门调蓄池，新增城市滞蓄能力超200万 m^3 ，所有的环湖地带全部建成了新的市民休憩空间。

打通城市内河行洪梗阻，增加河道排涝能力。福州市对城市主要行洪通道实施清淤、清障工程，坚决拆除挤占河道岸线、威胁行洪安全的房屋，拆除改造超300万 m^2 的沿河旧屋区。

图6-147 温泉公园湖（左）、井店湖（右）

6.4.5.3　城市生态环境品质显著提高

福州市建设了13条共128km的生态休闲步道和生态公园，15个大型湖体公园、7个滨河绿道、168个沿河小型串珠公园。城市生态环境品质显著提高，实现了市民出门300m见绿、500m见园（图6-148）。

图6-148 牛岗山公园

6.4.5.4　群众获得感、幸福感上升

试点建设期间优先选取群众对环境整治需求迫切的老旧小区进行提升改造，解决小区内排水不畅、雨污混接、内涝、积水等问题的同时，大幅改善了小区停车绿化健身休闲等基础配套设施。试点区内共提升景观绿化面积约14.5hm²，重新整理新增小区停车位共1500余个，配套新建休闲活动设施110套，各小区内新增的群众性休闲空地近200亩，惠及了服务片区内15万市民（图6-149、图6-150）。

图6-149 试点区海绵改造项目

图6-150 改造后的潭园小学

6.4.6 经验总结

6.4.6.1 建立健全长效机制

在试点建设之初，福州市先后成立了海绵城市建设试点工作领导小组和福州市海绵城市建设指挥部，为试点建设提供了有力保障。为长效推进福州市海绵城市建设，在新成立的市联排联调中心设置海绵城市处，并将海绵城市建设职能落实到部门的"三定"方案中，负责具体实施海绵城市建设工作。

为全面推进海绵城市建设，将海绵城市建设工作纳入各相关市直部门及各县区的绩效考评体系，逐步实现由试点片区向全市区的推广，政府职能由指挥部办公室主管、其他部门配合到全市各部门常态管理的转换。

为规范本市海绵城市规划、建设和管理工作，福州市人民政府办公厅印发了《福州市海绵城市建设项目规划建设管理暂行办法》，明确各部门职责分工，要求市区范围内新建、改建、扩建建设项目，以及既有建筑和市政设施项目的整治提升工程适用本办法。

6.4.6.2 科学制定顶层设计

将海绵城市建设纳入福州市"十三五"社会经济发展的总体规划，明确了海绵城市理念的基础作用和引领地位。编制了"专项规划-控制性详细规划-系统化实施方案"的三层级海绵城市规划体系，使各级海绵规划与法定规划层层衔接，真正落到实处。

一是编制了适用本市的专项规划，在全市范围内的海绵城市建设形成了统筹引领，为规划建设管控提供了技术支撑。在建设过程中及时总结问题和经验，按照海绵城市新理念、新要求，结合实施情况及时进行修编。

二是编制了鹤林试点片区和三江口试点片区的海绵城市控制性详细规划，明确试点区内每个地块的强制性指标和引导性指标，统筹衔接建筑、道路、绿地、水系等的空间布局。

三是为防止工程建设无序化和碎片化，试点初期编制了系统化实施方案，科学指导试点区海绵城市建设。

6.4.6.3 严格管控项目全过程

福州市在不增加项目行政审批环节的前提下，将各项管控权责细分到各建设节点和各相关部门，强化"事前、事中、事后"监管，健全海绵城市建设管控体系。

规划审批阶段，土地规划管理部门在选址意见书或规划条件、用地规划许可证、工程规划许可证中均明确年径流总量控制率等海绵城市建设控制指标；设计管理阶段，要求设计单位在方案设计、初步设计、施工图设计中编制海绵城市设计专篇，施工图审查机构对海绵技术措施设计进行审查，未达到规划条件指标要求的不予核发施工图审查合格书；施工阶段，市建设行政主管部门、监理单位开展日常监管，指挥部定期到现场巡查指导；竣工验收阶段，将海绵城市设施作为工程竣工验收的重要内容之一，同主体工程内容同步申报验收移交，并在竣工验收报告中写明相关落实情况，提交相关备案机关；运营维护阶段，明确各类项目的维护管理单位及其职责，通过建立全市海绵城市设施监控平台进行监测与评估，确保工程长期有效运行。

6.5　南方海湾型城市——厦门海沧区案例

海沧马銮湾试点区是厦门市海绵城市试点建设的核心区域。三年试点建设过程中，市区两级高度重视海绵城建设工作，把海绵城市建设作为贯彻中央城市工作会议精神、推动海沧区城市建设发展转型、建设"美丽厦门"的重要战略举措，以海绵城市理念引领马銮湾试点区建设发展，遵循系统化思维，在试点区乃至全市范围内全力推进海绵城市试点建设工作，成功解决了试点区黑臭、内涝等核心问题，探寻出了一条人水和谐的可持续发展道路。

马銮湾试点区南部为海沧老城区工业集中区，区域内有大量工业企业与城中村。高负荷的开发给流域带来大量污染负荷，新阳主排洪渠黑臭问题突出。南部片区海绵城市建设以问题为导向，重点治理新阳主排洪渠黑臭水体问题，同步解决景观环境提升、老旧厂区改造问题，探索老旧片区提升改造策略。

马銮湾试点区北部为马銮湾新城的核心区域，片区内大部分地块正在开发建设中。北部片区海绵城市建设以目标为导向，避免老旧城区问题发生，重点强化建设项目规划管控，先梳山理水，再造地营城。首先，保护天然水域、湿地等自然蓄滞空间；其次，严格落实竖向控制要求，优化径流组织；最后，确保各项海绵指标有效落实，提出保障地块"雨污分流"的规划指引，保证水质达标，从而综合实现区域雨水径流自然蓄滞净化。

6.5.1　城市基本特征和涉水问题

6.5.1.1　城市特征

1.区位分析

厦门市地处福建省东南端，东与大小金门岛、南与龙海市隔海相望，陆地与南安市、安溪县、长泰县、龙海市接壤，是东南沿海重要的中心城市。厦门市由厦门岛、鼓浪屿及内陆沿海地区组成。总体地势由西北向东南倾斜，西北、东南部是山体，中部是冲洪积平原。

厦门市马銮湾海绵城市建设试点区位于厦门市西部、海沧区北部。试点区北至马銮湾，南至翁角路，东至吴冠村，西至东孚北路，总面积约20.5km²（图6-151）。

图6-151 试
点区区位图

试点区在海沧区的位置

2. 地形地貌

马銮湾试点区属于平原台地，基本地势为南高北低，地势从南侧和西侧向马銮湾水域倾斜下降。试点区高程在0~30m之间，坡度小于6°。北部和西北部大部分地区为滨水地带，高程低于马銮湾纳潮控制最高水位3.56m，主要作为虾池鱼塘。

3. 地下水位

试点区地下潜水位较高，沿湾地区地下水位高于南部地势较高地区，受降雨影响明显，大部分地区地下水埋深为0.5~5.5m，地下水位较高，不利于下渗，对海绵城市设施建设影响较大。因此，地下水位较高区域内海绵设施的结构层中需敷设透水管，以便及时排水。

4. 气候气象

试点区属南亚热带海洋性季风气候，主导风向为东北风，夏季以东南风为主，温和多雨。多年平均降雨量1427.9mm，3~9月份为春夏多雨湿润季节，月降雨量一般为100~200mm，总降雨量占全年雨量的84%；10月~次年2月为秋冬少雨干燥季节，月降雨量一般为30~80mm（图6-152）。

试点区地处低纬度，东临太平洋，台风频繁。台风时暴雨强度大，极易造成内涝灾害，年暴雨日数平均4.4天。

根据厦门市近30年降雨数据，厦门市年径流总量控制率与设计降雨量关系见表6-22，厦门市年径流总量控制率与设计降雨量关系曲线见图6-153。

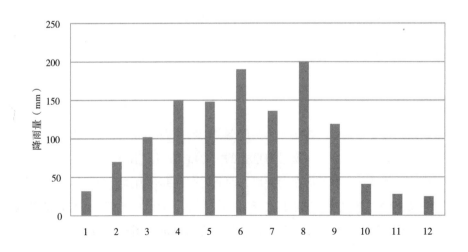

图6-152 厦门
地区多年逐月
平均降雨量图

厦门市年径流总量控制率与设计降雨量关系　　　　表6-22

年径流总量控制率（%）	60	65	70	75	80
设计降雨量（mm）	20.0	23.5	26.8	32.0	38.5

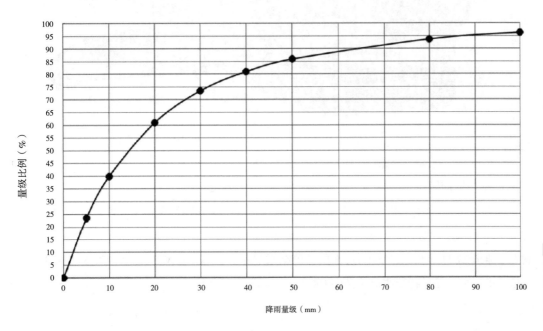

图6-153 厦门市年径流总量控制率与设计降雨量关系曲线

5. 土地利用情况

试点区南片区为建成区，开发强度高，工业企业和城中村较多；北片区现状除长庚医院、鼎美村、后柯村、芸美村外，其他区域均未开发。试点区现状建设用地面积8.63km²（图6-154），规划建设用地面积16.23km²（图6-155）。现状建设用地以城中村和工业用地为主，其中城中村2.01km²，占9.8%；工业用地1.56km²，占7.6%。

图例
- 公共管理与公共服务设施用地
- 商业服务业设施用地
- 绿地与广场用地
- 农林用地
- 非建设用地
- 道路与交通设施用地
- 工业用地
- 城中村
- 居住用地
- 水域

图6-154 马銮湾试点区土地利用现状图

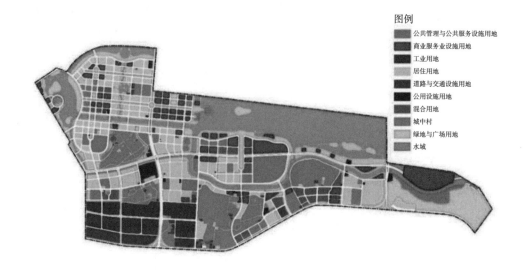

图6-155 马銮湾试点区土地利用规划图

6.5.1.2 主要涉水问题

1. 水环境问题

马銮湾试点区内整体水环境质量较差，除北引左干渠支渠为IV类水体外，大部分河道水体为劣V类水质。特别是新阳主排洪渠，海绵城市试点建设前，河道内水体主要为周边城中村与企业排放的污水。2015年4月水质监测结果显示，河道COD 227mg/L、TN 44.8mg/L、TP 5.43mg/L。水体黑臭特征明显（图6-156）。

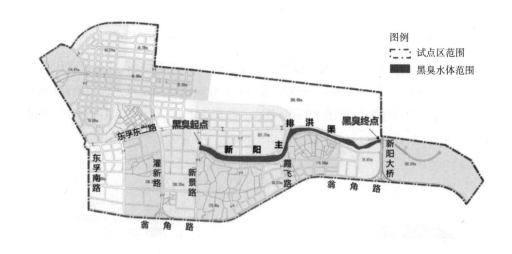

图6-156 试点区黑臭水体范围

马銮湾试点区内除村庄为合流制外，其他建成区域基本采用雨污分流制。流域内城中村较多，村庄雨污水系统不完善，存在严重的城中村污水直排、合流制污水溢流问题。由于管理体制不健全，分流制雨污水混接问题同样突出，再加上硬化面积较大及城中村生活垃圾随意丢弃引起的面源污染和严重淤积的底泥造成的内源污染，新阳主排洪渠入渠污染负荷远超过河道水环境容量并不断增长，且河道缺乏生态基流，水体自净能力差，导致新阳主排洪渠水环境不断恶化（图6-157）。

图6-157 治理前新阳主排洪渠污染状况严重

2. 水安全问题

海沧区每年都会遭受不同强度的台风。台风过境时，短历时暴雨强度极大。马銮湾试点区内目前尚有大量城中村，城中村排水系统不完善，暴雨时极易发生内涝。海沧马銮湾试点区内共有内涝点7处，全部位于城中村，分别为：西园村、芸美村、后柯村、惠佐村、新坡村西侧、新坡村北侧、霞阳村西侧，其中3个内涝点位于北部，4个内涝点位于南部，内涝问题对附近居民影响较大（图6-158、图6-159）。

图6-158 海沧马銮湾试点区历史内涝点分布图

图6-159 海沧马銮湾试点区内涝情况

3. 水生态问题

试点区北部的马銮湾海域生态系统退化严重，水质恶化。马銮湾原有海域面积约22km²，现状已成为水产养殖基地，同时兼有排洪蓄洪功能。随着水产养殖的大规模发展，马銮湾大量水域被围占为虾池鱼塘并向湾中水域侵蚀，现状水域面积缩减至4.5km²，被侵占面积达17.5km²（图6-160）。同时水产养殖过量、无序发展直接导致水体质量下降，造成海域生态系统退化，水质出现明显恶化。

海域的无序侵占，一方面改变了海湾原有的自然循环流动，形成大面积水流死区，生态系统衰退，自净机能减弱；另一方面水产养殖业给海湾引入大量污染负荷，海湾水质存在明显恶化趋势。

图6-160 马銮湾试点区北部大量海域被鱼塘侵占

4. 水资源问题

厦门市淡水资源短缺，人均水资源量约331m³，不足全国人均水资源量的20%，属极度缺水地区，且污染严重，水质较差，供水水源取自市域外的九龙江。马銮湾试点区内水资源匮乏，且区域内有大量工业企业，工业用水量较大。马銮湾试点区未进行雨水资源利用，无非常规水源利用的管理制度，未配套建设非常规水源利用设施。在雨水资源化利用和再生水利用方面尚有待加强相关规划建设，以缓解水资源供需矛盾。

2015年4月，厦门市入选国家第一批海绵城市建设试点城市，选取了海沧马銮湾片区（老城区）及翔安南部新城片区（新城区）作为海绵城市建设试点区。海沧马銮湾试点区海绵建设的初心在于解决长期困扰城市发展的内涝问题和水环境问题。在试点建设及全域海绵推进过程中，海沧区贯彻落实海绵城市理念，通过建立完善的机制体制，制定科学合理的顶层规划体系，构建完善的技术支撑体系等，将海绵城市理念融入各级政府工作和城市发展建设中，成功解决了试点区黑臭、内涝等核心问题，探寻出了一条人水和谐的可持续发展道路，形成南方滨海地区老城区系统推进海绵城市建设经验，为全国同类城市系统开展海绵城市建设提供了参考和借鉴。

6.5.2 系统推进的机制体制

6.5.2.1 建立高效工作机制

1. 统筹协调，搭建有力组织架构

厦门市委市政府高度重视海绵城市建设工作，市委书记和市长亲自研究部署、亲临工作一线检查指导和工作调度。厦门市充分发挥市政府的统筹协调作用，成立以市长为组长、市市政园林局为主体、参与海绵城市建设的相关单位为成员的厦门市海绵城市建设工作领导小组。领导小组下设办公室，挂靠市市政园林局，由各成员单位抽调人员组成，负责统筹海绵城市建设日常事务。

海沧区成立了流域综合治理和海绵城市建设工作领导小组，领导小组下设办公室，办公室挂靠在区农林水利局，成员包括区建设局、区发改局、区农林水利局、区城管执法局、区环保局以及相关街道、国有企业领导。区委、区政府主要领导担任组长亲自抓，定期召开专题协调会，不定期召开海绵城市建设工作现场调度会，协调推进海绵城市建设工作。

2. 市区联动，明确各级责任边界

海绵城市建设工作涉及市级主管部门、区级主管部门、马銮湾新城建设指挥部等多层级职能部门。为保证海绵城市建设工作顺利推进，必须建立一套高效的市区联动协调机制，明确不同职能部门的责任分工及协作模式。

厦门市采用"市指导、区实施"的海绵城市建设模式，厦门市市政园林局负责宏观层面的指导和协调，各区区政府负责具体实施。市区两级协调联动，上下齐心，形成合力，共同推进全市海绵城市建设工作，避免互相推诿扯皮，提高整体效率。

厦门市建立市区三级例会制度，形成海绵城市建设全市"一盘棋"的组织格局。第一级例会，由区海绵办组织召开，原则上每周一次，组织区级相关部门、项目业主单位、项目代建单位以及设计单位，重点协调项目建设进展。第二级例会，由市海绵办组织召开，原则上半月一次，市海绵城市建设工作领导小组成员单位、区海绵办、项目业主单位、代建单位参与，重点协调海绵城市建设项目推进过程中推进的难点。第三级例会，由市政府分管副市长组织召开，原则上每月一次，协调解决海绵城市建设工作难点和部门分歧。同时，市政府分管副秘书长可根据工作需要不定期召开专题协调会，提高海绵城市建设效率。

3. 监督推进，建立科学考核机制

建立海绵城市建设工作考评制度，制定年度考核考评细则和奖惩办法。将海绵城市建设目标纳入生态文明建设评价考核，考核结果纳入各单位党政领导班子和领导干部的绩效考核内容，作为各单位党政领导班子实绩综合考评、干部奖惩任免的重要依据，提高了部门对海绵城市建设的重视程度。

2017年，发布《厦门市生态文明建设目标评价考核办法》（厦委办发〔2017〕40号）及《厦门市各区、市直部委办局、省部属驻厦单位和市属国有企业2017年度党政领导生态文明建设和环境保护目标责任制考核细则》（厦环委办〔2017〕56号），将海绵城市考核对象确定为全市各区和各职能部门，实行差异化考核。根据考核办法，厦门市建立了生态文明表扬奖励制度、生态文明问责和一票否决制度，对生态文明建设成绩突出的辖区、部门和个人给予表扬奖励，对当年度生态文明建设目标评价考核结果为不合格的，取消该单位及相关责任人当年考核评优和评选各类先进的资格，单位领导班子、领导干部视情节轻重,给予提醒、函询、诫勉、责令书面检查、通报批评等组织处理和纪律处分。

2018年，发布《厦门市海绵城市建设绩效考核办法》（厦海绵办〔2018〕2号），由市海绵办（市市政园林局）对照海绵城市部门职责分工对市发改委、市财政局、市规划委、市建设局、市市政园林局、市水利局、市交通运输局以及各区政府进行考核。总分设置为100分，分为优秀、良好、合格、不合格四个等级：得分90分及以上的为优秀，得分在75~90分的为良好（含75分），得分在60~75分的为合格（含60分），得分低于60分的为不合格（不含60分）。同时，将考核结果与生态文明建设评价考核挂钩，作为市直各部门、各区政府年度生态文明建设目标评价考核评分的依据。

4. 共同缔造，营造和谐社会氛围

在海绵城市建设过程中，海沧区充分运用"共同缔造"理念，完善群众参与决策机制，以群众利益作为出发点，充分考虑群众需求，优先解决与群众生产生活密切相关的问题，时刻听取群众最真实的声音，注重顺民意、得民心，争取群众支持。鼓励群众共同为海绵城市建设出谋划策，加深群众对海绵城市建设的认识和理解，激发群众参与建设的热情，增强群众的幸福感、获得感与安全感。

通过主流媒体报道、组织公开讲座、微信公众号推送、各村LED电子显示屏、张贴发放宣传单等多种渠道传播海绵城市建设理念、决心、举措和成效，争取群众支持。区分管领导亲自向新阳主排洪渠沿线村民授课宣贯海绵城市建设、黑臭水体整治工作理念及意义，并多次组织企业和村民现场参观海绵城市建设项目；编制国内第一本海绵城市校本教材，并走进课堂，引导孩子们从小系统了解海绵城市建设、黑臭水体整治情况，培养生态环保意识；组织"生态环保健步行·青山绿水家园情"千人健步行活动、儿童绘画写生活动、青年志愿者素质拓展活动以及新阳主排洪渠整治效果摄影比赛，让大家亲身感受新阳主排洪渠治理后取得的显著成效，近距离体验"水清、岸绿、鱼游"的美景，切实提升群众满意度及获得感。鼓励居民积极参与、配合海绵城市建设工作，实现人民群众的共谋、共建、共评、共管、共享。

6.5.2.2 建立全流程管控制度

海绵城市建设涵盖规划、设计、施工、评估、维护多个环节，保障各个环节有章可循至关重要，遵循基本的项目建设程序及其相应的海绵城市建设要求是有效实施海绵城市建设项目的重要保障。

海沧区海绵城市建设全过程管控包括方案设计、图纸审查、项目立项、施工监管、竣工核查、设施移交、运维管理等环节。

1. 方案设计、图纸审查、项目立项

设计单位在开展项目设计时，依据现行国家及地方有关海绵城市建设相关标准、规范等进行设计，明确年径流总量控制率取值等海绵城市建设管控要求及指标，科学论证项目可行性，并明确海绵城市建设目标、技术设施类型、规模、技术参数及相应的投资估算。若属于《厦门市建设项目海绵城市管控指标豁免清单（试行）》内项目，可按照清单要求执行海绵管控要求。

建设单位（代建单位）将海绵城市设计专篇报市海绵技术研究中心评估，按照评估意见修改深化施工图，并报送施工图审查机构审查。建设项目的海绵城市施工图设计文件审查合格后，方可履行施工招标投标程序。海绵城市施工图设计应与施工图审查同步进行，建设单位应在办理施工许可证批复前履行完成施工图审查合格、海绵评估审查以及按照评估意见修改落实完成。海沧区建设与交通局审批科核发施工许可证时同步将项目信息推送区海绵办，区海绵办及时做好监管项目台账。

项目完成施工招标后，建设单位（代建单位）将海绵方案和评估意见报送区海绵办进行备案，备案后建设单位（代建单位）组织各参建方进行图纸交底，同时邀请区海绵办一同参加。图纸交底过程中区海绵办根据规划指标要求对项目海绵建设部分图纸进行复核。

2. 施工监管

海绵城市施工过程中，建设单位（代建单位）、设计单位、施工单位、监理单位等应当按照职责参与施工过程管理，并留存文字、图片、影像等相关资料，资料应内容真实、清晰明确。

区海绵办在项目建设过程中对海绵城市工程部分落实设计要求情况和施工质量进行巡查；对未按照设计要求施工或质量不满足海绵城市建设标准的，责令及时整改。四方责任主体（建设、施工、设计、监理）在项目建设过程中弄虚作假或未履行各方职责义务或违反海绵城市建设相关文件规定的，可由海沧区建设与交通局责令改正并通报批评，同步抄送相关部门。

3. 竣工核查

项目竣工验收前，建设单位（代建单位）需先行组织施工、监理、勘察、设计等参建单位进行海绵城市专项验收，同时应邀请区海绵办参与监督验收。专项验收合格后，由建设单位（代建单位）申请建设行政主管部门进行质量竣工验收，并在《单位（子单位）工程质量竣工验收记录》的"综合验收结论"中，注明海绵工程验收结论。

建设单位（代建单位）组织海绵城市专项验收的同时，应至少提前两个工作日向区海绵办申请监督验收。申请监督验收前应提供工程内业资料供区海绵办监督审查，工程内业资料经审查合格方可组织专项验收。若四方责任主体（建设、施工、设计、监理）均同意通过海绵验收，且项目现场符合《厦门市海绵城市建设工程施工与质量验收标准》以及规划海绵指标等相关要求，则视为海绵专项验收通过。区海绵办在专项验收会议结束后7个工作日内出具海绵城市专项验收意见。若四方责任主体（建设、施工、设计、监理）有一方不同意通过海绵验收，或项目现场不符合《厦门市海绵城市建设工程施工与质量验收标准》以及规划海绵指标等相关要求的，则视为海绵专项验收未通过。区海绵办在专项验收会议结束后7个工作日内以海沧区建设与交通局名义出具海绵城市专项验收意见及整改要求报告，相关单位应根据报告要求完成现场整改及书面反馈（一般情况要求于10个工作日内完成整改）。建设单位（代建单位）重新组织海绵专项验收，经复核无误后专项验收通过。建设单位（代建单位）于专项验收后10个工作日内将会议纪要等专项验收相关资料报区海绵办存档。

4. 设施移交

属于财政资金投资建设的项目，按照《厦门市海沧区人民政府办公室关于完善区级财政投资建设项目业主确定机制的通知》办理移交手续。

5. 运维管理

海绵项目建成后，按照《厦门市海绵城市设施维护及运行标准》进行管养维护。依据《海绵城市建设评价标准》GB/T 51345—2018，由区海绵办不定期组织海绵城市设施实际运行效果评估，结合建设项目的海绵城市建设目标对项目建设成果进行抽查考核，并将考核结果给予通报。对于未提出申请，私自更改海绵设施，导致不符合海绵相关要求的，一经核实，由海沧区建设与交通局发文通报批评，相关执法部门按有关法律法规处理。

6.5.3 科学合理的顶层设计

1. 总体战略引领

2013年编制完成的《美丽厦门战略规划》突出塑造理想的山、海、城格局，明确划定生态底线，保育山海通廊，控制海岸线等，为践行生态文明和海绵城市建设理念发挥了顶层引领的作用。

2017年编制的《厦门市城市总体规划（2017～2035年）》进一步强调并提出厦门市应构建山水相融的城市空间格局，梳理山、水、林、田、湖等要素，划定"三区三线"，落实全域空间管控，保障城市生态安全；同时明确全市海绵城市建设重点区域，并从生态管控、综合防灾、基础设施统筹等方面，提出海绵城市建设的目标指标和重点要求，为海绵城市相关规划建设提供指导。

2. 专项系统指引

从全市、区、试点区三个层面，形成海绵城市专项规划体系。

全市层面，2016年编制完成《厦门市海绵城市专项规划》。规划中明确了海绵城市建设的建设目标和具体指标，将雨水年径流总量控制率和面源污染控制指标分解到排水分区，从大海绵（污染防控、生态水系、排水防涝）和小海绵（园林绿地、道路交通、海绵社区）的角度，提出了海绵城市的建设措施，并与城市道路、排水防涝、绿地、水系统等相关规划进行衔接，明确了近期海绵城市建设重点区域并提出分期建设要求，统筹全市海绵城市建设。

分区层面，以修复城市水生态、解决城市水体黑臭、涵养水资源、增强城市防涝能力为主要目标，结合国办发〔2015〕75号文和"十三五"建设规划，编制完成了《海沧区海绵城市专项规划》和《厦门海沧区海绵城市"十三五"建设实施规划》。针对海沧区具体问题，结合老旧小区有机更新和城市建设，以解决城市内涝、水体生态环境综合治理和雨水收集利用为突破口，整体推进区域海绵城市建设，形成海绵城市建设项目库，明确了各区海绵建设从单项示范逐步向连片推广的具体途径（图6-161）。并按"十三五"建设年度安排对海绵建设指标和任务提出了具体的落实要求。

针对海沧马銮湾试点区，《厦门市马銮湾国家海绵城市试点区海绵城市专项规划》中，以落实海绵城市"自然积存、自然渗透、自然净化"的要求为基本出发点，结合海沧区生态空间格局，提出构建"三片、八廊、多节点"的海绵安全格局理念和落实具体规划控制指标要求。《厦门市马銮湾国家海绵城市建设试点实施方案》针对试点区具体问题，提出水生态、水环境、水资源、水安全和制度建设保障5类分类目标，对分类中涉及的年径流总量控制率、生态岸线恢复、城市热岛效应、水域比例、水环境质量、城市面源污染控制、雨水资源利用率、管网漏损控制、城市暴雨内涝灾害防治、管渠河道排水能力等具体指标提出明确的规划控制值或要求。同时规划中还提出了分区控制指标要求和年底建设计划安排，确保规划能指导海绵城市建设实施（图6-162）。

图6-161 海沧区海绵城市重点建设区域

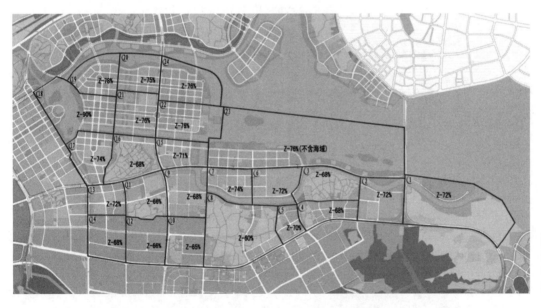

图6-162 马銮湾试点区年径流总量控制率规划图

3. 详细规划传导

落实全市域践行海绵城市理念的要求，突出海绵城市总体目标指标要求从专项规划到片区控制性详细规划的传导落实。

海沧各片区的控制性详细规划中明确每个地块的海绵城市建设指标，对供地条件进行约束，对于非财政投融资项目，海绵指标作为土地出让条件的强制性指标在土地招拍挂时进行约定。对于财政投融资项目，项目业主（代建单位）在项目实施中必须严格落实海绵规划目标。

4. 系统化方案落地实施

编制《厦门市马銮湾海绵城市试点建设系统化方案》，指导海绵项目落地实施。方案结合海沧区的现状问题和海绵城市考核指标体系，对年径流总量控制、入河污染物削减、河道水体生态环境改善、防灾减灾能力提升、雨水资源综合利用、土地综合环境效益提高等进行统筹，规划"源头减排、过程控制、系统治理"的工程体系，综合考虑规划、设计、工程、实施、管理等环节，构建城市水生态、水资源、水安全、水景观问题"四位一体"的综合解决方案。

水环境改善方面，试点区水环境问题主要表现为污水直排、雨污混接、河道淤积、垃圾堆积等。试点区水环境改善以控源截污、内源治理、生态修复、活水保质为思路。控源截污方面，对污水直排、雨污混接进行整治；内源治理方面，对河道全线进行清淤疏浚；生态修复方面，对驳岸进行生态建设，并设置雨水台地和生态绿岛进一步净化水质；活水保质方面，通过一体化设备进行渠道内循环补水。通过以上措施协同作用，实现试点区水环境改善目标（图6-163、图6-164）。

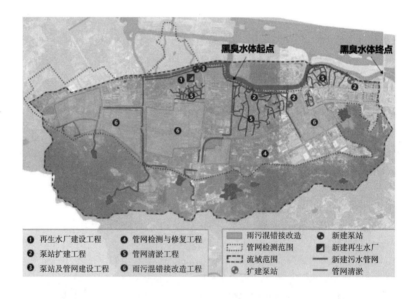

图6-163 污水系统完善项目分布图

❶ 再生水厂建设工程	❹ 管网检测与修复工程	▦ 雨污混错接改造	⊕ 新建泵站
❷ 泵站扩建工程	❺ 管网清淤工程	⊡ 管网检测范围	◪ 新建再生水厂
❸ 泵站及管网建设工程	❻ 雨污混错接改造工程	⊡ 流域范围	━ 新建污水管网
		⊕ 扩建泵站	━ 管网清淤

图6-164 河道水环境整治项目分布图

❶ 沿河截污工程	❹ 河道清淤工程	▦ 水域	⊡ 流域范围
❷ 源头海绵改造工程	❺ 河道生态修复工程	▦ 源头海绵改造	▦ 新建调蓄池
❸ CSO调蓄池建设工程	❻ 河道补水工程	▦ 清淤河段	▢ 新建一体化设备
		生态修复段	━ 截污管

水安全提升方面，根据试点区内涝积水的几大成因，以及规划区用地布局、地形地貌特征和河流水系分布格局等，结合降雨、土壤等基本条件，提出源头径流控制、排水管渠完善、防涝设施优化、防洪防潮设施衔接的城市排水防涝系统综合体系（图6-165）。

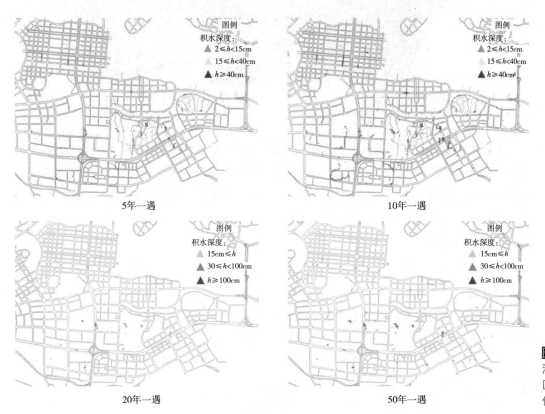

5年一遇 10年一遇

20年一遇 50年一遇

图6-165 海沧马銮湾试点区内涝风险评估图

水生态保护方面，通过识别"蓝、绿"海绵基质，运用海绵城市理念，以量化的模拟分析作为支撑，从生态岸线建设、生态保护区划定、蓝线调整与划定以及绿线划定等方面实施，达到近期修复已受损的生态要素、远期保留与保护城市开发中水生态要素的目标。同时，建成区结合各地块的年径流总量控制指标要求和地块改造性分析情况，确定源头减排项目，非建成区按海绵城市建设要求进行管控（图6-166、图6-167）。

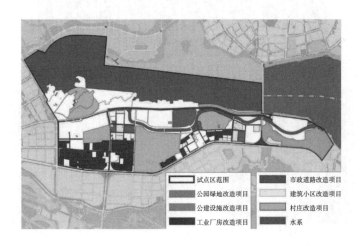

图6-166 源头减排项目分布图

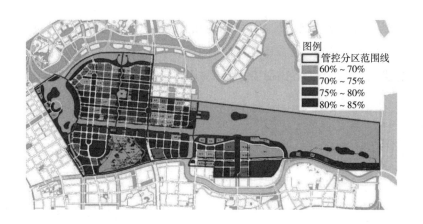

图6-167 地块年径流总量控制率指标分布图

水资源保障方面，通过保护饮用水水源地、加强水源连通性、开发非常规水资源等措施，综合保障水资源供给。根据试点区雨水资源利用率指标要求和雨水集蓄利用需求来综合确定雨水调蓄容积。通过在地块内设置蓄水池、雨水桶等方式进行雨水调节和储存，降雨结束后将储存的雨水回用于浇灌、冲厕、冲洗路面等，实现雨水资源利用。

5. 相关规划衔接

以水为纽带，与城市供水节水规划、绿地系统规划、道路交通规划、城市竖向规划、生态环保规划、防洪规划、水资源规划等已有专项规划在管控空间、用地竖向、规模数量指标等方面做好协调衔接，实现不同专项规划在同一城市空间的"多规合一"与"一张蓝图"（图6-168）。

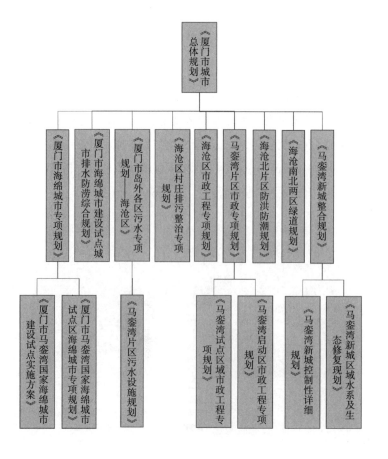

图6-168 试点区规划体系图

6.5.4　立足本地的技术支撑

6.5.4.1　编制技术标准

厦门市发布了《厦门市海绵城市建设技术规范》《厦门市海绵城市建设方案设计导则》《厦门市海绵城市建设绿地设计导则》《厦门市海绵城市建设技术标准图集》《厦门市海绵城市建设工程施工图设计导则及审查要点》《厦门市海绵城市建设建筑材料技术标准》《厦门市海绵城市建设施工与质量验收标准》《厦门市海绵城市设施维护及运行标准》《厦门市海绵城市建设工程评价标准》9项标准文件，为全市海绵工程建设各个阶段提供了有力的技术支撑（图6-169）。

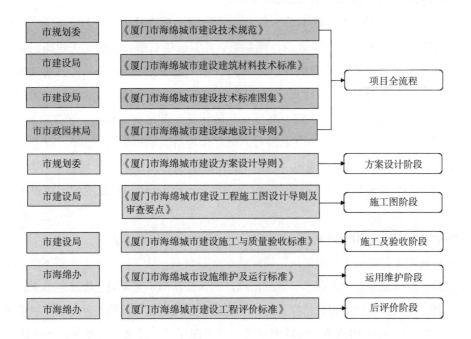

图6-169　厦门市海绵城市建设技术标准体系

推动海绵城市建设过程中，为了理顺海绵项目全流程管控体系，明确海绵城市改造资金补助方式，解决海绵设施移交、管养问题，海沧区陆续发布了一系列政策文件，包括：《海沧区工程建设项目海绵城市质量管控办事指南（试行）》《海沧马銮湾国家海绵城市试点区市政设施养护管理方案（试行）》《海沧区非财政投资项目海绵城市改造工程建设管理和资金补助办法（修订稿）》《厦门市海沧区海绵城市建设专项补助资金管理办法（暂行）》《海沧区海绵城市建设专项补助资金使用检查办法》等。

6.5.4.2　强化基础研究

海沧区高度重视海绵城市建设基础数据研究，开展土壤特性和初期雨水污染污染物研究、本地植物应用于LID技术措施的适应性研究、感潮河段植物适用性研究、海绵城市模型属地化参数研究等系列研究工作，为海绵城市建设提供了完善的数据支撑。

1.土壤特性和初期雨水污染污染物研究

在海沧马銮湾片区海绵城市建设试点区选取18个地块，包含工业区、居住小区、学校、医院、市政道路、绿化带、城中村、农林用地8种不同土地类型区。一是研究不同土地类型区土壤特性和下渗性能（下渗率和下渗量），得到不同土地类型区土壤稳定下渗率、下渗率数学模型和下渗量数学模型，分析不同土地类型区颗粒级配，为马銮湾片区海绵城市建设LID技术措施及其组合技术措施选择提供科学依据。二是研究不同土地类型区初期雨水污染物类型和浓度变化情况，计算不同用地类型的污染负荷；根据不同用地类型的污染负荷，对海绵城市径流污染控制目标给出建议；针对前期监测结果，给出示范区初期雨水径流污染防治技术建议。三是研究不同土地类型区土壤重金属污染现状，分析海绵城市建设前后土壤重金属污染程度，利用评估模型评估潜在生态风险；提出不同土地利用类型土壤重金属污染物防治的建议方法。

2. 本地植物应用于LID技术措施的适应性研究

开展本地植物应用于LID技术措施的适应性研究，选取竹桃、芦竹、棕榈、鸡蛋花、散沫花、散尾葵、榕树、米兰、含笑、鹅掌柴、龙眼、番石榴、桑树、三角梅、金边假连翘15种闽南地区喜湿类本地景观植物作为对象，结合厦门地区的降雨特性，通过试验研究探索植物耐涝能力和净化能力，为低影响开发设施植物的选取提供科学依据。通过试验表明，厦门地区夹竹桃、芦竹、棕榈、鸡蛋花、散沫花、散尾葵、榕树、米兰、鹅掌柴9种植物具备较强的耐涝性强和污染净化能力，适宜作为LID设施的备选植物。以上结论已纳入《厦门市海绵城市建设技术规范》《厦门市海绵城市建设绿地设计导则》《厦门市海绵城市建设施工与质量验收标准》等标准规范，并广泛运用于厦门市海绵城市建设项目方案设计。

3. 感潮河段植物适用性研究

海沧区新阳主排洪渠为感潮河段，属咸淡水交替水系，从主排洪渠上游到下游，水中盐度逐渐上升，给渠道生态治理带来一定的困难。为保证新阳主排洪渠生态修复效果，海沧区进行了大量感潮河段植物适用性研究，提出了适用于不同盐度的植物品种。如主排洪渠上游盐度小于0.5%时，可选用菹草、线叶眼子菜、马来眼子菜、黑藻、苦草等；主排洪渠中游盐度为0.5% ~ 1%时，可选用狐尾藻和金鱼藻；主排洪渠下游盐度为1% ~ 2.5%时，可选用川蔓藻和篦齿眼子菜。

4. 海绵城市模型属地化参数研究

数字模型是辅助海绵城市建设的重要工具，而模型的准确性很大程度取决于参数的准确性。科学率定模型相关参数的取值，可以确保这些参数为厦门市海绵城市规划、方案设计阶段的模型评估提供参数的取值依据。鉴此，厦门市完成《厦门市海绵城市模型属地化参数研究》，建立了适宜本地的模型方法，并对各项参数进行率定，确保海绵设计阶段的科学性、地域性和可操作性。厦门市在技术层面借助已开展的海绵城市管控平台以及LID设施检测数据，对海绵城市建设涉及的相关参数进行率定，同时，采用Morris模型分析方法，对LID海绵模型的各类敏感性参数进行分析，为今后获取更多实测数据进行参数率定修正提供技术支撑。厦门市通过建立一套完善的模型参数体系，结合本地区标准图集，明确了各类LID设施模型构建的参数设置方法，为海绵城市相关设计单位海绵模型的搭建以及审批部门对海绵模型的审查评估提供指导。

6.5.4.3　构建信息化管控平台

为科学、有效地指导海绵城市建设，厦门市构建了海绵城市信息化管控平台。管控平台细化、分解了住房和城乡建设部颁布执行的《海绵城市建设绩效评价与考核办法（试行）》（建办城函〔2015〕635号）中的考核评估办法，对其中的18项指标体系结合《厦门市马銮湾国家海绵城市建设试点实施方案》和《翔安新城试点区域海绵城市建设实施方案与行动计划》的具体内容进行逐一分析，特别是对其中年径流总量控制率、城市热岛效应、水环境质量、城市面源污染控制、城市暴雨内涝灾害等定量化考核指标的数据需求进行分析识别，构建科学、真实、系统、完整的考核评估指标体系，明确考核指标数据来源、数据获取方式、计算方法，综合监测数据、模拟数据、填报数据、集成数据等，客观地评估海绵城市在"水生态、水环境、水资源、水安全"等方面的定量化改善效果。

管控平台的项目全生命周期管理系统将海绵建设项目分为规划设计–施工建设–运营管理三个阶段，分别由建设项目业主、建设单位、维护单位负责相关信息的填报和更新。平台上可以实现设计审查、建设管理、运维评价等功能。

在规划阶段，厦门市海绵城市管控平台已全面接入厦门市多规合一建管系统，根据《厦门市海绵城市建设管理办法》，全市新建、改建、扩建海绵城市建设项目在工程规划许可证的申请阶段，需同步报送海绵城市建设方案，由市海绵城市工程技术中心出具联合技术指导意见。海绵城市建设项目上报市多规合一平台时，将同步推送该项目至海绵城市管控平台，市海绵中心在管控平台上对海绵方案进行评估并上传技术指导意见，市规划、住建等行政审批部门将参考海绵技术指导意见进行行政审批。

在建设阶段，建设管理部门可以通过分级权限，对建设项目的工程进度以及实施人员进行有效管理。

在后期的运营维护阶段，运营维护单位及时录入设施的维护信息，明晰权责，确保海绵城市可以通过长期的有效运维发挥相应的作用。

6.5.5　建设成效

海沧马銮湾试点区试点期间累计改造建筑小区7个，工业厂房47个，显著改善了小区和厂区生活生产环境，4万余居民和员工直接受益。区内37条市政道路完成海绵化改造，实现了"小雨不湿鞋"的目标，居民雨天出行更加便利；新建2.1hm²生态停车场，增加5.3hm²绿地，增加2.7hm²水面，节约4.6hm²公共调蓄空间，人居环境质量得到明显提升；年雨水资源利用量达83.6万t，绿化灌溉用水、景观水体补水、市政杂用水开始大量使用雨水等非常规水资源，扭转了长期以来"雨时涝、晴时旱"的窘境。海沧马銮湾试点区还针对7个易涝点进行针对性整治，从根本上解决了试点区的城市内涝问题。

此外试点期间重点消除了新阳主排洪渠黑臭水体，水环境质量显著改善。沿新阳主排洪渠新增广场1个，雨水台地1.6万m²，生态绿岛3300m²，并对霞阳公园进行全面提升改造，在新阳大道北侧新建公园1处，居民休闲游憩空间大幅增加。随着新阳主排洪渠水质逐步提升，两岸生态环境显著改善，城市变得更加宜居。

6.5.5.1　消除黑臭，河道水质有效改善

新阳主排洪渠经系统整治后，于2017年12月顺利完成国家、省、市消除黑臭水体的目标任务，且至2020年12月各项监测指标均合格，污染物浓度逐渐下降，水质明显改善并保持稳定，部分断面已达到地表水Ⅳ类水质标准，水体生态系统建立并逐渐成熟，生物多样性增强，有鱼、虾、蛇、乌龟、白鹭等动物栖息，水生态、水景观得到有效提升（图6-170、图6-171）。

2017年4月~2018年12月新阳主排洪渠透明度、DO、ORP、NH_3-N四项水质指标变化情况见图6-172，从图中可以看出，自2017年12月起四项指标均达到消除黑臭的标准，河道水质持续改善。同时黑臭水体整治后，污水处理厂进水量增加2.6万t/d，污水处理效能有效提升。

图6-170 河道整治前

图6-171 河道整治后

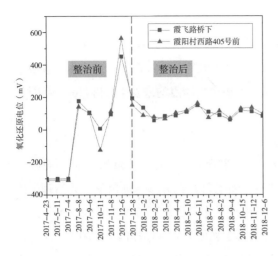

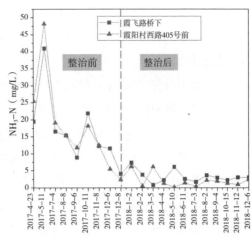

图6-172 整治前后ORP变化情况（左）与NH_3-N浓度变化情况（右）

6.5.5.2 生态宜居，城市品质显著提升

新阳主排洪渠在黑臭水体治理过程中，不是一味强调灰色基础设施，而是同步实施生态系统建设。针对0.7km河段进行生态驳岸改造，沿岸新建雨水台地16000m^2，新增生态绿岛15处，增加生态产品供给。随着水质不断稳定提升，河道内生态系统逐渐恢复，水生植物、水生动物、鸟类品种越来越丰富，生态多样性增强，逐渐形成完整的生态链。同时，将水环境治理与河岸景观提升相结合，治水的同时新建沿河步道4.17km，新增公园广场2处，总面积26.84hm^2，构建良好的滨水空间，给老百姓提供水清岸美的感官体验，还岸于民，还水于民，不断满足人民群众日益增长的优美生态环境需要（图6-173）。

图6-173 新阳主排洪渠整治后生态效益明显

6.5.5.3 消除积水，排水防涝能力提高

海沧马銮湾试点区还针对7个易涝点的内涝成因，按照"源头减排-过程控制-系统治理"的总体思路，从全流域尺度构建了"上截-中蓄-下排"大排水系统，从根本上解决了试点区的城市内涝问题。2017年汛期，马銮湾试点区历史内涝点均未发生内涝，6个城中村、200余户、超过600名居民免受内涝之苦。

6.5.5.4 共建共享，居民获得感大幅增强

新阳主排洪渠在治理黑臭水体过程中始终坚持让群众真正满意，注重顺民意、得民心，做好人民群众的共谋、共建、共评、共管、共享，使老百姓充分参与到黑臭水体治理工作中。充分发挥周边社区、村庄居民的积极性，使治理工作得到老百姓的支持和认可。从供给侧结构性改革角度出发，积极探索在黑臭水体治理中如何为老百姓提供更好的生态服务产品。新阳主排洪渠历次公众调查群众满意度均高于90%，2020年12月调查结果显示公众满意度高达98.2%。周边群众对治理效果非常满意，幸福感大幅提升，马銮湾带状公园、海丝广场已成为群众广场舞、健步走的活动中心（图6-174）。

图6-174 周边群众到新阳主排洪渠沿岸休闲游憩

6.5.6 经验总结

海沧区在城市发展的决策与实践中，始终把生态文明摆在首要位置，融入城市建设。在海绵城市建设实践中，海沧区充分利用已有的城市建设体系，将海绵城市建设与生态文明建设、美丽厦门建设有机融合，逐步形成了"全市域推广、全流程管控、全社会参与"的海绵城市建设新格局。

一是形成组织保障。海沧马銮湾试点区海绵城市建设管理涉及市级主管部门、区级主管部门、马銮湾新城建设指挥部等多层级职能部门，为保证海绵城市试点建设工作顺利推进，必须建立一条高效的市区联动协调机制，明确不同职能部门的责任与分工及各部门间协作模式。厦门市成立了海绵城市建设工作领导小组，市长任领导小组组长，领导小组下设办公室，办公室设在市市政园林局，局长任办公室主任。采用"市指导、区实施"的建设模式，市市政园林局负责宏观层面的指导和协调，海沧区、翔安区政府负责具体实施。海沧区成立了流域综合治理和海绵城市建设工作领导小组，组长由副市长担任，成员包括建设、发改、农林、水利、城管执法、环保以及相关街道、国有企业领导。海沧马銮湾试点区海绵城市建

设项目由厦门海沧城建集团有限公司、厦门市政百城建设投资有限公司负责项目具体实施。

二是统筹规划体系。构建"市、区及重点区域"的三级海绵城市规划体系，做到各级海绵规划与法定规划层层衔接。首先是专项规划引领，统筹考虑自然生态要素，划定生态控制线981km²，形成事权对应、面向协同实施管理的全域海绵城市"一张蓝图"。其次是详细规划传导，自2016年以来，厦门市在新编制的各片区控制性详细规划中都包含了海绵专篇，统筹协调了建筑、道路、绿地、水系等的空间布局和竖向。最后是系统化方案衔接，针对海绵城市建设重点区域，开展系统化方案的编制工作，科学指导各片区海绵城市建设。

[延伸阅读7]

三是理顺审批机制。海绵城市建设需统筹协调城市开发建设各个环节，涉及多个政府管理部门的协同配合和管理。根据《厦门市海绵城市管理办法》，厦门市借助统一的建设项目协同审批平台，再造建设项目审批流程，通过各部门审批系统信息交互，打破了部门的藩篱，形成了一个综合、系统、高效的审批系统，达到项目信息在多部门间的主动推送、联动审批，实现海绵城市建设项目的全程，监管与审批。此外，在海绵城市项目监管过程中，实行"宽进、严管、重罚"，创新监管方式，提升监管效能，创造公平竞争的城市发展环境。

四是制定标准体系。海绵城市建设具有多学科交叉、多领域配合、多专业融合的特点，需要加强各专业技术的统筹。厦门市共发布了9项海绵城市技术标准，形成涵盖规划、建设、运营管理等全生命周期的海绵城市标准体系，保障海绵城市建设项目的每一个步骤都有据可依、有章可循。

五是创新社会管理体系。厦门市在海绵城市建设中顺应城市治理水平提升新要求，让各类非政府组织、基层组织和个人等传统的被管理者逐步走上城市管理舞台，在完全尊重其城市管理主体地位的同时，不断提升其参与性、协商性和合作性，使其成为治理主体力量和终极享受者。治理理念主要体现法治、精治、共治思想，厦门市将海绵城市建设作为"美丽厦门共同缔造"的重要内容，按照"核心是共同、基础在社区、群众为主体"的思路，树立美好环境与和谐社会共同缔造的理念，提升市民意识的主观能动性。同时编写适用于中小学生教育的海绵城市建设课本，开设课堂教育和课外实践，将海绵城市从娃娃抓起。从表现形式看，除政府部门执法外，发动群众"共谋、共建、共管、共评、共享"，充分发挥群众的主体作用，按照群众自己的需求，而不是部门主观想象的需求开展工作。在工作方法上，摆脱主观命令、单一推进的方式，形成政府发动、体系开放、部门协调、公众参与、共建共享的社会管理体系。

6.6　南方滨海河网型城市——珠海斗门区案例

斗门区是广东省珠海市辖区之一，总面积613.88km²，2019年常住人口52.17万人。斗门区位于珠江三角洲西南端、珠海市的西部，雨量充沛，年均降水量约2000mm，全区低山突屹，平原宽广，孤丘众多，水道交错，河涌密布。受降水量大、地势低洼和外江潮位顶托等多重影响，斗门区内涝问题较为突出。

2016年4月珠海市入选国家第二批海绵城市试点，斗门区选取北起友谊河、南至金湾区、西起幸福河、东至金湾斗门区界的范围作为海绵城市建设试点区域，总面积9.2km²。斗门海绵城市试点区主要分为已建区、在建区和未建区三大区域，类型齐备、特点鲜明。东南部区域为已建区（老城区），基础设施薄弱、内涝等涉水问题突出；北部区域为在建区，配套道路和新建小区正在建设，建设主体众多，需要统一要求、高标准建设；西部区域为土地一级开发前期，道路骨架尚未形成，需要保护生态本底、落实管控要求，同时促进河道、公园等重要基础设施优先建设。根据以上特点，斗门区海绵城市试点建设的核心目的在于构建完善的防洪排涝体系，治理老城区内涝积水点，解决老问题；管控新城区的开发建设，避免新问题；发挥区域生态优势，探索人与自然和谐发展的新路，还老百姓"清水绿岸、鱼翔浅底"的景象。

6.6.1 城市特征和涉水问题

6.6.1.1 城市基本特征

1. 区位分析

珠海市斗门区位于珠海市西部，距珠海市主城区约25km，东面隔磨刀门水道与中山市相望，北面、西面与江门市新会区相邻，南与珠海市金湾区接壤。全区面积675km²，2019年末全区常住人口52.17万人。下辖井岸、白蕉、斗门、乾务、莲洲5镇及白藤街道。

试点区位于斗门建设区南部区域（图6-175），西北至幸福河，东北至友谊河，南与金湾交界，西南至红灯河，面积为9.2km²，现状建设用地面积3.8km²，规划建设用地8.7km²。

2. 地形地貌

试点区依山傍河，西北侧紧邻幸福河，东北侧紧挨友谊河，南侧有白藤山，试点区高程在-10~126m之间（图6-176），根据现状建设用地开发情况将试点区分为已建区、在建区和未建区。

现状未建区地貌多为蔗田、鱼塘，高程多小于-1m，约占规划区面积的25.36%；已建区和在建区地形地貌主要为建设用地及白藤山，存在部分低洼地，高程多在0~3m之间，约占规划区面积的48.46%；低洼地高程在-1~0m之间，约占规划区面积的16.37%；临近白藤山区域高程多在3~8m之间，约占规划区面积的5.20%；白藤山海拔在8~126m范围，约占规划区面积的4.61%。

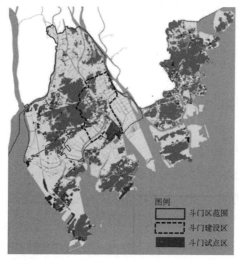

图6-175 斗门试点区区位图

图6-176 斗门试点区高程图

扫码查看原图

3.土壤及地下水情况

试点区内土壤类型分为盐积水稻土、滨海潮间盐土、洲积土田、潮土四类（图6-177），主要为盐积水稻土，占比61%。从土壤分层看，土壤上层主要为粉质黏土，下层主要为淤泥质土，土层深度0~2m主要为粉质黏土，属于弱透水性表层土层，渗透系数在8.67×10^{-5}~6.79×10^{-5}cm/s范围（图6-178），土壤渗透性较好。2m以下为淤泥质土，渗透系数在2.24×10^{-7}~0.811×10^{-7}cm/s范围，渗透性较差。地下水类型为上层滞水、第四系孔隙潜水及基岩风化裂隙水等，经勘查测得混合地下水位埋深为-0.74~-0.26m，平均-0.46m。场地区域地下水位变幅为1.0~1.5m，随季节性变化较大。地下水埋深较浅，渗透性较差，不宜大面积建设渗透型的低影响开发设施。

图6-177　现状土壤类型分布图

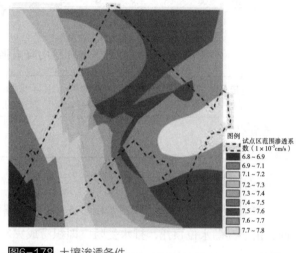

图6-178　土壤渗透条件

扫码查看原图

4.气候特征

试点区地处北回归线以南，濒临南海，属于南亚热带季风湿润气候，受海陆风影响明显。夏季以偏南风为主，冬季以偏北风为主，全年风向频率以西北风为主。终年热量丰富，光照充足，夏长冬短，降雨丰沛，雨热同季，干湿季分明。年平均气温为21.8℃，七月份最热，月平均气温为28.2~28.4℃。一月份最冷，月平均气温13.2~14.0℃。年平均相对湿度79%。每年初春时节，空气相对湿度较大，有时可达到100%。

（1）降雨情况

据斗门气象站1985~2014年降水资料统计，该地区多年平均降水量2031.4mm，最大年降水量2881mm（2008年），最小年降水量1215.4mm（2011年）。每年4~9月为降雨集中期（图6-179），占全年降雨量的86.1%。年平均降雨天数（日雨量≥0.1mm）为99天，降雨强度以中小雨为主，平均共75天，大雨及大雨以上强度降雨天数平均为24天（表6-23）。

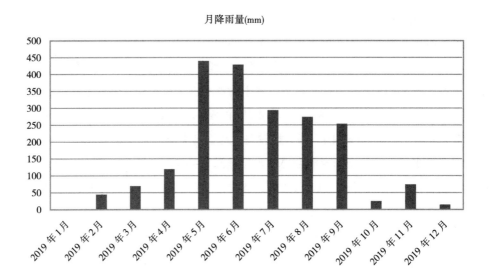

月降雨量(mm)

图6-179 斗门区典型年月降雨柱形图

规划区多年平均降雨强度分布情况 表6-23

降雨强度（mm）	<2	小雨 2~9.9	中雨 10~24.9	大雨 25~49.9	暴雨 50~99.9	大暴雨 100~249.9	特大暴雨 >250
降雨天数（天）	14.7	39.0	21.1	12.9	7.3	2.9	0.2

（2）台风暴雨情况

珠海市为暴雨多发地区，暴雨多发于每年汛期，强度大、历时短（表6-24）。暴雨期间，由于高潮水位顶托，排水受阻，即积涝成灾。2000年以来，珠海市比较严重的暴雨灾害有4次，2019年5月27日珠海市出现大暴雨，根据斗门气象站数据累计测得最大降雨量超过290mm。珠海市平均每年受强热带风暴或台风影响4次。若台风在深圳宝安至阳江电白间沿海登陆，则市境内会出现8级以上强风，伴随强降雨过程，遇大潮则形成风暴潮。

珠海市极端暴雨情况表 表6-24

时间	降雨等级	最大雨强		备注
		站名	雨量	
1994.7.22	特大暴雨	大镜山水库	540.5mm/8h	大于100年一遇
1996.5.6	特大暴雨	三灶	477.7mm/24h	大于50年一遇
1997.7.2	大暴雨	天生河	102mm/1h	大于10年一遇
2000.4.14	锋面特大降雨	香洲站	643.5mm/24h	大于100年一遇
2005.8~2005.9	特大暴雨	井岸	282mm/5h	大于50年一遇
2006.3.24	特大暴雨	井岸	320mm/24h	小于10年一遇
2018.8.11	特大暴雨	三灶	406mm/24h（352mm/4h）	大于20年一遇
2019.5.27	大暴雨	斗门站	290mm/24h	小于10年一遇

5. 现状水系

试点区现状坑塘遍布，西部未建地区主要为坑塘，面积达96.3hm²。试点区内主要河道有三条，分别为幸福河、幸福排河、红灯河（图6-180）。试点区北侧为鸡啼门水道，试点区内幸福排河和红灯河均连通该水道。试点区东侧友谊河沿河地势较低，日常水位较高时河水会倒灌至陆地低洼处，两侧岸边水华现象明显。

扫码查看原图

图6-180 试点区现状水系布局图

6. 土地利用情况

试点区现状用地主要为农林用地，占试点区面积的56.3%；其次为居住用地，占试点区面积的20.9%（图6-181）。规划用地主要为居住用地、道路与交通设施用地、绿地，分别占试点区面积的45.8%、20.3%、16.2%（图6-182）。

7. 下垫面分析

试点区现状多为未开发状态，下垫面硬化率较低，硬化面积281.1hm²，占试点区面积的30.54%。现状下垫面分布主要为水塘及绿地，面积分别为291.4hm²、285.0hm²，占试点区面积的62.62%；其次为屋面及硬化路面，面积分别为146.3hm²、104.6hm²，占试点区面积的27.25%（图6-183）。

扫码查看原图

图6-181 土地利用现状图

8. 现状排水系统

（1）现状排水口

试点区内现状排口14个，共2类，分别为分流制雨水口、分流制污水口（分流制混接排口）。其中分流制雨水口共8个，最终排入幸福河及友谊河；分流制混接排口共6个，位于湖滨二路（白藤四路-白藤三路段、沿友谊河南岸自白藤二路-白藤一路段），最终排入友谊河（图6-184）。

扫码查看原图

图6-182 土地利用规划图

图6-183 试点区下垫面解析图

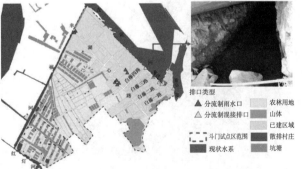

扫码查看原图

图6-184 污水直排点分布图

（2）排水体制

试点区分为管网覆盖区和散排区（图6-185），现状湖心路西北侧区域整体处于未开发阶段，多为农田用地，无管网覆盖；湖心路东北侧区域已建设开发，管网系统较完善，管网覆盖区、散排区面积分别为330.3hm²、590.0hm²。管网覆盖区排水体制为分流制，但白藤四路以南区域存在管网混接情况。

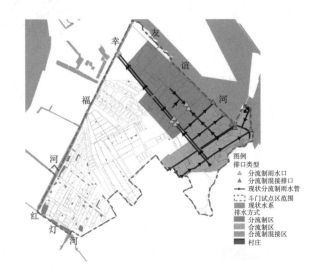

图6-185 管网覆盖区现状排水体制分布图

（3）污水系统

试点区属于白藤水质净化厂的服务范围（图6-186）。试点区内污水主要通过白藤湖污水泵站提至白藤水质净化厂进行处理，白藤湖污水泵站位于友谊河与鸡啼门水道分流口北侧，处理规模3万m³/d。试点区内建成区污水主干管已基本成系统，总长度14.6km，污水管网密度4.15km/km²，管径规格300～800mm，现状白藤三路东北侧排口旱季流量较大，存在混接现象，白藤一路两侧建筑小区大多为混接。未建区现状无污水管网，区内村民生活污水直排入幸福河（图6-187）。

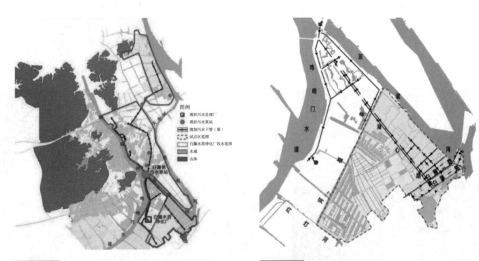

图6-186 白藤水质净化厂现状服务范围图　　图6-187 现状污水管线

（4）雨水系统

试点区现状雨水系统尚不完善，管网主要分布在湖心路东北侧已建区，雨水主干管已成系统。湖心路西南侧区域为未建区，以坑塘、农田为主，存在极少区域的村镇建设用地，未建雨水管网系统，排水方式以散排为主。

试点区内已建区雨水排入西北侧幸福河及东北侧友谊河，管线总长度仅约21.2km，管网密度7.3km/km²，管径为300～1200mm，部分方涵在600×500～2800×1000范围内。白藤一路、藤山一路管线为合流管，承接道路两侧建筑小区排水（图6-188）。

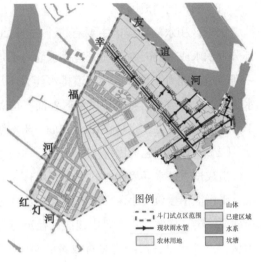

图例
- ╌╌╌ 斗门试点区范围
- ➝ 现状雨水管
- ▭ 农林用地
- ▨ 山体
- ▨ 已建区域
- ▨ 水系
- ▨ 坑塘

图6-188 现状雨水管线

6.6.1.2　主要涉水问题

1. 核心问题

试点区核心问题为积水问题和水环境问题，主要分布在建成区。

（1）积水问题

试点区建成区暴雨期间存在积水问题。经过现状踏勘及资料收集，试点区内共有2个历史积水点，分别为城南学校、华丰路周边及华丰二区（图6-189）。暴雨时，积水深度高达40cm，对居民生活出行造成较大影响。

（2）水环境问题

试点区水环境质量较差，城市人居环境质量不高，亟须改善。试点区内虽无黑臭水体，但河道水质不达标，友谊河、幸福河水体水质未达到相应地表水环境功能区划要求，监测结果显示为劣Ⅴ类。老旧小区存在排水环境差、景观风貌恶劣、水浸事件频繁、内涝风险高等问题。

图6-189 现状积水点分布图

2. 成因分析

（1）积水问题成因

试点区积水问题成因主要有三个方面：①无源头减排等相关工程措施。源头减排措施部分占积水成因的6.3%。②管道排水能力不足。试点区现状约62%的管道排水能力不足一年一遇。过流能力严重不足，管道排水能力不足占积水成因的63.8%。③试点区地势较低，排水受外江、外河水位影响。试点区外江平均潮位为0.78m，现状未建成区竖向标高低于1.0m，部分建成区地势低，高程在1.0~2.0m。末端潮位顶托和地势低洼占积水成因的29.9%。

（2）水环境问题成因

造成试点区水环境问题的主要因素有两个：①雨污混错接造成的生活污水直排的点源污染，雨污混错接包括小区内部市政管线及沿街商铺污水接入雨水管道。②农业水产养殖和城市面源污染，面源污染主要由建成区径流污染、农业和水产养殖业面源污染造成。以NH_3-N为例，点源污染占污染物总排放量的77%；面源污染占污染物总排放量的18%（表6-25）。总体来说，污染物排放量超出水环境容量，旱季以点源污染排放为主，雨季面源污染突出（图6-190）。

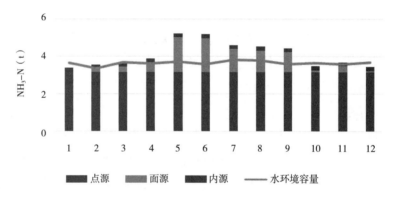

图6-190 NH_3-N水环境容量与污染物排放量逐月对比图

环境容量与污染物排放对比表（t/a）　　　　　　　表6-25

	COD（t/a）	比例	NH_3-N（t/a）	比例	TP（t/a）	比例
水环境容量	351.60		43.71		7.27	
点源	303.59	62%	37.94	77%	4.93	59%
面源	182.83	37%	8.55	18%	1.76	21%
内源	4.85	1%	2.59	5%	1.62	20%
合计	491.27	100%	49.08	100%	8.31	100%
污染物/环境容量	1.40		1.12		1.14	

6.6.2　系统推进的机制体制

6.6.2.1　规划建设管控制度

根据《珠海市海绵城市建设管理办法（试行）》，珠海市斗门区海绵城市专项工作领导小组编制并发布了《斗门区海绵城市建设管理实施细则（试行）》，明确了政府和各相关部门职责和具体分工（表6-26），各部门制定了相关行业领域海绵城市建设管理规定和工作流程，加强项目监管，共同做好海绵城市建设相关工作。目前斗门区各部门的职责和分工依据《珠海市海绵城市建设管理办法》《珠海市海绵城市建设项目全过程管控工作指引》进行了调整，开展常态化海绵城市的相关工作，全行业、全过程、全区域地推进海绵城市建设。

斗门区海绵城市领导小组成员责任分工　　　　　　　表6-26

序号	部门	责任分工
1	区住房和城乡建设局	负责海绵城市建设管理的统筹协调，编制海绵城市专项规划，督促相关部门做好相关工作
2	区海绵办	负责对接市海绵办相关工作，负责全区海绵城市建设工作的技术指导、监督考核等工作
3	区发展和改革局	负责将海绵城市建设纳入国民经济和社会发展计划、政府投资项目年度计划，将海绵城市建设内容纳入项目建议书、可行性研究报告阶段项目备案或审批管理，保障投资需求，指导和监督项目实施
4	区财政局	负责海绵城市建设资金的筹措、项目建设资金的落实到位和资金使用过程中的监督管理，并与区海绵办制定海绵城市建设奖励激励机制
5	自然资源局斗门分局	在所负责编制（修订）的相关城市规划中落实海绵城市建设的相关要求，将海绵城市建设内容纳入规划方案审批、海绵相关内容纳入规划"两证一书"内容中
6	区水务局	负责在水资源管理与保护、建设监督和管理，协调规划部门做好排水防涝设施管理、黑臭水体整治、河道治理等工作中落实海绵城市建设要求，建设和管理海绵城市监测平台
7	区市管理局	负责对接市城市管理局等部门，明确公园和绿地的海绵设施建设、运营维护标准和实施细则

《斗门区海绵城市建设管理实施细则（试行）》制定了实施保障措施（表6-27），从规划、立项、用地、设计管理、建设、验收、运营管理等多层面做了相关要求，进一步细化和落实了海绵城市相关建设要求。

实施保障措施及内容要求　　　　　　　表6-27

序号	保障措施	内容要求
1	规划要求	斗门区内建筑与小区、道路、绿地与广场、水系等新建、改建、扩建项目应按海绵城市相关要求进行建设，海绵城市设施与建设项目主体工程同步规划设计、同步施工、同步验收、同步移交运营

续表

序号	保障措施	内容要求
2	立项要求	投资项目在报告中应提出海绵城市建设目标、措施、主要建设内容、规模及社会效益情况
3	用地要求	土地划拨或出让文件中应包含海绵城市建设内容和要求
4	设计管理要求	项目单位应在项目的可研、方案设计、初步设计、施工图设计中增加海绵城市设计专篇
5	建设要求	对于审查意见书未明确海绵城市设计内容审查结论的，或者达不到海绵城市技术要求的，建设主管部门不得核发施工许可证
6	验收要求	项目完工后,项目单位应在工程竣工验收报告中写明海绵城市相关工程措施的落实情况，未按施工图设计施工或功能性检测指标不符合设计要求的项目,不得通过竣工验收；海绵设施竣工验收合格后，随主体工程一并交付使用
7	运营管理要求	海绵城市设施的维护管理单位应定期对设施进行监测评估，确保设施的功能正常发挥、安全运行

项目建设过程中，将海绵城市建设要求纳入"两证一书"、施工图审查、竣工验收制度等环节，实施全过程技术管控。根据市住房和城乡建设局发布的《关于进一步加强"一书两证"、施工图审查阶段海绵城市管控的通知》要求，由自然资源局斗门分局负责将海绵城市建设内容纳入规划方案审批，将海绵相关内容纳入规划"两证一书"内容中；根据《珠海市住房和城乡建设局关于进一步加强海绵城市施工图审查常态化机制的通知》，所有全市新建、改建、扩建项目须进行海绵城市专项设计和海绵城市专项审查；在发放建设工程施工许可证阶段，由斗门区住房和城乡建设局核查海绵城市施工图审查报告是否满足设计要求；在试点建设期，海绵城市施工图设计内容由区海绵办聘请的相关技术服务团队根据《斗门区海绵城市建设项目审查流程（暂行）》《珠海市斗门区海绵城市建设工程施工图审查要点》《珠海市斗门区海绵城市建设工程设计工作大纲》等文件进行审查，提供审查意见供审图机构参考；根据《珠海市住房和城乡建设局关于加强海绵城市项目建设施工管理措施的通知》，所有海绵城市建设项目施工图设计须通过专业机构审查并出具审查合格意见，依法需要申领建筑工程施工许可证的海绵城市建设项目，开工前应取得建筑工程施工许可证（图6-191）。

为加快落实海绵城市建设工作，斗门区住房和城乡建设局下发《关于我区政府投资工程全面落实海绵城市建设要求的通知》，要求责任部门需结合项目建设计划安排，上报项目海绵化建设计划，规划、住建、发改、自然资源、交通、水务、市政园林等行业主管部门在各自的行政许可中落实海绵城市建设管控，确保各个环节落实海绵城市建设理念。

6.6.2.2 绩效考核制度

为全面落实海绵城市建设要求，珠海市在"珠海市生态文明建设考核目标体系"中增加了"建成区面积达到海绵城市建设要求"目标，在"珠海市绿色发展指标体系"环境治理一级指标下增加二级指标"建成区面积达到海绵城市建设要求比例"，将海绵城市建设纳入全市绩效考核体系。

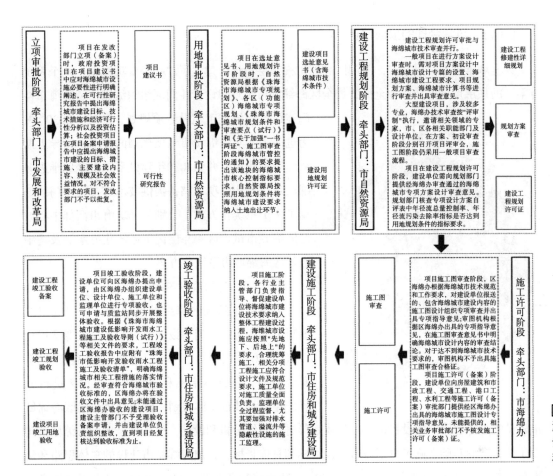

图6-191 珠海市斗门区建设项目管控流程图

珠海市印发了《关于印发海绵城市试点建设考核方案的通知》《关于印发珠海市海绵城市建设考评办法（试行）的通知》，明确要求各区的海绵城市建设考评情况纳入市委市政府对各区领导班子的考核内容，市直相关部门的考评结果作为市政府对各部门年度绩效考核的依据。

6.6.2.3　机构和协调制度

为深入开展海绵城市建设工作，推动各项工作有效落实，2017年6月成立斗门区海绵城市专项工作领导小组，办公室设在区建设更新办，由区长担任领导小组组长，副区长担任副组长。2019年3月，由中共珠海市委办公室和珠海市斗门区人民政府办公室印发的"三定方案"《珠海市斗门区住房和城乡建设局职能配置、内设机构和人员编制规定》，将海绵城市建设职能落实到具体部门，形成了持续推进的协调机制。机构改革后，珠海市海绵城市建设工作并未受到改革影响，在机制的保障下仍能落实执行建设职责。

6.6.2.4　产业发展优惠政策

海绵城市建设促使珠海市斗门区本地传统的拱桥砖、陶瓷透水砖、彩色透水混凝土、塑料模块等建材企业成功转型。斗门本地的海绵产品研发生产企业正在发展壮大，拱桥砖、陶瓷透水砖、彩色透水混凝土、塑料模块等海绵材料可满足市场需求，为斗门区当地企业提供了一条科学的产业转型发展道路。

6.6.3 科学合理的顶层设计

为全域推进、突出重点，斗门区高度重视顶层设计，建立了"一个专项规划、两个系统方案"的顶层设计框架。为全面管控全区海绵城市规划建设，斗门区组织编制了《珠海市斗门建设区海绵城市建设专项规划（2018～2030）》；为进一步落实海绵城市专项规划的要求，指导近期海绵城市建设，并为2030年建设系统性全域推进海绵城市建设构建项目储备提供技术支撑，斗门区编制了两个系统化方案，分别为《珠海市西部中心城区海绵城市试点区（斗门区）系统化方案》及《中心片区海绵城市系统化方案》。

图6-192 蓝线划定图

6.6.3.1 专项规划统筹引领

为指导斗门区的海绵城市建设，斗门区组织编制了《珠海市斗门建设区海绵城市建设专项规划（2018～2030）》，构建了斗门建设区海绵城市生态安全格局，将具体指标和建设内容按片区进行分解，并纳入城市总体规划，该规划对斗门区海绵城市建设的总体思路、建设目标、工程体系等进行系统分析和设计，优先综合评价海绵城市建设条件，在此基础上确定海绵城市建设目标和具体指标，提出海绵城市建设的总体思路和建设分区指引，统筹现状及目标体系，划定了径流路径和蓝线（图6-192），提出了具体可落地的规划措施，明确了近期建设重点，提出了规划保障措施和实施建议。

6.6.3.2 系统化方案落地实施

为系统科学推进近期重点区域（图6-193）的海绵城市建设，斗门区组织编制了《珠海市西部中心城区海绵城市试点区（斗门区）系统化方案》及《中心片区海绵城市系统化方案》。

《珠海市西部中心城区海绵城市试点区（斗门区）系统化方案》涵盖了老城区、在建区及未建区的问题，着重先试先行，为海绵城市建设提供可复制可推广的经验，构建"小区治、管网分、河湖蓄"的海绵城市格局，将竖向和指标管控与基础设施建设相结合，实现大海绵与小海绵的融合，达到"已建区破解问题，在建区达成目标，未建区管控全程"的目的。

《中心片区海绵城市系统化方案》针对片区亟须解决的黑臭水体和环境品质提升问题，借助海绵城市建设理念，提出系统的整治思路，通过治理成效提升海绵城市的认可度，以循序渐进地推进海绵城市建设，增加老百姓幸福感和获得感，同时为实现2030年80%区域达到海绵城市建设目标做好工程建设项目储备。

6.6.4 立足本地的技术支撑

针对珠海市自然特征和下垫面特征，开展适用于珠海市本地的海绵城市研究和经验探

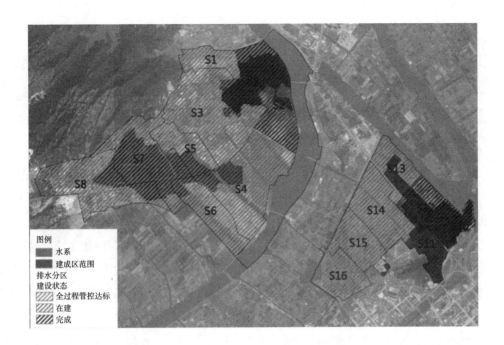

图6-193 斗门区近期重点建设区域

索，系统性、全面总结珠海市特色经验，为全域推广制定规范化、标准化的技术规程和规范提供技术支撑。

6.6.4.1　完善标准体系

结合海绵试点建设经验，珠海市先后颁布了《珠海市房屋建筑工程低影响开发设计导则》《珠海市海绵城市规划设计标准与导则（试行）》《珠海市海绵城市建筑规划设计细则》，为建设项目提供技术标准与方法指引；颁布《珠海市海绵城市建设低影响开发雨水工程施工与验收导则（试行）》《珠海市海绵城市设施运行维护导则（试行）》《珠海市海绵城市建设低影响开发雨水工程施工及验收导则》，为海绵城市施工、验收及运营维护提供技术保障；开展了《珠海市海绵城市应用SWMM和MIKE模型参数率定研究》，为珠海市海绵城市项目设计时软件模拟提供依据和支撑（表6-28）。

通过管控制度的保障，上述制度文件已有效落实到全市范围内的相关新建、改建、扩建工程中。

珠海市本地海绵城市标准详表　　　　　　　表6-28

序号	标准文件
1	《珠海市房屋建筑工程低影响开发设计导则》
2	《珠海市海绵城市规划设计标准与导则（试行）》
3	《珠海市海绵城市建筑规划设计细则》
4	《珠海市海绵城市建设技术标准图集（修订稿）》
5	《珠海市海绵城市建设专题典型设施参数设计研究》

序号	标准文件
6	《珠海市海绵城市建设植物选型专题研究》
7	《珠海市海绵城市建设低影响开发雨水工程施工与验收导则（试行）》
8	《珠海市海绵城市设施运行维护导则（试行）》
9	《珠海市海绵城市应用SWMM和MIKE模型参数率定研究》

6.6.4.2　探索本地适宜措施

由于珠海市处于沿海地区，地下水位高，部分区域土壤渗透性差，因此在试点过程中，珠海市更多地采用以净化和排放为主要功能的LID设施，并结合本地主要问题，对LID设施的本地化应用进行了研究和探索。针对土壤入渗率低造成的雨水下渗慢、面源污染控制效果差的问题，采用了添加中砂和泥土造粒技术，在促渗的同时防止黏土堵塞，通过就地取材降低了项目的投资。在雨水排口建设沉砂设施或在排口设湿地等，控制管道沉积物入河，降低入河污染物总量。

6.6.5　建设成效

珠海市斗门区坚持新区目标导向和老区问题导向，以汇水分区为单位，按照"源头减排、过程控制、系统治理"的理念，强力推进项目建设，基本实现了海绵城市重点建设区"小雨不积水、大雨不内涝、水体不黑臭、热岛有缓解"的目标；以珠海市海绵城市建设立法为突破口，强化海绵城市建设管理，形成了海绵城市建设整套规划性文件和标准体系；坚持贯彻落实海绵城市理念，通过灰绿结合的系统化措施，从根本上解决了重点建设区内水环境问题、内涝问题，实现了人水和谐，为斗门区全域推进海绵城市建设形成了良好的示范效应。

河湖水质有改善。建设项目融入海绵城市建设理念，有效控制点源和面源污染，保障地表水环境质量Ⅳ类水水质目标。通过海绵城市建设系统治理，斗门区河涌水质总体趋好，极大改善了城市水环境，全区8条黑臭水体已实现"不黑不臭"，成功通过省城市黑臭水体整治环境保护专项排查。通过从源头减排、过程控制到系统治理的全过程污染治理与防控体系，水环境质量稳步提升。

生态品质有提升。运用海绵城市技术手段推进河道生态岸线修复，构建蓝绿交织的雨洪蓄滞与净化体系，实现了水面率和绿地率不降低。打造了黄杨河湿地公园、幸福河生态公园、滨水公园等一批高品质城市公园和湿地公园，增加水环境容量和自然滞蓄空间，提升区域生态品质。

人居环境有改善。实施老旧小区海绵城市改造时，在第一批样板小区改造良好效果的"点"效应下，以点扩面，推进了白藤头周边道路、老旧小区、公园的海绵改造建设。"海绵城市+老旧小区"有序改造，改造后的小区基本实现"小雨不积水、大雨不内涝"，并解决了百姓关心的活动空间不足和景观差等问题，提升小区居住环境，改善交通组织，保障人车安全，居民获得感显著提升，逐步形成城市建成区海绵城市建设连片示范效应，小区的整体生活、活动环境得到较大改善，区域内实现了"美化、亮化、绿化、净化、整洁、通畅"的安居目标。

6.6.6　经验总结

在海绵城市试点建设的过程中，珠海市斗门区的海绵城市建设总结出了"坚持一个理念，凝聚三方共识，提供五大保障"的建设经验。海绵城市理念体现人与自然和谐发展的要义，保护、修复和低影响开发是其中重要的三方面内容，需要在城市发展的方方面面始终坚持；"政府主导、社会参与、群众共建"是保证海绵城市建设取得成效的关键；而"组织机构、制度体系、技术支撑、模式创新、产业研发"则是海绵城市能够长期、全域落实推进的重要保障。斗门区的经验也将成为珠海市其他区域以及我国南方滨海低洼城市海绵城市建设的有益借鉴。

[延伸阅读8]

6.6.6.1　多级规划全面统筹

规划全覆盖，统筹全域推进。坚持规划引领，建设全域海绵。构建了市级-区级-重点片区涵盖总体规划层面、详细规划层面、近期建设层面三个层级的海绵规划体系，为全市有效持续推进海绵城市建设制定了规划纲领和工作方案。在规划层面实现了海绵城市建设理念及建设要求市域全覆盖。

规划融合绘制全市海绵蓝图。统筹协调、衔接城市总体规划、控制性详细规划以及相关涉水专项规划，如《珠海市海绵城市建设专项规划整合规划（2018～2030）》将海绵城市建设与防洪排涝等目标结合开展了深入研究，落实重要海绵设施的布局和规模、管控要求，按照统一的指标体系与标准，分层、分级、分别融入海绵城市建设指标、要求，绘制全市"山-海-城"海绵城市建设一张蓝图。

[延伸阅读9]

系统方案指导实施确保达标。针对近期重点建设片区，编制了指导近期建设实施的海绵城市系统化建设方案，重点指导近期海绵城市建设实施，确保2020年20%建成区达到海绵城市建设要求，并为2030年80%建成区达到海绵城市建设要求做了大量的项目储备。

6.6.6.2　全流程全过程管控

规范化长效管控流程。市、区两级发改、建设、自然资源、财政等职能部门分别出台文件，优化工作流程，将海绵城市建设工作科学纳入日常审批管理，共同构建起畅通、绿色的海绵城市建设审批、管理、服务通道，严把"两证一书"审批关口，为海绵城市建设的理念、目标、指标等全面落地提供了坚强保障。

建设环节全过程管控。珠海市通过相关的管控法规与政策保障，实现在项目常规管控流程中融入、增加海绵城市建设要求，对所有新建、改建、扩建的建筑与小区、城市道路、绿地与广场、城市水系等建设项目实施海绵城市建设全流程管控，包括但不限于项目立项、用地规划条件、方案设计、施工图审查、施工许可、竣工验收等环节，进而确保建设项目有效落实海绵城市理念和要求。

6.6.6.3　引智借力多方共建

引智借力专业支撑。借鉴试点建设经验，试点建设结束后，各区聘请海绵城市全域推进技术服务团队，为海绵城市全域推进强化人员力量和技术支持。为提升本地人员技术水平，培育本土化技术力量，全市通过多次组织专业技术培训、引进技术联盟成员单位、加强基础研究等方式，引智借力，加大人才培养力度，提高人才综合素质，突出领军人才作用；加大海绵城市建设相关科技项目支持力度，切实整合各类海绵创新要素，加强社会参与，建立海绵城市建设信息定期发布制度，建立综合性海绵城市建设决策咨询制度。

宣传推广社会参与。海绵城市建设仅依靠政府主动作为还不够，需要全社会的广泛参与。市海绵办与各区（功能区）协力合作，组织各部门积极充分利用广播、电视、网络、报刊、微信等多种媒体宣传，围绕海绵城市建设过程中的热点难点，连续策划推出系列深度活动和报道，大力宣传普及海绵城市知识，使广大市民逐渐接受海绵、支持海绵，积极参与海绵建设，形成全民共建的良好氛围。

参考文献

[1] 马洪涛.海绵城市系统化方案编制理论与实践[M].北京:中国建筑工业出版社,2020.

[2] 章林伟, 胡应均, 赵晔,等. 浅析海绵城市建设的顶层设计[J]. 给水排水, 2017, 43（9）:1-5.

[3] 许可, 郭迎新, 吕梅, 等. 对完善我国海绵城市规划设计体系的思考[J]. 中国给水排水, 2020, 36（12）:94-98.

[4] 王连接, 王开春, 黄勤钲,等.海绵城市建设地方标准体系构建初探[J]. 给水排水, 2019, 45（12）: 47-58.

[5] 白雪琛, 朱海荣.陕西省海绵城市建设标准体系研究[J]. 水资源与水工程学报, 2018, 29（4）: 33-40.

[6] 陈红文.海绵城市建设标准体系构建的探析[J].工程建设标准化, 2019, 1: 77-80.

[7] 高学珑，陈奕，许乃星，等. 基于BIM的海绵城市规划建设运维管控关键技术研究[J].给水排水，2019，55（10）：51-56.

[8] 周丹, 马洪涛, 常胜昆, 等. 基于问题导向的老城区海绵城市建设系统化方案编制探讨[J]. 给水排水, 2019, 45（7）:32-38.

[9] 张伟, 王翔. 基于海绵城市理念的慈城新城排水安全系统构建[J]. 中国给水排水, 2020, 36（14）:12-17.